职业教育物联网应用技术专业系列教材

U0187220

C#物联网程序设计基础

主　编　胡锦丽　唐建清
副主编　邹梓秀　邹国霞　吴显卫
　　　　乔海晔　莫海城　胡志齐
参　编　张吉沅　贾艳光　吴　民
　　　　郝　政　董良进　陈　佳

机械工业出版社

本书基于 Visual Studio 2012，采用案例驱动的方式编写，旨在让读者掌握物联网应用系统开发的思路、方法和常用技术。全书共 8 章，包括初识 C# 编程、C# 语法基础、流程控制、数组与集合、函数、面向对向编程—类和对象、面向对向编程—继承和多态、线程处理，每章都根据教学需要配备了典型的实用案例。本书是全国职业院校技能大赛赛项成果转化教材，吸纳了教学一线教师的教学经验和技能大赛合作企业的开发成果，具有通俗易懂、内容精练、重点突出、层次分明和实例丰富的特点。

本书可作为各类职业院校物联网及相关专业的教材，也可作为 C# 编程入门的培训教材，以及软件开发人员的工具书籍。

本书配有所有案例的源代码和实验相关的文档，以及课后习题答案和电子教案，选用本书作为教材的教师可以从机械工业出版社教育服务网（www.cmpedu.com）免费注册下载或联系编辑（010-88379194）咨询。

图书在版编目（CIP）数据

C#物联网程序设计基础/胡锦丽，唐建清主编. —北京：机械工业出版社，2017.2（2025.1重印）

职业教育物联网应用技术专业系列教材

ISBN 978-7-111-55602-2

Ⅰ. ①C… Ⅱ. ①胡… ②唐… Ⅲ. ①C语言—程序设计—职业教育—教材 ②互联网络—应用—职业教育—教材 ③智能技术—应用—职业教育—教材 Ⅳ. ①TP312.8 ②TP393.4 ③TP18

中国版本图书馆CIP数据核字（2016）第294828号

机械工业出版社（北京市百万庄大街22号 邮政编码100037）

策划编辑：李绍坤 梁 伟 责任编辑：李绍坤 陈瑞文
版式设计：鞠 杨 责任校对：马立婷
封面设计：鞠 杨 责任印制：郜 敏

北京富资园科技发展有限公司印刷

2025 年 1 月第 1 版第 15 次印刷

184mm×260mm · 21.75印张 · 494千字

标准书号：ISBN 978-7-111-55602-2

定价：69.00元

电话服务 网络服务

客服电话：010-88361066 机 工 官 网：www.cmpbook.com
　　　　　010-88379833 机 工 官 博：weibo.com/cmp1952
　　　　　010-68326294 金 书 网：www.golden-book.com
封底无防伪标均为盗版 机工教育服务网：www.cmpedu.com

职业教育物联网应用技术专业系列教材编写委员会

参与编写学校：

福州大学	山东大学
北京邮电大学	福建师范大学
江南大学	太原科技大学
天津中德应用技术大学	浙江科技学院
闽江学院	安阳工学院
福建信息职业技术学院	无锡职业技术学院
重庆电子工程职业学院	武汉软件工程职业学院
山东交通职业学院	辽宁轻工职业学院
河源职业技术学院	广东理工职业技术学院
广东省轻工职业技术学校	佛山职业技术学院
广西电子高级技工学校	合肥职业技术学院
安徽电子信息职业技术学院	威海海洋职业学院
上海电子信息职业技术学院	上海商学院高等技术学院
上海市贸易学校	河南经贸职业学院
顺德职业技术学院	河南信息工程学校
青岛电子学校	山东省淄博市工业学校
山东省潍坊商业学校	济南信息工程学校
福州机电工程职业技术学校	嘉兴技师学院
北京市信息管理学校	江苏信息职业技术学院
温州市职业中等专业学校	开封大学
浙江交通职业技术学院	常州工程职业技术学院
安徽国际商务职业学院	上海中侨职业技术学院
长江职业学院	北京电子科技职业学院
广东职业技术学院	北京市丰台区职业教育中心学校
福建船政交通职业学院	湖南现代物流职业技术学院
北京劳动保障职业学院	闽江师范高等专科学校
河南省驻马店财经学校	

前言

PREFACE

本书全面讲述了C#语言基础、面向对象编程技术、基于C#的物联网应用系统开发技术。全书共8章，第1～5章讲述C#语言基础，包括C#入门知识，物联网实训设备简介，C#的变量、运算符和表达式，流程控制，数组，函数等；第6章和第7章详细介绍了面向对象编程技术，包括类、对象、封装、继承、多态和异常处理等；作为C#应用系统编程关键技术的线程处理在第8章予以介绍。

通过对本书的学习，读者可以具备简单C#应用系统代码的编写、修改、测试能力，可以从事C#开发工程师、测试工程师、系统维护工程师等，具有广阔市场前景的职业岗位工作。

本书是由全国职业院校技能大赛赛项成果转化的教材，吸纳了来自一线指导教师的教学经验和技能大赛合作企业的开发成果。在编写过程中，强调C#语言的基础性和技术的实用性。在讲述基础理论时，深入浅出、易懂易学；介绍应用技术时详尽周密，图文并茂。此外，本书还具有以下特点：

● 适用于"案例驱动"教学模式。为了使C#语言基础变得通俗易懂，全书几乎每章都用引例来说明相关概念和操作，并且始终贯穿了一个大的物联网应用实例。采用"基于C#基础知识案例"和"基于设备的物联网应用系统案例"两种案例类型，在各个章节逐步构建应用程序，带领读者学习C#编程的基础知识。

● 整合物联网专业课程的教学需求。以往多数的C#编程基础书籍只是单纯地讲解C#语言，与实际应用的硬件设备脱钩，本书整合了这两部分内容，在讲解C#编程基础时，介绍了如何基于物联网实训系统开发应用程序，适用于目前物联网应用相关专业的课程整合教学需求。

教学建议：

本书建议安排80学时，对于中职学生，带*部分不安排学时，有能力的中职学生可自行学习。具体建议如下：

章	实 践 学 时		理 论 学 时	
	中职	高职	中职	高职
第1章 初识C#编程	4	2	4	2
第2章 C#语法基础	6	6	4	4
第3章 流程控制	4	4	4	4
第4章 数组与集合	6	6	4	4
第5章 函数	4	4	4	4
第6章 面向对象编程——类和对象	14	14	12	12
第7章 面向对象编程——继承和多态	*	*	4	2
第8章 线程处理	*	*		4
机 动	2	4	2	2
合 计	40	40	38	38

　　本书由福建信息职业技术学院的胡锦丽、广东理工职业技术学院的唐建清任主编，北京新大陆时代教育科技有限公司的邹梓秀、广东理工职业技术学院的邹国霞、广东省轻工职业技术学校的吴显卫、广东佛山职业技术学院的乔海晔、广西电子高级技工学校的莫海城和北京市信息管理学校的胡志齐任副主编，参加编写的还有张吉沅、贾艳光、吴民、郝政、董良进和陈佳。胡锦丽确定教材大纲、规划各章节内容、编写第1～6章，并完成全书的修改和统稿工作；其余编者编写第7和第8章。

　　主编胡锦丽老师是全国职业院校技能大赛高职组"物联网应用技术"赛项的专家组成员、优秀指导教师、赛项一等奖指导教师，她主持的《能力进阶、项目导向的物联网专业人才培养模式》教学成果获得了省级二等奖，并取得了"基于RFID技术的资产管理系统"等与C#相关的软件制作权，她还主持参与过多项与课程相关的国家级、省级政府科研项目。

　　由于编者水平有限，书中难免存在不足之处，恳请广大读者批评指正。

编　者

二维码索引

序号	视频名称	图形	页码
1	2.1.1　变量		35
2	2.5.6　逻辑运算符		73
3	3.4.1　while语句		105
4	3.4.5　continue语句		109
5	3.4.5　break语句		109
6	4.3　二维数组的定义及使用		132
7	8.1.1　多线程		304

CONTENTS

目 录

▶ CONTENTS

CONTENTS

目录

CONTENTS

Chapter 1

第①章

初识C#编程

李李——科威公司的一名产品测试人员，最近加入了科威公司的新项目"环境监测数据采集系统"的研发团队，成为一名C#编程人员。但他对该系统了解甚少，因此赶紧找到金牌讲师杨杨先了解情况吧。

李李：这个项目为什么选用Visual Studio 2012为平台，并基于C#语言来开发呢？

杨杨：Visual Studio 2012是微软公司推出的开发环境，是最流行的Windows平台应用程序开发环境之一，支持当前市场上流行的VB、C#等语言开发。至于为何要用C#，除了团队中大部分人员原来从事C#开发外，当然还有其语言的规范性等特点。

李李：那C#有什么特点？能开发什么风格的应用系统呢？

杨杨：C#在带来对应用程序的快速开发能力的同时，并没有牺牲C与C++程序员所关心的各种特性。它忠实地继承了C和C++的优点。C#还是专门为.NET应用而开发出的语言，这从根本上保证了C#与.NET框架的完美结合。在.NET运行库的支持下，.NET框架的各种优点在C#中表现得淋漓尽致，能开发Windows应用程序、WPF应用程序、Web应用程序。

李李：好棒的功能啊，我是新手，还是先入门吧！

↘ 本章重点

- 了解C#的发展历程及其特点。
- 掌握开发环境的搭建。

- 掌握简单WPF应用程序的实现。
- 了解物联网实训系统平台。
- 了解C#编程中的常用术语。

1.1 C#应用实例

科威公司的项目只是C#应用开发的一个例子。在现实生活中，当人们进入购物商城网站时，会体验到便捷操作的商品选购功能；当进入智慧实验时，会看到实验室可以自动开启电灯，为人们自动播报实验室的温度和湿度值。这些在生活中随处可见的计算机应用系统，其实都可以基于C#进行开发。图1-1所示是一个基于C#开发的菜单项界面，图1-2所示是一个基于C#开发的实验室环境监测界面。

图1-1　基于C#开发的菜单项界面

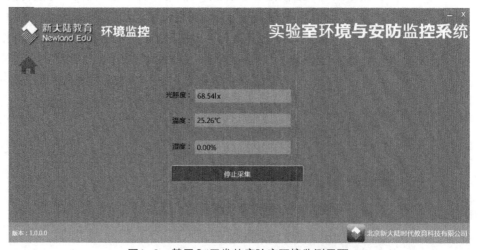

图1-2　基于C#开发的实验室环境监测界面

在图1-2中，光照度、温度、湿度的实时显示只是应用程序数据展现的应用程序UI

（User Interface，用户界面），它为用户提供了友好的窗口。而这些实时数据是怎么来的，它又是如何在界面上显示出来的？这都可以通过C#编写应用程序而解决。

本书将以实验室环境监测管理系统为例，贯穿全书的例子来讲解C#的相关知识点。实验室安防与环境监测管理系统，主要实现对实验室的安防、环境温湿度、光照的数据监测以及数据存储等管理功能。其中：

1）安防监测。感应实验室是否有人以控制实验室的电灯、风扇等执行机构产生动作。

2）环境监测。感应实验室的温度、湿度、光照度的数据监测，以控制实验室的电灯、风扇等执行机构产生动作。

3）数据存储。将人员活动、温度、湿度、光照度的数据存储至文件，供历史数据查阅。

该系统的架构示意图如图1-3所示。

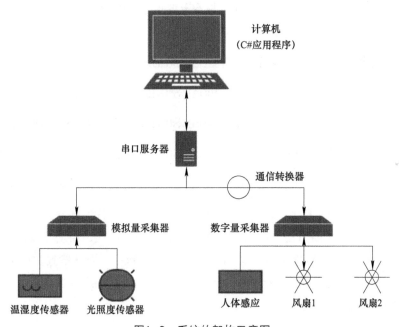

图1-3 系统的架构示意图

1.2 C#入门

C#编程语言是微软公司推出的基于.NET框架的、面向对象的高级编程语言。C#与C、C++、Java有着密切的关系，是.NET框架中最常用的编程语言之一。

1.2.1 C#的来源

1. C#语言的产生背景

1995年，SUN公司推出面向对象的开发语言——Java，之后由于其跨平台、跨语言特性，使得越来越多的基于C/C++的开发人员转向了Java。很快，微软公司也推出了基于Java语言的编译器Visual J++，并在短时间内升级到了6.0版本。

Visual J++虽然有强大的开发功能，但主要应用于Windows平台的系统开发中，因此SUN公司认为Visual J++违反了Java的许可协议，即违反了Java平台的中立性，这使得微软公司处于被动局面。为了改变这一局面，微软公司提出了进军互联网的庞大计划——.NET计划以及该计划中的开发语言—— C#。Anders Hejlsberg和他的微软开发团队开始设计C#语言（C#英文读作"C Sharp"）。

2．C#语言的发展过程

C#语言的发展主要经历了以下阶段。

2000年，微软公司发布了C#语言的第一个版本，它是一种全新且简单、安全、完全面向对象的程序设计语言，是专门为.NET的应用而开发的语言，它吸收了C++、Visual Basic、Delphi、Java等语言的优点，C#基本上继承了C语言的语法风格，又从C++那里继承了面向对象的特征。同时，C#和Java也极其相似。

2003年，微软公司发布了C# 1.2，Visual Studio.NET 2003使用的是C# 1.2。

2005年，微软公司发布了C# 2.0，Visual Studio.NET 2005使用的是C# 2.0。

2007年，微软公司发布了C# 3.0，Visual Studio.NET 2008使用的是C# 3.0。

2010年，微软公司发布了C# 4.0，Visual Studio.NET 2010使用的是C# 4.0。

2013年，微软公司发布了C# 5.0，Visual Studio.NET 2013使用的是C# 5.0。

C# 2.0在C# 1.2的基础上，增加了泛型、匿名方法、迭代、部分类等。C# 3.0在C# 2.0的基础上，增加了扩展方法、Lambda表达式、查询表达式、自动实现的属性、匿名变量等。C# 4.0在C# 3.0的基础上，增加了dynamic关键字、默认参数、可选参数等。C# 5.0在C# 4.0的基础上，增加了带参数的泛型构造函数、支持null类型运算、case支持表达式、扩展属性和绑定运算符等。

1.2.2 C#的基本思想

C#的基本思想即面向对象。面向对象编程（Object Oriented Programming，OOP）旨在将现实世界中存在的事物或概念通过抽象的方法模拟到计算机程序中，尽量使用人的自然思维，着重强调人的正常思维方式和原则。

面向对象的编程设计是将数据及处理这些数据的操作都封装（Encapsulation）到一个称为类（Class）的数据结构中。面向对象的编程设计具有封装、继承和多态性等特点。封装用于隐藏调用者不需要了解的信息；继承则简化了类的设计；多态性是指当相同对象收到相同信息或不同对象收到相同信息时，产生不同的行为方式。

面向对象的编程思想在本书的案例中得到众多应用，本书将带领读者循序渐进地学习、理解面向对象的编程思想。

1.2.3　C#的技术体系

C#是一种全新的、面向对象的编程语言。它依附于.NET Framework架构，其高效的运行效率、简单易于理解的语法，加之强大的编译器支持，使得程序的开发变得异常迅速。它的技术体系主要有以下几个方面。

1）彻底的面向对象设计，C#具有面向对象语言所拥有的一切特性，即封装、继承和多态。C#与Web应用紧密地结合，支持绝大多数Web标准，如HTML（Hyper Text Markup Language）、XML（Extensible Markup Language）、SOAP（Simple Object Access Protocol）等。

2）Windows Form技术，用来开发Windows桌面程序，数据提供程序管理，提供易于连接OLEDB和ODBC数据源的数据控件，包括Microsoft SQL Server、Microsoft Access、Jet、DB2及Oracle等，通过强大的控件库可以快速开发出桌面应用程序。

3）WPF技术，微软的新一代图形系统，运行在.NET Framework 3.0及以上版本，为用户界面、2D/3D图形、文档和媒体提供了新的操作方法。

4）WebForm技术，是Windows使用C#语言来开发Web应用程序的工具，它封装了大量的服务器控件，让开发Web变得简单。

5）MVC技术，是ASP.NET编程模式的一种，使用模型—视图—控制器设计创建Web应用程序，这种分层的设计使程序员能够在复杂度高的程序中各司其职，专注于自己擅长的方面。

1.2.4　C#的应用领域和前景

C#语言出身于微软公司，主要用来构建在.NET Framework上运行的各种安全、可靠的应用程序。它的应用领域十分广泛，具体如下：

1）Web应用程序。Web应用包括ASP.NET应用程序和Windows窗体应用程序。

2）数据库应用程序开发。C#中的ADO.NET技术适合进行数据库应用程序的开发。数据库应用程序可理解为业务管理软件，具体应用如图书管理系统和人事管理系统等。

3）桌面应用程序。桌面应用包括控制台应用程序和Windows窗体应用程序等。

4）插件技术。插件技术编程在计算机软件中运用广泛，它提高了软件的扩展性，延长了软件的生命周期，在一定程度上属于对软件功能的扩充。

5）移动设备应用程序。移动设备应用程序即嵌入式设备应用程序，主要面向Windows CE等微软的产品。

6）游戏软件开发。C#语言通过与XNA（WindowsXbox Next-generation

Architecture）游戏开发框架相结合，可以使开发出的游戏效果更加绚丽。

上面介绍了几个主要的C#应用领域，实际上C#语言几乎可以应用到程序开发的任何领域。那么C#的前景如何呢？根据2014年9月Tiobe编程语言排行榜可以看出，C#语言继续呈上升趋势，同比上升一位，排在了所有语言的第5位，发展趋势良好。

1.2.5 如何学好C#

C#语言不但功能十分强大、面向对象理论完善，而且涉及的开发领域十分广泛，所以相信选择C#编程语言必定会成就编程职业生涯的未来。

那么如何学好C#编程呢？这是所有初学者共同面对的问题。其实，每种语言的学习方法都大同小异，在学习C#的过程中，要注意以下技术内容：

1）熟悉C#的开发环境，这点对于学习任何编程语言来说，都是必走的第1步，主要包括常用开发工具（Microsoft Visual Studio 2012）和帮助工具（Help Library管理器）的使用。

2）掌握C#语言的特点，包括C#语言的运行和编译原理。

3）认真学习C#语言的基础知识，这部分内容与C语言类似，如果学习过C语言或其他编程语言，则很容易掌握。另外，还要了解C#源代码的构成、类的基本结构与写法。

4）熟悉各种逻辑控制语句，通过学习这些控制语句，就能够编写一些较为复杂的逻辑方法。

5）学习面向对象的基础，包括类和面向对象的概念，让初学者建立起面向对象编程的思想基础。

6）深入学习面向对象，主要包括封装、继承和多态三大特性。另外，还要熟练掌握抽象类、接口等技术。通过对这些技术的学习，能够深入了解面向对象的编程思想，同时运用这些技术解决更复杂的问题。

7）异常（Exception）处理和程序调试，运用这些技术能够处理编程过程中出现的错误，加快程序的调试，保证程序的健壮性。

8）WPF窗体应用程序，主要用于编写WPF应用程序。同时，要学会在WPF窗体上经常使用的WPF控件、组件及自定义控件。

9）多线程技术和网络通信，了解多线程运行原理、熟练处理线程同步、熟悉各种通信原理及协议（包括Socket、TCP/IP、UDP、HTTP等），为以后开发游戏和网络多任务下载程序提供技术支持。

10）ADO.NET操作数据库技术，了解ADO.NET对象的组成元素（Connection对象、Command对象、DataAdapter对象等），从而实现使用ADO.NET技术开发企业级的应用程序。

11）高级开发技术，主要包括UML（Unified Modeling Language）建模、MVC（Model View Controller）3层架构、远程访问技术（Remoting）、SOA、COM组件、Web Service、设计模式和XML等。

除了需要掌握以上这些编程技能之外，还要注意学习方法，如下：

1）掌握C#的编码规范，以此养成一个良好的编程习惯。

2）在初学编程的过程中，一定会遇到很多问题，当遇到问题时，一定要多和同学交流、多向老师请教。

3）对于初学者，一定要利用好大型搜索引擎网站和比较知名的社区论坛（如明日科技编程词典学习社区等）。

4）在学习的过程中不要三心二意，今天想把C#学好，过几天又想把VB学好，最终哪个也没有学精。建议应该将一门语言学通学精，然后再考虑学习其他编程语言。

5）手中常备C#基础书籍和速查手册，它们能解决程序开发中遇到的一些问题，同时也能够提高编程效率。

6）理论联系实际，要勤动手、多向他人请教，学习他人的编程思想，取其精华；要有愚公移山、铁杵磨成针的精神；不抛弃，不放弃。

1.3 开发环境的搭建

本书主要介绍如何在Visual Studio 2012开发环境下用C#语言和WPF技术编写C/S（Client/Server，客户端/服务器）模式的应用程序。要调试和运行本书的程序，需要安装以下开发平台和相关的开发工具。

1.3.1 操作系统要求

调试本书源程序的操作系统和内存要求如下。

1）操作系统：Windows 7（32位或64位）及以上系统，建议使用64位的Windows 7操作系统。

2）内存：至少2GB。

1.3.2 安装Visual Studio 2012开发平台

Visual Studio 2012开发平台的安装，需要读者事先准备好所需的iso镜像文件，读者可以从微软官方网站下载。安装Visual Studio 2012开发平台的步骤如下：

1）安装虚拟机后，将Visual Studio 2012的iso镜像文件打开并解压缩，找到"▶◀ vs_ultimate.exe"文件，双击进入安装起始界面，如图1-4所示。

图1-4　Visual Studio 2012安装起始界面

2）在安装起始界面中，单击"下一步"按钮选择需要安装的可选功能，全选即可，后续继续选择默认值，单击"下一步"按钮直至最后一步，重新启动后即完成安装。

3）安装完成后，单击"启动"按钮，接着会提示需要输入产品密匙，此时输入产品密匙。

4）进入"选择默认环境设置"对话框，选择"Visual C#开发设置"选项，单击"启动Visual Studio"按钮，如图1-5所示，至此完成了Visual Studio 2012的安装与启动。

图1-5　选择开发语言

1.4　第1个WPF程序

从1.1节可知，C#程序可以开发出不同应用、不同风格的应用程序。本书以物联网应用系统最新风格的WPF应用程序为例，讲解C#应用开发基础。

1.4.1　WPF概述

WPF是Windows Presentation Foundation的简称，顾名思义，是专门用来编写程序表示层的技术和工具。

WPF是做什么用的呢？下面从分析一个客户的需求开始，解答这个问题。有一次，一家单位的技术主管说："你能不能用WPF为我们开发一套管理系统？"其实，这就是一个对WPF的典型误解。误解在何处呢？主要是不清楚WPF的功用。当今的程序，除了一些非常小巧的实用工具外，大部分程序都是多层架构的程序。多层架构一般至少包含3层，即数据层、业务逻辑层和表示层，其关系可用图1-6所示的示意图来描述。

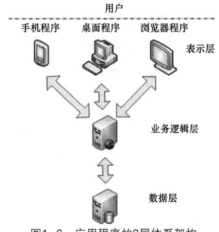

图1-6　应用程序的3层体系架构

这3层的功能归纳如下：

● 数据层。用于存储数据，多由数据库构成，有时也用数据文件辅助存储数据。例如，医院的药品列表、人员列表、病例列表等都存储在这一层。

● 业务逻辑层。用于根据需求使用计算机程序表达现实的业务逻辑。例如，哪些医生可以给哪些病人看病，从挂号到取药都有什么流程，从住院到出院有哪些流程，都可以由这一层来实现。这一层一般会通过一组服务（Service）向表示层公开自己的各项功能。因为这一层需要与数据层进行交互，所以经常会划分出一个名为"数据访问层"（Data Access Layer, DAL）的子层专门负责数据的存取。

● 表示层。负责把数据和流程展示给用户。对于同一组来自业务逻辑层的数据，可以选择多种表达方式。例如，对于同一张药品单，如果想以短信的形式发送给药房，则可以以一串字符的形式来表达；如果客户想打印药品单的详细内容，则可以以表格的形式来表达；如果客户想直观地看到每种药品占总价格的比例，则可以使用饼图来表达。除了用于表示数据，表示层还负责展示流程、响应用户操作等。而且，表示层程序并不拘泥于桌面程序，很多表示层程序都运行在手机或浏览器里。表示层程序也常被称为客户端程序。

WPF的功能就是用来编写应用程序的表示层，至于业务逻辑层和数据层的开发也有专门的新技术。例如，业务逻辑层的新技术是WCF（Windows Communication Foundation）和WF（Windows Workflow Foundation）。微软平台上用于开发表示层的技术较多，包括WPF、Windows Forms、ASP.NET、Silverlight等。换句话说，无论使用哪种技术作为表示层技术，程序的逻辑层和数据层都是相同的。所以"使用WPF开发管理系统"这个说法是不对的。

1.4.2 为什么要学习WPF

既然已经有这么多表示层技术，为什么还要推出WPF技术呢？而花费精力学习WPF技术有什么收益呢？这个问题可以从两个方面来回答。

首先，只要开发表示层程序就不可避免地要了解4种功能性代码，具体如下

● 数据模型：现实世界中事物和逻辑的抽象。

● 业务逻辑：数据模型之间的关系与交互。

● 用户界面：由控件构成的、与用户进行交互的界面，用于把数据展示给用户并响应用户的输入。

● 界面逻辑：控件与控件之间的关系与交互。

这4种代码的关系如图1-7所示。

图1-7　4种功能性代码的关系

在保持代码可维护性的前提下，如何让数据能够顺畅地到达界面并灵活显示，同时方便地接收用户的操作，历来都是表示层开发的核心问题。为此，人们研究出了各种各样的设计模式，其中有经久不衰的MVC（Model-View-Controller，模型-视图-控制器）模式和MVP（Model-View-Presenter，模型-视图-表示层）模式等。在WPF出现之前，Windows Forms、ASP.NET（Web Forms）等技术均使用"事件驱动"理念，这种由"事件→订阅→事件处理器"关系交织在一起构成的程序，尽管可以使用MVC、MVP等设计模式，但一不小心就会使界面逻辑和业务逻辑混淆在一起，造成代码变得复杂难懂、bug难以排除。而WPF技术则是微软在开发理念上的一次升级——由"事件驱动"变为"数据驱动"。

事件驱动时代，用户每进行一个操作便会激发程序发生一个事件，事件发生后，用于响

应事件的事件处理器就会执行。事件处理器是一个方法（函数），在这个方法中，程序员可以处理数据或调用其他方法，这样，程序就在事件的驱动下向前执行了。可见，事件驱动时代的数据是静态的、被动的；界面控件是主动的、界面逻辑与业务逻辑之间的桥梁是事件。而数据驱动正好相反，当数据发生变化时，会主动通知界面控件、推动控件展示最新的数据；同时，用户对控件的操作会直接送达数据，就好像控件是"透明"的。可见，在数据驱动理念中，数据占据主动地位、控件和控件事件被弱化（控件事件一般只参与界面逻辑，不再涉及业务逻辑，使程序复杂度得到有效控制）。WPF中，数据与控件的关系就是哲学中内容与形式的关系——内容决定形式，所以数据驱动界面，这非常符合哲学原理。数据与界面之间的桥梁是数据关联（Data Binding），通过这个桥梁，数据可以流向界面，再从界面流回数据源。

简而言之，WPF的开发理念更符合哲学的思想（除了Data Binding以外，还有Data Template和Control Template等）。使用WPF进行开发较Windows Forms开发要简单，程序也更加简洁清晰。

1.4.3 XAML简介

分工与合作的关系存在于社会各个行业之间，也存在于行业内部。同样在软件开发中也存在分工与合作的关系，其最典型的分工合作就是设计师（Designer）与程序员（Programmer）之间的协作。在WPF出现之前，协作一般是这样展开的：

1）需求分析结束后，程序员对照需求设计一个用户界面（User Interface, UI）的草图，然后把精力主要放在实现软件的功能上。

2）与此同时，设计师们对照需求、考虑用户的使用体验（User Experience, UX）、使用专门的设计工具（比如Photoshop）设计出优美而实用的UI。

3）最后，程序员按照设计师绘制的效果图，使用编程语言实现软件的UI。

这种分工与合作所带来的核心问题在于，设计师与程序员的合作是"串行"的，即先由设计师完成效果图、再由程序员通过编程实现，势必带来效率与成本的问题冲突。如果设计师能与程序员"并行"工作并直接参与到程序的开发中来，那么，这些问题就可以解决了。

其解决方案就是：让UI设计师们可以使用HTML、CSS、JavaScript直接生成UI，程序员则在这个UI产生的同时实现它背后的功能逻辑。在这个并行的合作中，设计师们可以使用Dreamweaver等设计工具，程序员使用Visual Studio软件进行后台编程。有经验的设计师和程序员往往还具备互换工具的能力，使得他们能基于HTML+CSS+JavaScript这个平台进行有效的沟通。

为了把这种开发模式从网络开发移植到桌面开发和富媒体网络程序的开发上，微软创造了一种新的开发语言——XAML（读作zaml）。XAML（eXtensible Application Markup Language，可扩展应用程序标记语言）在桌面开发及富媒体网络程序的开发中扮演了HTML+CSS+JavaScript的角色，成为设计师与程序员之间沟通的桥梁。

现在，设计师和程序员们一起工作、共同维护软件的版本，只是他们使用的工具不同——设计师们使用Blend（微软Expression设计工具套件中的一个）来设计UI，程序员则使用Visual Studio开发后台逻辑代码。Blend使用起来很像Photoshop等设计工具，因此可以最大限度地发挥出设计师的特长。使用它，设计师不但可以制作出绚丽多彩的静态UI，还可以让UI包含动画——虽然程序员们也能做出这些东西，但从专业性、时间开销以及技术要求上看是不如设计师的。更重要的是，这些绚丽的UI和动画都会以XAML的形式直接保存进项目，无须转化就可以直接编译，节省了大量的时间和成本。

简单地说，XAML是WPF技术中专门用于设计UI的语言。

1.4.4 XAML的优点

基于前述的XAML概念，归纳出XAML所具有的几个优点：

- XAML可以设计出专业的UI和动画——好用。

- XAML不需要专业的编程知识，它简单易懂、结构清晰——易学。

- XAML使设计师能直接参与软件开发，随时沟通且无须二次转化——高效。

XAML另一个巨大的优点就是：它帮助开发团队真正实现了UI与逻辑的剥离。XAML是一种单纯的声明型语言，也就是说，它只能用来声明一些UI元素、绘制UI和动画（在XAML里实现动画是不需要编程的），根本无法在其中加入程序逻辑，这就强制地把逻辑代码从UI代码中"赶走"了。这样，与UI相关的元素全部集中在程序的UI层，与逻辑相关的代码全部集中在程序逻辑层，形成了一种"高内聚—低耦合"的结构。形成这种结构后，无论是对UI进行较大改动还是打算重用底层逻辑，都不会花费太大力气。这就好比有一天你给A客户做了一个橘子，A客户很喜欢；A客户把你的产品介绍给了B客户，B客户很喜欢橘子味道，但希望它看上去像个香蕉。这时候，你只需要把橘子皮撕下来，换上一套香蕉皮即可，只需很少的成本就可以获得与先前一样大的收益，就好比软件的"换肤"行为，更多关于WPF的UI开发，请读者自行参阅相关书籍，本书重点在基于WPF的应用程序，介绍C#的基础知识应用，以开发出一个简单的WPF应用程序。

1.4.5 新建WPF项目

首先打开已经安装好的Visual Studio 2012，建立一个WPF程序，然后布局窗体，最后编写代码。

【例1.1】创建一个WPF程序，实现单击界面上的"开"按钮，左侧文字显示为"风扇开"；单击"关"按钮，左侧文字显示为"风扇关"。

操作步骤

1）新建一个WPF程序。打开Visual Studio 2012，执行"文件"→"新建"→"项

目"命令，如图1-8所示，选择开发语言为C#，然后选择WPF应用程序，单击"确定"按钮即可，如图1-9所示。

图1-8　新建项目

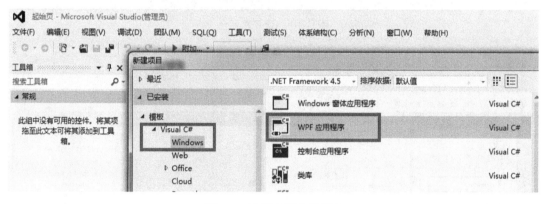

图1-9　选择WPF应用程序

2）创建WPF工程项目后，进入如图1-10所示的C#开发平台。在该平台上，可以看到有常用的"工具箱"、界面布局编辑区、"解决方案资源管理器"窗口、"属性"窗口、布局文件代码视图窗口等。

注：若某个视图窗口未打开或找不到，则可通过主菜单中的"视图"菜单打开。

3）在工具箱上拖放2个Button组件、1个Label，并在左侧"属性"窗口上分别设置其名称为"btnOpenFan1""btnCloseFan1""lblFan1"，设置其Content属性为"1#风扇：开/关"。设置完成后，在XAML代码中会自动添加好对应的代码，如图1-11下方的XAML代码视图窗口所示。

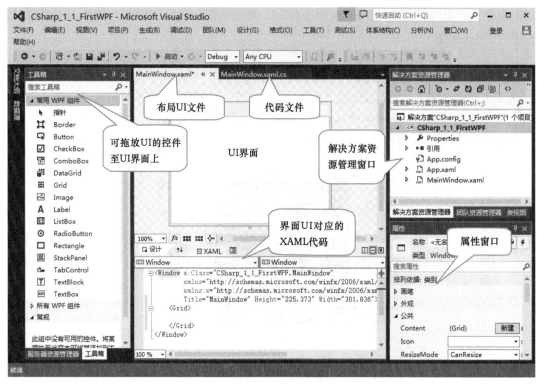

图1-10　C#开发平台

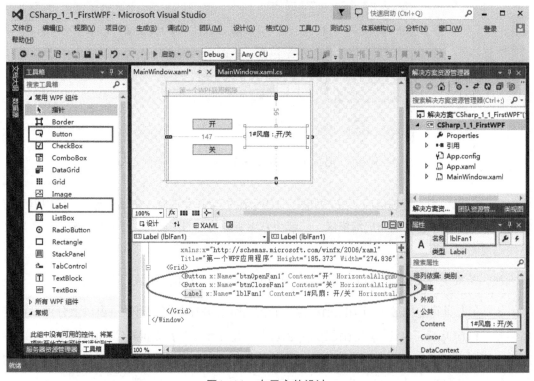

图1-11　布局文件设计

4）为按钮添加Click单击事件。选中要添加Click单击事件的btnOpenFan1按钮，在其"属性"窗口中（若开发环境中"属性"窗口未找到，则可按快捷键<F4>予以显示，见图1-12）单击"事件"选项卡将其切换到"事件列表"视图，双击Click事件右侧的空白区域。

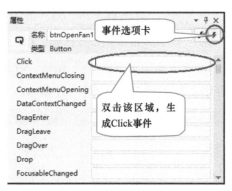

图1-12　产生事件操作

5）双击之后，转入代码编辑区域，如图1-13所示。

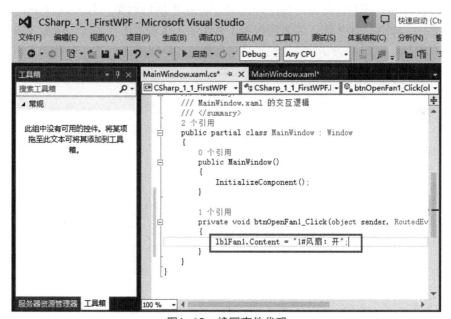

图1-13　编写事件代码

6）编写代码。在图1-13所示的方框处，输入方框处的代码：

lblFan1.Content = "1#风扇：开";

7）同样，为btnCLoseFan1按钮添加Click事件代码，其代码为：

lblFan1.Content = "1#风扇：关";

8）再次切换到UI界面设计窗口，查看器XAML代码文件，可以看到在其代码中加入了两个按钮的Click事件声明，如图1-14所示。

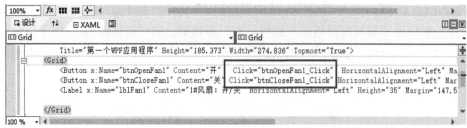

图1-14 加入单击事件后的XAML文档

9）运行程序。单击主工具栏上的"▶ 启动 ▾"按钮，进入程序运行界面；分别单击"开"和"关"两个按钮，仔细观察运行结果，如图1-15所示。

图1-15 "第1个WPF应用程序"的运行效果

至此，一个简单的WPF应用程序开发完毕。在本项目的案例开发过程中，涉及"组件""事件""属性"等术语，读者现在可不必纠结于这些术语代表什么意思，本章再通过【例1.2】和【例1.3】开发讲解完之后，再一同探究C#开发所涉及的一些常用术语。

1.4.6 解决方案资源管理器项目模板

在"解决方案资源管理器"窗口（可通过"视图"→"解决方案资源管理器"命令显示）中可以看到，Visual Studio 2012的WPF项目模板中有一系列源代码，如图1-16所示。可以把所有项目都展开，如图1-17所示。

图1-16 WPF项目模板中自带的源代码文件夹

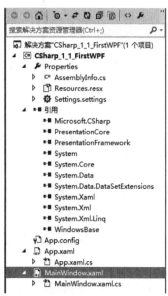

图1-17 源代码文件夹中包含的内容

下面分别介绍这些分支的作用。

● Properties分支：里面的主要内容是程序要用到的一些资源（如图标、图片、静态的字符串）和配置信息。

● 引用分支：标记了当前这个项目需要引用哪些其他的项目。目前里面列出来的条目都是.NET Framework中的类库，有时还要添加其他.NET Framework类库或其他程序员编写的项目及类库。

● App.xaml分支：程序的主体。在Windows操作系统里，一个程序就是一个进程（Process）。Windows还规定，一个GUI进程需要有一个窗体（Window）作为"主窗体"。App.xaml文件的作用就是声明了程序的进程会是谁，同时指定了程序的主窗体是谁。在这个分支里还有一个文件——App.xaml.cs，它是App.xaml的后台代码。

● MainWindow.xaml分支：程序的主窗体。图1-17所示的窗口中选中的内容就是由它声明的。它也具有自己的后台代码MainWindow.xaml.cs。默认地，Visual Studio 2012会打开以上两个文件。对于XAML文件，Visual Studio 2012还具有"所见即所得"的可视化编辑能力，用户可以在XAML代码和预览视图之间切换（切换标签在编辑器底部），也可以纵向或横向地同时显示XAML代码和预览视图。

1.5 基于C#的物联网实训系统

在【例1.1】的界面中，只显示了风扇的开关状态。在现实生活中，如果要让风扇真正地实现开与关动作，就需要借助于一些硬件设备予以实现。下面基于新大陆公司的物联网实训平台，讲述C#语言如何实现一些设备的基本操作。如图1-3所示，系统由现场传感器输出该物理量的4-20MA信号或开关量信号，经信号采集器、通信转换器至计算机C#的应用程序中，再到C#应用程序控制的执行机构（如风扇）。

1.5.1 数字量采集器及其相关设备

数字量采集器采用AMAD-4150，它具有7路开关量输入、8路开关量输出通道，分别对应DI0～DI6、DO0～DO7；传输方式为RS485，所以需经过RS485/RS232转换器进行转换后，方可与计算机进行通信。下面简要介绍AMAD-4150数字量采集器及其外围设备的接线。

1. 数字量外接设备布局接线

AMAD-4150数字量采集器的工作电压为DC24V。本实训平台中，"人体感应"开关量输入信号接入至DI0通道，两个风扇经继电器分别接至DO0、DO1通道，其接线示意图如

图1-18所示。

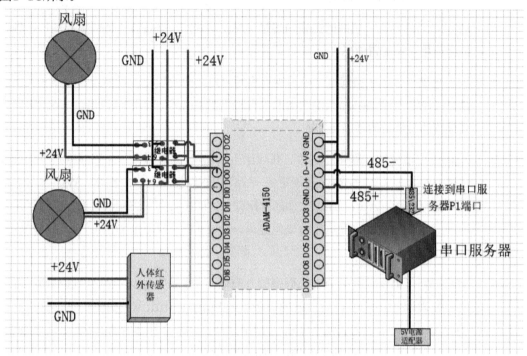

图1-18　数字量采集器相关设备连接电路图

2. 连接数字量（开关量）采集器的相关设备清单

表1-1是物联网实训设备连接至数字量（开关量）采集器的相关设备清单。

表1-1　数字量（开关量）采集器相关设备清单

序　号	产　品　名　称	单　位	个　数
1	ADAM-4150（数字量）	个	1
2	RS 232到RS 485的无源转换器	个	1
3	继电器	个	2
4	人体红外开关	个	1
5	风扇	台	2

　　注意：用户需特别注意风扇、传感器等设备的电源标识，正确接入5V、12V、24V，如读者不能确认接入电压，请咨询相关工程师。

1.5.2　四模拟量采集器及其相关设备

　　4路通道的ZigBee采集模块，用于采集模拟信号量，接在ZigBee板上，将采集到的模拟信号量通过ZigBee传输采集信息。

1．ZigBee四模拟量直接采集模块外接设备连接电路图（见图1-19）

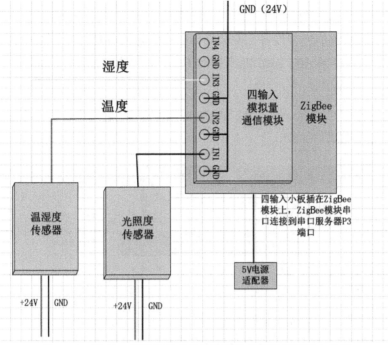

图1-19　ZigBee四模拟量直接采集模块外接设备连接电路图

2．连接ZigBee四模拟量采集器的相关设备清单

表1-2是物联网实训设备连接至四模拟量采集器的相关设备清单。

表1-2　四模拟量采集器相关设备清单

序　号	产　品　名　称	单　位	个　数
1	ZigBee板	块	1
2	四输入模拟量通信模块	块	1
3	光照度传感器	个	1
4	温湿度传感器	个	1

1.5.3　实训系统开发实现过程

基于设备的实训系统开发过程，与WPF案例开发过程基本一致，不同之处在于需在工程中导入设备操作的类库文件。

【例1.2】创建一个WPF程序，实现单击界面上的"开"按钮，左侧文字显示为"风扇开"，且实训平台的1#风扇转动；单击"关"按钮，左侧文字显示为"风扇关"，且实训平台的1#风扇停止转动。

操作步骤

1）参照实训系统的连接设备，安装好串口服务器的驱动程序，将ADAM-4150的RS485转RS232的转换头连接至串口服务器的P1口，确认串口服务器的驱动程序，确认P1口映射为计算机的COM2口。

2）新建一个"Csharp_1_2"WPF应用程序项目，并设置其解决方案名称为"Csharp_1"，如图1-20所示。

图1-20　创建项目

3）参照图1-21设计好界面布局文件"MainWindow.xaml"。

图1-21　界面布局文件"MainWindow.xaml"

MainWindow.xaml文件的参考代码如下：

```xml
<Window x:Class="Csharp_1_2.MainWindow"
        xmlns="http://schemas.microsoft.com/winfx/2006/xaml/presentation"
        xmlns:x="http://schemas.microsoft.com/winfx/2006/xaml"
        Title="1#风扇控制" Height="189" Width="299">
    <Grid>
        <Grid.ColumnDefinitions>
            <ColumnDefinition Width="269*"/>
            <ColumnDefinition Width="22*"/>
        </Grid.ColumnDefinitions>
        <Button x:Name="btnOpenFan1" Content="开"  Click="btnOpenFan1_Click"
HorizontalAlignment="Left" Margin="46,41,0,0" VerticalAlignment="Top" Width="75"/>
        <Button x:Name="btnCloseFan1" Content="关" Click="btnCloseFan1_Click"
HorizontalAlignment="Left" Margin="46,88,0,0" VerticalAlignment="Top" Width="75" />
        <Label x:Name="lblFan1" Content="1#风扇：开/关" HorizontalAlignment="Left"
            Height="35" Margin="147,56,0,0" VerticalAlignment="Top" Width="112"/>
    </Grid>
</Window>
```

4）将实训设备操作类库文件中的文件类库（见图1-22）复制到Csharp_1项目的Debug目录下。右键单击解决方案资源管理器中的项目名称，在弹出的快捷菜单中选择"添加引用"命令添加所需的动态库文件，如图1-23所示。

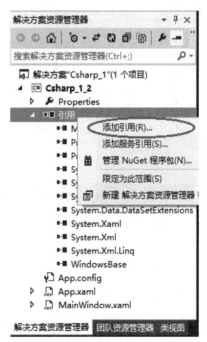

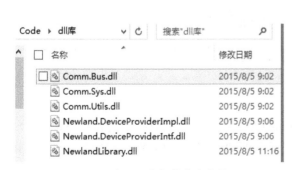

图1-22 实训设备操作类库文件　　　　　　图1-23 添加动态库文件

5）进入如图1-24所示的动态库文件选择对话框，选择所需的动态库文件，并单击"确定"按钮。

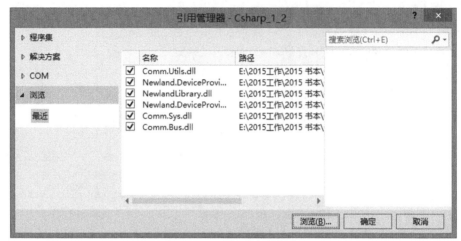

图1-24　选择动态库文件

6）返回到主界面的解决方案资源管理器，可以看到新加载的动态库文件，如双击解决方案资源管理器中的"NewlandLibrary"文件，打开对象浏览器，可查看该类库所包含的类，如图1-25所示，可以看到类"Adam4150"所在的命名空间为"NewlandLibraryHelper"。

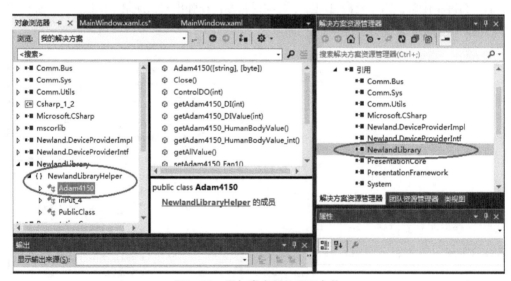

图1-25　添加类库后的项目文件

注：关于命名空间，本书将在1.6节给予详细说明。

7）为按钮添加Click事件，在代码编辑窗口中，在"MainWindow.xaml.cs"文件的开头处添加对类"Adam4150"所在的命名空间的引用，具体语句为"using NewlandLibraryHelper;"，如图1-26所示。

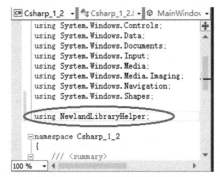

图1-26 命名空间的引用语句

8）编写"开"按钮的Click（鼠标单击）事件代码，具体如下：

```
/***这是一个块注释语句***************************
*  风扇开单击事件
   **************************************************/
  private void btnOpenFan1_Click(object sender, RoutedEventArgs e)
  {
//定义一个Adam4150 对象，对象名为myAdam4150
    Adam4150 myAdam4150 = new Adam4150();
    //打开Adam4150设备，Adam4150连接至计算机COM2口、地址为1，打开时不初始化DO通道
    myAdam4150.Open("COM2", 1, false);
    bool st = myAdam4150.ControlDO(0, true); //打开风扇
    //若操作成功，则给lblFan1标签的Content属性赋值为"1#风扇：开"
    if(st) lblFan1.Content = "1#风扇：开";
    //Adam4150 关闭连接
    myAdam4150.Close(); //释放Adam4150 对象
    myAdam4150 = null;
  }
```

在这段代码中，读者看到带了"/*…*/"和"//"符号的语句，这样的语句是注释语句，在代码中不参与编译，起着代码注释的作用，以便他人能更好地阅读和理解代码。其中，"/*…*/"为块注释语句，"/*"与"*/"必须成对出现，中间的内容全部为注释作用，可以多行；"//"为行注释语句，只能单行出现，跨行无效，一般写在某行需注释语句的前一行或写在该行语句的末尾。

9）编写"关"按钮的Click（鼠标单击）事件代码，具体如下：

```
private void btnCloseFan1_Click(object sender, RoutedEventArgs e)
  {
//定义一个Adam4150 对象，对象名为myAdam4150
  Adam4150 myAdam4150 = new Adam4150();
    //打开Adam4150设备，Adam4150连接至计算机COM2口、地址为1，打开时不初始化DO通道
  myAdam4150.Open("COM2", 1, false);
```

```
bool st = myAdam4150.ControlDO(0, false); //关闭风扇
Adam4150 myAdam4150 = new Adam4150("COM2");
bool st = myAdam4150.setAdam4150_Fan1(0);
if(st) lblFan1.Content = "1#风扇：关";
myAdam4150.Close();
myAdam4150 = null;
}
```

10）程序运行。单击主工具栏上的"▶ 启动 ▼"按钮，进入程序运行界面。分别单击"开"和"关"两个按钮，仔细观察运行结果，当实训平台的设备正确供电后，可实现对风扇的开/关控制。

【例1.3】创建一个WPF程序，当单击界面中的"人体监测"按钮时，左侧文本即显示为"有人"或"无人"的状态。

操作步骤

1）连接好实训系统的相关设备，并正确给实训平台供电，检查人体感应传感器是否正确接入ADAM-4150的DI0通道。

2）在【例1.2】的解决方案"Csharp_1"中，新建"Csharp_1_3"项目，如图1-27所示。

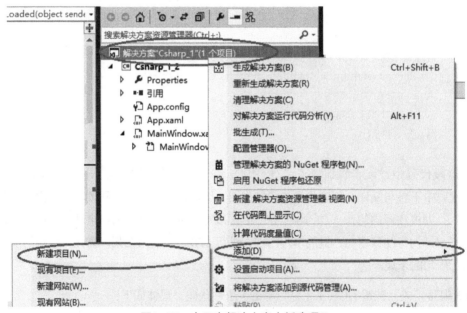

图1-27　在已有解决方案中新建项目

2）添加"dll库"目录下的设备操作类库文件："NewlandLibrary.dll" "Comm.Bus.dll" "Comm.Sys.dll" "Comm.Utils.dll" "Newland.DeviceProviderImpl.dll" "Newland.DeviceProviderIntf.dll"。

3）参照图1-28设计好界面布局文件"MainWindow.xaml"。

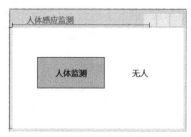

图1-28　界面布局效果

布局文件"MainWindow.xaml"中的代码如下：

```xml
<Window x:Class="Csharp_1_3.MainWindow"
    xmlns="http://schemas.microsoft.com/winfx/2006/xaml/presentation"
    xmlns:x="http://schemas.microsoft.com/winfx/2006/xaml"
    Title="人体感应监测" Height="179" Width="265.667">
    <Grid Margin="0,0,51,0">
        <Button x:Name="btnPerson" Content="人体监测" HorizontalAlignment="Left"
            Height="46" Margin="37,43,0,0" VerticalAlignment="Top"
            Width="103" IsCancel="True"/>
        <Label x:Name="lblPerson" Content="无人" Foreground="Green"
            HorizontalAlignment="Left" Height="25" Margin="176,54,0,0"
            VerticalAlignment="Top" Width="42"/>
    </Grid>
</Window>
```

4）参照【例1.1】中的步骤，在"MainWindow.xaml.cs"代码文件的开头处添加对类"Adam4150"所在的命名空间的引用，其语句为"using NewlandLibraryHelper；"。

5）在"MainWindow.xaml.cs"代码文件中，为"人体监测"按钮添加单击事件代码：

```csharp
private void btnPerson_Click(object sender, RoutedEventArgs e)
    {
        //定义一个Adam4150 对象，对象名为myAdam4150
        Adam4150 myAdam4150 = new Adam4150();
        //打开ADAM-4150设备，将ADAM-4150连接至计算机COM2口、地址为1，打开时不初始化DO通道
        myAdam4150.Open("COM2", 1, false);
        //获取人体感应状态
        bool st = (bool)myAdam4150.getAdam4150_HumanBodyValue();
        //显示"有人"或"无人"
        lblPerson.Content = st ? "无人" : "有人";
        myAdam4150.Close();
        myAdam4150 = null;
    }
```

6）运行程序。这里若直接单击主工具栏上的" ▶ 启动 ▾ "按钮，可以看到程序是直接

进入【例1.2】运行的，那么如何才能进入【例1.3】中运行呢？这里，读者先看一下该解决方案的属性，右键单击该解决方案，在弹出的快捷菜单中选择"属性"命令，如图1-29所示。

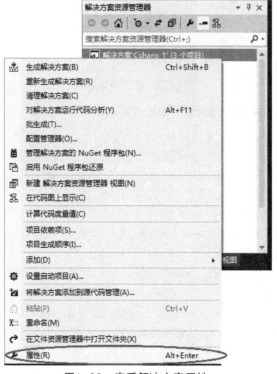

图1-29　查看解决方案属性

此时打开图1-30所示的解决方案属性对话框，可以看到"单启动项目"为"Csharp_1_2"示例。单击"确定"按钮，返回"解决方案管理器"窗口。

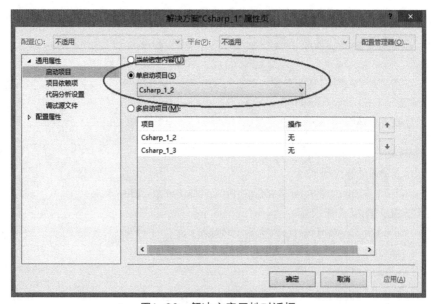

图1-30　解决方案属性对话框

在"解决方案管理器"窗口中，可以看到"Csharp_1_2"为启动项目，字体颜色是黑体，而"Csharp_1_3"字体颜色比较浅，如图1-31所示。在该窗口中，右键单击"Csharp_1_3"项目，在弹出的快捷菜单中选择"设为启动项目"命令，如图1-32所示。

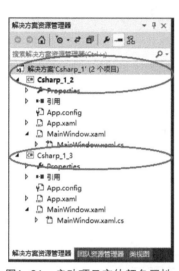

图1-31　启动项目字体颜色属性

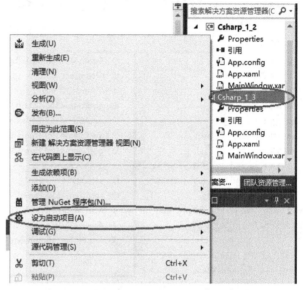

图1-32　设置"Csharp_1_3"为启动项目

设置完成后，再单击主工具栏上的"▶ 启动 ▼"按钮，即进入"Csharp_1_3"示例程序的运行界面。单击"人体监测"按钮，程序运行结果如图1-33a所示；当人在人体感应传感器面前时，单击"人体监测"按钮，程序运行结果如图1-33b所示。

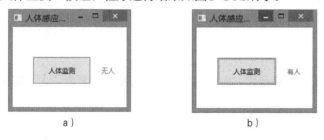

图1-33　程序运行结果

a）无人　b）有人

1.6　C#案例开发所涉及的基本术语

在以上3个案例中，读者已经初步认识了"类""属性""方法""事件""对象""类库文件"和"命名空间"等C#案例开发所涉及的术语，本节将予以简要介绍。

1.6.1　常用术语

1．类

类就像"人类"一样，类有方法和属性，定义一个类就像假定一个人，方法就是这个人做某件事所要的行为，属性就是这个人所特有的性格、面貌等。在【例1.2】和【例1.3】中，"Adam4150"就是一个类，它具有图1-34所示的属性与方法。

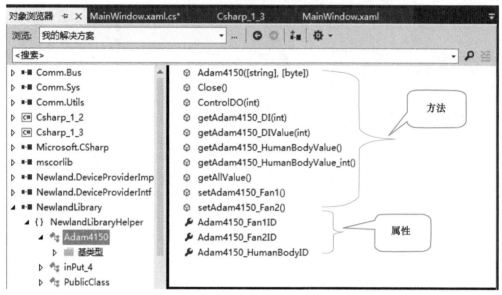

图1-34 类"Adam4150"所具有的属性与方法

2．属性

类的属性包括可以看到的一些性质特征，如"人"这个类，具有体重、肤色、身高等特征。还有一些属性描述类的状态（如心情）或不可见的性质，如姓名、语言。通过定义，可以使所有"人"都具有这些属性，这些属性也会因"人"的不同而不同。

3．方法

类本身所固有的方法和动作，如讲话或走路的方法，所有的"人"都具备这些能力。

4．事件

类还具有预定义的某些外部事件的响应。例如，"人"对于被表扬事件的响应是心情变得愉悦。

5．对象

例如，"张三"是一个人具体的对象，它具有"姓名：张三""体重：68公斤""肤色：黄色"等属性，张三具有"讲话、走路"等方法，所以"张三"是"人"这个类的一个具体对象。

注：在"属性""方法""事件""对象"4个术语中，可以把属性看作对象的性质，把方法看作对象的行为，把事件看作对象的响应。这里给出的术语是非正式化的说明，正式的术语定义将在第6章给出。

6．类库文件

类库字面意思就是类的集合，包含多个类的定义。类库文件就是包含多个类定义的文件。如图1-25所示的"NewlandLibrary. dll"类库文件就包含了"Adam4150""inPut_4""PublicClass"3个类，它是程序员用来声明数字量采集模块、模拟量采集模块各种功能的类的集合。

7．命名空间

命名空间也称为名字空间（NameSpace），如同名字一样。在程序开发中，不同的人写的程序不可能所有的属性、方法都没有重名现象。对于库来说，这个问题尤其严重，如果两个人写的库文件中出现同名的属性或方法（不可避免），那么使用起来就有问题了。为了解决这个问题，引入了命名空间这个概念，通过使用"namespace ×××；"，类使用的方法或属性就是在该命名空间中定义的，这样一来就不会引起不必要的冲突了。

1.6.2　命名空间

1．命名空间的声明

除了系统定义的命名空间以外，还可以自己定义命名空间，定义命名空间用关键字"namespace"，使用命名空间时用 "using"指定。命名空间定义域的使用遵守以下规则：

1）若不指定命名空间的变量或函数，则都是当前命名空间下的变量或函数。

2）在不定义命名空间的情况下，则都属于全局命名空间。全局命名空间应是源文件using语句后的第一条语句。

3）在同一个命名空间内部还可以定义命名空间成员。

4）在声明时不允许使用任何访问修饰符，命名空间隐式地使用public修饰符。

【例1.4】定义1个命名空间N1，N1里有命名空间N2成员和类B，N2命名空间里有成员类A，类A与类B分别有方法成员f1和f2。具体定义如下：

```
//N1为全局命名空间的名称，应是using语句后的第一条语句
namespace N1
{    namespace N2 //命名空间N1的成员N2
     {    class A    //命名空间N2的类成员A
          {    public void f1() //类A的方法成员f1
               {  }
          }
     }

     class B    //命名空间N1的类成员B
```

```
    {        public void f2()//类B的方法成员f2
            {  }
        }
    }
```

也可以采用非嵌套的语法来实现以上命名空间的定义：

```
namespace N1.N2
{    class A    //命名空间N1和N2的类成员A
    {    public void f1() //类A的方法成员f1
        {  }
    }
 }
namespace N1
{
        class B    //命名空间N1的类成员B
        {    public void f2()//类B的方法成员f2
            {  }
        }
}
```

2. 命名空间的使用

如果在程序中需要引用其他命名空间的类或函数成员等，则可以使用using语句，也可以直接使用"命名空间.类名"。例如，需使用【例1.4】中定义的方法f1()和f2()，则可以采用如下代码：

```
using N1.N2; //使用using语句来引用命名空间N1和N2
namespace N3    //命名空间N3
{    class MyClass    //定义MyClass类
    {    void f3()
        {
            A objA = new A();    //构造类A的一个对象objA
            objA.f1();    //调用对象objA的方法f1

            //可以不直接使用using语句，直接使用"命名空间.类名"来构造对象
            N1.B objB = new N1.B();    //构造类B的一个对象objB
            objB.f2();    //调用对象objB的方法f2
        }
    }
}
```

"using N1.N2"实际上是告诉应用程序到哪里可以找到类A，也就是说，在程序代码不指明类A的命名空间时，默认在using语句指明的命名空间里找到相匹配的类A，如果找不到，则该语句出错；"N1.B"是告诉应用程序类B是命名空间N1的成员。

本章小结

本章先从一个案例入手，讲解了C#的应用开发场景，简要介绍了C#的来源、基本思想、技术体系和应用前景，重点介绍了C#的开发平台Visual Studio 2012的安装过程。而后基于WPF应用程序讲解了WPF的概念和特点，重点介绍了基于C#开发的WPF项目的开发过程，并基于新大陆物联网实训平台，介绍了物联网实训平台中数字量和模拟量采集的相关设备。然后以两个完整的案例介绍了基于实训设备的C#应用程序开发过程。最后总结了案例中C#开发所涉及的常用术语。

学习这一章应把注意力放在C#开发的WPF项目的开发过程上，为进一步学习打好基础。

习题

1. 讨论题

讨论日常生活中所接触到的对象，如播放音乐的mp3具有哪些属性、方法和事件？

2. 实践操作题

创建一个WPF程序，实现单击界面上的"开"按钮，左侧文字即显示为"2#风扇开"，且实训平台的2#风扇转动；单击"关"按钮，左侧文字即显示为"2#风扇关"，且实训平台的2#风扇停止转动。

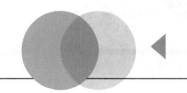

Chapter 2

第②章

C#语法基础

李李—— 今天，李李向项目研发团队负责人询问自己如何能快速融入团队，成为一名出色的C#开发人员。团队负责人意味深长地对李李说："要想成为一名出色的C#开发人员，对于没有编程基础的人来说，就得先掌握C#语言编程基础"。"C#语言基础难吗？主要内容包括哪些？接下来几天的培训还是认真学习吧！"。第一天培训结束后，李李赶紧找到金牌讲师杨杨一起探讨。

李李：今天大家做的案例，为何一直提示好多错误信息调试不顺呢？

杨杨：作为一名C#程序员，首先要理解数据、内存、二进制这些基本概念；要熟练掌握C#的变量常量及数据类型的使用，其运算符与表达式要简洁，并且注意运算的优先级。

李李：我的案例也完成了，为何我的系统分值比其他同事差呢？

杨杨：一个优秀的程序作品，不仅在于实现其系统其功能，还要从系统代码的简洁性、合理性、可读性、规范性来进行考量。

↘ 本章重点

- 理解数据、内存、二进制。

- 掌握变量与常量、进制间数据的使用。

- 熟悉数据类型的定义和使用。

- 掌握各类运算符及其表达式的代码编写。

- 了解C#编码规范。

案例展现　　　环境参数采集——数据表达式的使用

基于C#开发平台，创建一个WPF项目应用程序，实现对实验室环境参数的监测，具体功能如下：

1）单击界面上的"采集"按钮，界面分别显示光照、温度、湿度的实际物理量值。

2）判断温度是否大于文本输入的给定温度值，若是，则界面上文字提示"温度高！"信息；否则提示"温度低！"信息。

3）每单击一次"采集"按钮，单击次数+1；界面上文字提示信息为"你是第n次采集数据"，其中n为使用者第几次单击了该按钮。

案例结果

图2-1所示是一个基于C#开发的实验室环境参数监测界面。

图2-1　实验室环境参数监测界面

在图2-1中，当用户单击"采集"按钮时，系统通过物联网实训平台采集光照度、温度、湿度的实时值，根据给定的温度界限值判断温度的高低状态，并统计单击"采集"按钮的次数。

案例准备

创建一个名为"Csharp_2"的WPF应用程序项目，用于实现本案例的功能。

1）新建一个"Csharp_2"WPF应用程序项目。

2）为创建后的"Csharp_2"项目添加"dll库"目录下的设备操作类库文件

"NewlandLibrary. dll" "Comm. Bus. dll" "Comm. Sys. dll" "Comm. Utils. dll" "Newland. DeviceProviderImpl. dll" "Newland. DeviceProviderIntf. dll"。

3）参照实训平台使用手册，连接好模拟量四输入模块的线路。

注：如果读者没有配备物联网实训系统，可省略步骤2）和步骤3）。

在这个简单的综合案例中，涉及数据类型的变量定义、表达式、数据转换函数的使用等C#语法基础知识。下面先介绍这些知识点，再开始本案例的编程实现。

2.1 变量与常量

常量与变量是程序开发中经常提到的概念。常量从字面理解来说，就是一个固定的量，可以说是一个固定的数据。而变量就是其值可以变换的量，在程序运行中，其值可以被重新赋值。

2.1.1 变量

变量本身被用来存储特定类型的数据，可以根据需要随时改变变量中所存储的数据值。变量具有名称、类型和值。变量名是变量在程序源代码中的标识，变量类型确定它所代表的内存的大小和类型，变量值是指它所代表的内存块中的数据。在程序的执行过程中，变量的值可以发生变化。

1．变量声明

扫描书中二维码观看视频

使用变量之前必须先声明变量，即指定变量的类型和名称，其声明规定如下：

1）在C#中，声明一个变量是由一个类型和跟在后面的一个或多个变量名组成，多个变量之间用逗号分开，声明变量以分号结束，且变量名区分大小写，例如：

```
int iCount; //声明一个整型变量
string s1, s2, s3; //同时声明3个字符串型变量
int Temp, temp; //这里的Temp、temp代表不同的变量
```

2）声明变量时，还可以初始化变量，即在每个变量名后面加上给变量赋初始值的指令，例如：

```
int i = 33; //初始化整型变量a,其初值为33
string s1 = "光照度", s2 = "温度", s3 = "湿度";//初始化字符串型变量s1、s2和s3
```

3）变量的变量名必须以字母或下画线开头，不能有特殊符号，且不可以与系统中已有关键字同名。下面示例是合法与非法的变量名定义。

合法的：I、A、a、s1、_flag、my_Object。

非法的：3s、int、if（这里3s以数字开头，int和if是C#中已有的关键字）。

2．变量的赋值

变量在声明以后，可以被重新赋值。在C#中，其赋值语句规定如下：

1）使用赋值运算符"="（等号）来给变量赋值，将等号右边的值赋给左边的变量，例如：

```
int sum; //声明一个变量
sum = 2008; //使用赋值运算符"="给变量赋值
```

2）在给变量赋值时，等号右边也可以是一个已经被赋值的变量，例如：

```
int i1, i2; //声明两个整型变量
i1 = 100; //给变量i1赋值为100
i2 = i1;   //将变量i1赋值给变量i2
```

注意：不要把赋值运算符和"相等"混为一谈。赋值运算符的作用并非比较左右两边是否相等，而是把运算符右边的值赋值给左边的变量，更确切地说是把右边的数据值写入变量所在的内存空间。

2.1.2 常量

C#中的常量分为不同的类型，如5是默认的int型常量，而5.0默认是double型常量，其他类型常量需要添加后缀，如5L是long型，3.14f是float型。常量的后缀具体见表2-1。

表2-1　常量的后缀

类　型	后　缀	示　例
int	无	10，100，-10，-100
uint	U或u	10u，100U，
long	L或l	10l，100L，-99999999L
float	F或f	1.0f，3.14F
double	D或d或无	1.0，10d，3.14159
decimal	M或m	1000.00m，123456789.987654321M

除了上述常量以外，C#中还可以声明符号常量，如下面的语句：

```
double area=3.14*r*r;
```

其中的3.14代表了圆周率π，如果程序想得到更精确的结果，则需要把3.14改为3.141 59。对于简单的程序当然没问题，但是如果一个大型程序有100处用到圆周率，那么改起来工作量就很大，如果有遗漏，则还可能造成错误。此时，就可以声明一个const常量来解决这个问题，语句如下：

```
const double pi=3.14;
```

在需要3.14的地方，只需用pi来代替3.14即可，语句如下：

```
double area = pi*r*r;
```

要想修改π的值，只需在声明pi的地方修改一次即可，而且用有意义的符号代替数值，大大加强了程序的可读性。

可能读者会问，直接声明一个double型变量pi不就可以了吗？声明const常量有什么好处呢？其实，const常量只能在声明的时候赋值，在程序运行过程中不能改变它的值，并由编译器保证它的值固定不变。因此const常量不但使程序易于维护，而且大大增强了程序的健壮性。例如，若无意间修改了某个常量的值，则这种错误会在编译时由编译器指出。

需要注意的是，使用关键字const来声明常量时，必须设置它的初始值，并且从此以后在任何情况下都不会发生改变。常量就相当于每个公民的身份证号，一旦设置就不允许修改。

下面的语句[1]声明一个正确的常量，语句[2]声明一个错误的常量：

```
[1] const double pi = 3.1415926; //正确的声明方法
[2] const int max; //错误：定义常量时没有初始化
```

2.2 数据和内存

在2.1节变量的赋值中，提到了变量的赋值语句是"把右边的数据值写入变量所在的内存空间"，那么数据在内存里是如何存储的呢？

当用笔和纸计算某个算式时，数据是写在纸上的；当用计算机计算时，数据是写在内存里的，因此，内存是用来存放程序中所定义的变量值的。实际上，数据以二进制的形式存放在内存中，做一个形象的比喻，内存就像一个大柜子，这个柜子由数以亿计的抽屉组成，每个抽屉存放一个"0"或者一个"1"。在讲到"0""1"时，就涉及"比特"和"字节"两个基本概念，下面分别予以描述。

1．比特（bit）

内存到底由什么组成呢？原来内存是由千千万万个具有两个状态的电子开关组成的。电子开关打开时代表"1"，闭合时代表"0"。因此每个电子开关可以代表一位二进制数，计算机内存就是一个庞大的电子开关的集合体。这些电子开关称为比特（bit），是最小的存储单位，比特也称为"位"。

图2-2所示的一组电子开关表示二进制10110010（即十进制的178，更多有关二进制、十进制数据的知识将在2.4节予以介绍）。因此内存中的数据可以看作由0和1组成的数据流。

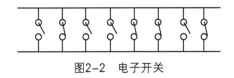

图2-2 电子开关

2．字节（Byte）

要方便地存取信息，一般用8个二进制位组成一个字节，如图2-3所示。比特一般用bit表示，字节用大写字母B表示，因此有"1B=8bit"。

计算机内存就是由很多排列整齐的字节组成的，为了管理方便，每个字节都有相应的位置编号，这个编号就是这个字节的"地址"，通过地址可以找到内存中任何一个字节的内容，如图2-4所示。

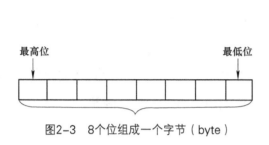

图2-3　8个位组成一个字节（byte）　　　图2-4　地址与内存空间的关系

那么1个字节可以表示多大的数呢？如果只考虑正数，显然当所有位都是1时，表示的数最大。

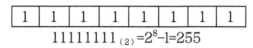

$$11111111_{(2)}=2^8-1=255$$

所以一个字节可以表示0~255之间的整数，包括0在内共256个数。

3．其他单位

由于计算机是以二进制为基础的，因此它的千不是1000，而是2^{10}，即1024。

$$1KB=1024B; \quad 1MB=1024KB; \quad 1GB=1024MB$$

2.3　进制转换

对于"满十进一"的十进制，相信读者是非常熟悉的。然而在生活中也经常遇到其他进制，如7天为一星期，满七进一；12个月为一年，满十二进一；60min为1h，满六十进一等。它们分别是七进制、十二进制、六十进制，也就是说"满几进一"就叫作几进制。其中，7、12、60叫作基数。

计算机中常用的是二进制、八进制和十六进制。十进制用0，1，2，3，4，5，6，7，8，9十个符号表示；二进制只需用0，1这两个字符就够了；八进制需要用0，1，2，3，4，5，6，7八个字符；十六进制则需要用0，1，2，3，4，5，6，7，8，9，A，B，C，D，E，F这十六个字符表示（其中，A代表10，B代表11，……，F代表15）。

二进制数1001记作$1001_{(2)}$，八进制数2564记作$2564_{(8)}$，十六进制数A1F2记作$A1F2_{(16)}$，不带下标的数默认为十进制。

根据二进制"满二进一"的原则，二进制运算规则如下：

0	1	10	11	100
+ 1	+ 1	+ 1	+ 1	+ 1
1	10	11	100	101
$1=1_{(2)}$	$2=10_{(2)}$	$3=11_{(2)}$	$4=100_{(2)}$	$5=101_{(2)}$

C#中的一个整型数据，在没有用特殊符号表达时，默认为十进制；十六进制采用0X或0x开头的数字序列（数字0）来表达，如10等价于0x0A、20等价于0x14。

2.3.1　二进制转换为十进制

如何把二进制数转换为十进制数呢？首先来看一个例子，把二进制数$110011_{(2)}$转换为十进制。在"满十进一"的十进制中：

个位数1表示1个"1"（10^0），

十位数1表示10个"1"（10^1），

百位数1表示100个"1"（10^2），

千位数1表示1000个"1"（10^3），

万位数1表示10000个"1"（10^4），

……

数字位置不同，表示的大小也不同。类似地，在"满二进一"的二进制中：

倒数第1位数1表示1个"1"（2^0），

倒数第2位数1个表示2个"1"（2^1），

倒数第3位数1个表示4个"1"（2^2），

倒数第4位数1个表示8个"1"（2^3），

倒数第5位数1个表示16个"1"（2^4），

所以有：

$110011_{(2)}=1\times2^5+1\times2^4+0\times2^3+0\times2^2+1\times2^1+1\times2^0$

$=1\times32+1\times16+1\times2+1=51$

下面再来看一个例子，把十六进制$3A6F_{(16)}$转换为十进制，注意总结规律。

$3A6F_{(16)}=3\times16^3+10\times16^2+6\times16^1+15\times16^0=14959$

可能读者会觉得上面的计算过于复杂，那么就一起体验一下程序的便捷功能吧。在C#中可以通过函数Convert.ToInt32()把非十进制数转换为十进制数：

$$\text{Convert. ToInt32}(\underline{\text{"110011"}}, \underline{\quad 2 \quad});$$

　　　　　　　　　　原数　　基数

该函数有两个参数，第1个参数是将要被转换的原数（非十进制），第2个参数是原数的基数（即要把几进制数转换为十进制）。转换结果可以通过Console. WriteLine()函数直接输出：

$$\text{Console. WriteLine } (\underline{\text{Convert. ToInt32}(\text{"110011"}, 2)});$$

$$\text{Console. WriteLine}(\underline{\quad 51 \quad});$$

　　　　　　　　　内层函数的结果作为外层函数的参数

函数Convert. ToInt32("110011"，2)把二进制数"110011"转换为十进制数51，这个转换结果会被Console. WriteLine()函数输出到计算机屏幕上。

要想将八进制、十六进制转换为十进制，只需将基数改为8和16。

2.3.2　十进制转换为二进制

如何把十进制数转换为二进制数呢？这个过程比较难理解，请看下面的例子，把十进制数89转换为二进制数。二进制的计算原则是"满二进一"，反过来，用2连续去除89，并把这些余数倒过来写，所得到的数就是二进制结果。计算过程如下：

把得到的余数从下到上排列即可，即：89=1011001 (2)。

这种算法叫作除2取余法，也可以用类似的方法把十进制转换为k进制，称为除k取余法。

132除以8的短除式为：

```
          余数
8⌊132
  8⌊16 ……4
    8⌊2 ……0
      0 ……2
```

所以十进制132等于八进制204。

在C#中可以通过函数Convert.ToString()把十进制数转换为非十进制数。例如：

Convert.ToString(89 , 2);

原数　基数

该函数也有两个参数，第1个参数是原数（十进制整数），第2个参数是目标数的基数（即要把十进制数转换为几进制）。转换结果也可以通过函数Console.WriteLine()直接输出：

Console.WriteLine(Convert. ToString(89 , 2));

Console.WriteLine("1011001");

内层函数的结果作为外层函数的参数

函数Convert.ToString(89，2)把十进制数89转换为二进制数的字符串形式"1011001"，这个结果会被函数Console.WriteLine()输出到计算机屏幕上。

要想将十进制转换为八进制或十六进制，只需将目标基数换为8和16即可。

2.4 C#基础数据类型

程序的核心是处理数据，数据的表现形式是各种变量，变量有很多类型，如自然数、整数、有理数、实数等，复杂一些的有复数、向量、矩阵等。C#中有哪些类型的变量呢？每种类型的变量又是如何创建和使用的呢？下面以【例2.1】为例，介绍程序中数据类型和变量的使用。

【例2.1】新建一个名为"Csharp_2_数据类型"的WPF应用程序项目，计算两个温度值t1和t2的和、差、乘、除运算。

操作步骤

1）在本章的解决方案"Csharp_2"中，新建一个名为"Csharp_2_数据类型"的WPF应用程序项目。

2）参照图2-5设计好界面布局文件"MainWindow.xaml"。

图2-5　界面布局文件"MainWindow.xaml"

设计好的界面布局文件代码如下：

```
<Window x:Class="Csharp_2_数据类型.MainWindow"
        xmlns="http://schemas.microsoft.com/winfx/2006/xaml/presentation"
        xmlns:x="http://schemas.microsoft.com/winfx/2006/xaml"
        Title="C#基础数据类型" Height="155" Width="237">
    <Grid>
```

```
<Button x:Name="btnRun" Content="执行"  Click="btnRun_Click" Height="44" Width="156"
    Margin="35,31,0,0" HorizontalAlignment="Left" VerticalAlignment="Top" />
```
```
    </Grid>
</Window>
```

3）为"执行"按钮添加单击事件，代码如下：

```
private void btnRun_Click(object sender, RoutedEventArgs e)
    {
        // 定义变量
        int t1 = 28;
        int t2 = 20;
        int sum, dif,pro,quo;
        //计算
        sum = t1+ t2;     // 加
        dif = t1–t2;      // 减
        pro = t1 * t2;    // 乘
        quo = t1 / t2;    // 除
        // 在"输出"窗口中输出结果
        Console.WriteLine("{0} + {1} = {2}", t1, t2, sum);
        Console.WriteLine("{0} – {1} = {2}", t1, t2, dif);
        Console.WriteLine("{0} * {1} = {2}", t1, t2, pro);
        Console.WriteLine("{0} / {1} = {2}", t1, t2, quo);
    }
```

在上述代码中，后4条语句是向WPF的调试输出窗口中输出结果。"输出"窗口是在C#应用程序开发时，程序员为了方便调试，经常用到的用来测试、监控一些中间变量等调试过程信息的窗口。WriteLine()是Console类中的一个函数，它的功能就是把参数中的文本输出到"输出"窗口屏幕上。

4）运行该项目，结果如图2-6所示。

5）查看"输出"窗口的显示结果。若读者并未发现"输出"窗口，则按快捷键<Ctrl+Alt+O>，即可调出"输出"窗口。按图2-7设置"输出"窗口的"显示输出来源"为"调试"，并单击右侧的全部清除按钮，可清除启动过程中输出的信息。

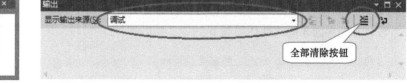

图2-6　程序运行结果　　　　　　　　　图2-7　"输出"窗口

6）返回图2-6所示的运行界面，单击"执行"按钮，查看"输出"窗口的信息，如图2-8所示。

注：在例【2.1】中，读者认识了一个WPF应用程序的"输出"窗口调试方法。"输出"窗口通常只用来观察字符串或者监控程序，常被应用在测试、监控等用途，用户往往只关心数据，不在乎界面是否美观。

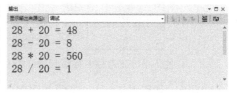

图2-8 "输出"窗口显示的执行结果

运行完这段代码读者有什么感受呢？C#中是如何定义各种类型的变量呢？变量之间是如何进行运算的呢？变量的显示格式又是如何控制的呢？细心的读者可能会发现，28除以20怎么会等于1呢？下面就带着这些问题开始2.4节的学习吧。

2.4.1 整型数据

整数是日常中经常见到的数据类型，到处都存在着关于整数的运算。在C#中如何表示整数及其变量呢？

1．声明整型变量

将【例2.1】的例子进行简化，通过它来说明如何创建和使用整型变量。

```
private void btnRun_Click(object sender, RoutedEventArgs e)
{
        /*******声明整型变量代码*****************/
    [1]        int t1; //声明整型变量t1
    [2]        t1 = 28; //为变量t1赋值
    [3]        int t2; //声明整型变量t2
    [4]        t2 = 3; //为变量t2赋值
    [5]        int sum; //声明整型变量sum
    [6]        sum = t1 + t2;    //求变量t1、t2 的和
        //下面在"输出"窗口中输出结果
    [7]        Console.WriteLine("{0} + {1} = {2}", t1, t2, sum);
}
```

提示：读者在验证该程序时，不要输入每条语句的标号，这里只是为了解释程序方便。

上述语句代码提示，计算机程序由语句组成，每条语句实现一定的功能，C#中的语句均以分号";"结尾。上面的例子虽然很简单，但它完整地展示了变量的创建、赋值、运算和输出的全过程。下面逐条解释上述语句。

语句[1]：声明了一个名称为a的整型变量，int是用来声明整型变量的关键字，t1是整型变量的名称。当该语句被执行时，系统就会在内存中分配一块4字节的空间，用来存储变量t1的值。整型变量的默认值为0，如图2-9所示。声明变量后，程序就可以使用它了。

语句[2]：这是一条赋值语句，作用是把变量t1的值设置为28，也就是说，变量t1所对应的内存空间被写入整数28，如图2-10所示。

图2-9　在内存中存储变量t1的值　　　图2-10　将内存中变量t1的值修改为28

语句[3]和语句[4]：这两条语句声明了一个**整型变量t2**，并将它的值设置为3。现在内存中已经有两个变量了，如图2-11所示。

语句[5]：声明了一个**整型变量sum**，用来存储t1+t2的值，如图2-12所示。

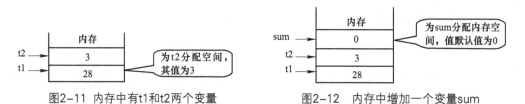

图2-11　内存中有t1和t2两个变量　　　图2-12　内存中增加一个变量sum

语句[6]：该条赋值语句把t1+t2的值赋给sum，因为t1+t2的值为31，所以31被写入sum所在的内存空间，如图2-13所示。

语句[7]：用来输出计算结果，不仅输出文本，还输出变量的值。

运行程序，单击"执行"按钮，"输出"窗口的结果如图2-14所示。

图2-13　在内存中将sum的值修改为31　　　图2-14　输出计算结果

通过语句[7]读者不难发现其中的规律。参数中的"{0}""{1}""{2}"是3个占位符，表示该处将插入变量的值，占位符{0}处将插入第1个变量t1的值，{1}处将插入第2个变量t2的值，{2}处将插入第3个变量sum的值，最后形成了文本"28+3=31"（见图2-15），被函数Console.WriteLine()输出到"输出"窗口中。

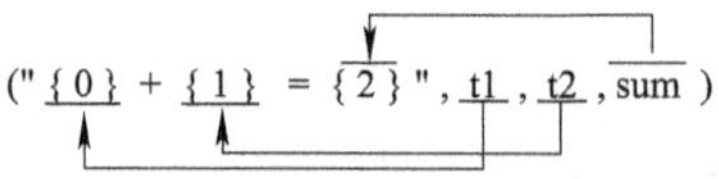

$$("\{0\} + \{1\} = \{2\}", t1, t2, sum)$$

图2-15　变量和占位符的对应关系

通过上面的例子学到，要使用变量必须先声明变量，而且变量的值在程序运行过程中是不停变化的，要想透彻理解程序，必须从"变量的变化"入手，分析清楚每条语句执行后变量的变化情况。

2．变量的变化过程

首先查看下面的语句：

[1] int t;

[2] t=10;

[3] t=20;

[4] t= t + 5;

变量t的值是如何变化的呢？最终结果是多少呢？现在分析一下，如图2-16所示。

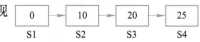

图2-16　变量t的值的变化过程

语句[1]～[4]对应图2-16的S1～S4 4个状态过程。

首先语句[1]声明了变量t，其初始值为0；语句[2]将其值修改为10；语句[3]将其值修改为20；语句[4]首先取出其值20再加上5，然后赋值给t，所以最终值为25。

3．int型变量的取值范围

int型变量的取值范围是多大呢？能表示负整数吗？

一个int型变量占用4字节空间，共32位。为了表示负数，把最高位定义为符号位，0表示正数，1表示负数，后面的31位用来表示数值的大小。显然，当符号位是0且后面的31位都是1时最大，如图2-17所示。

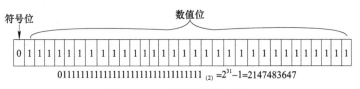

图2-17　int型变量的最大值

实际上，整数是以补码的形式表示的。正数的补码是它本身，求负数补码的方法如下：

1）将该数的绝对值表示成二进制形式。

2）按位取反（即1变为0，0变为1）。

3）再加1。

例如，求-10的补码过程如图2-18所示。

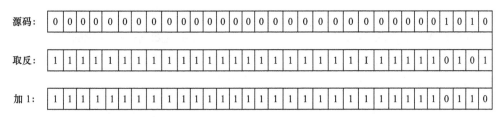

图2-18　求-10的补码过程

所以-10的补码为：1111 1111 1111 1111 1111 1111 1111 0110。

显然，int型变量可表示的最小负数如图2-19所示，它刚好是-2147483648的补码。

| 1 | 0 | 0 | 0 | 0 | 0 | 0 | 0 | 0 | 0 | 0 | 0 | 0 | 0 | 0 | 0 | 0 | 0 | 0 | 0 | 0 | 0 | 0 | 0 | 0 | 0 | 0 | 0 | 1 | 0 | 1 | 0 |

图2-19　int型变量的最小值

故int型变量的取值范围是$-2^{31} \sim 2^{31}-1$，即$-2\ 147\ 483\ 648 \sim 2\ 147\ 483\ 647$。

4．其他整型数据

C#支持8种整型，即sbyte、byte、short、ushort、int、uint、long、ulong。表2-2为整型数据所对应的字节大小、取值范围及其说明。

表2-2　整型值类型

名　　称	字　节　数	取　值　范　围	说　　明
sbyte	1	$-128 \sim 127$	有符号字节型
byte	1	$0 \sim 255$	无符号字节型
short	2	$-32768 \sim 32767$	有符号短整型
ushort	2	$0 \sim 65535$	无符号短整型
int	4	$-2^{31} \sim 2^{31}-1$	有符号整型
uint	4	$0 \sim 2^{32}-1$	无符号整型
long	8	$-2^{63} \sim 2^{63}-1$	有符号长整型
ulong	8	$0 \sim 2^{64}-1$	无符号长整型

5．溢出

一个short型变量的最大允许值为32 767，如果再加1，会出现什么结果呢？请分析如下语句：

```
private void btnRun_Click(object sender, RoutedEventArgs e)
{  short a, b;
   a = 32767;
   b =a + 1;
   Console.WriteLine("a = {0}", a);
   Console.WriteLine("b = {0}", b);
}
```

程序在输入后，将鼠标定位到"b=a+1"语句处，就会出现如图2-20所示的错误提示信息。是哪里出错了呢？由图2-21可以看到，变量a的最高位为0，后15位全部为1。加上1后变成最高位为1，后面15位全为0，恰好是-32 768的补码形式。

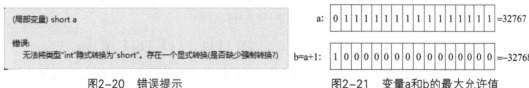

图2-20　错误提示　　　　　　　　　　图2-21　变量a和b的最大允许值

一个short型变量只能容纳-32 768～32 767内的数，无法表示大于32 767的数，32 767加1应得到32 768，却得到-32 768，这往往与编程者的原意不符，故编译器会报错，提醒程序员。在编程中，把这种情况叫作溢出。溢出也能发生在int和long等数据类型上。所以在选择数据类型时，首先要估算数据的大小，根据数据的大小选择恰当的数据类型，既不要太大而浪费空间，也不要太小而发生溢出。

2.4.2 实数类型

C#支持3种浮点型，即float、double和decimal。float和double类型用32位单精度和64位双精度IEEE 754格式来表示。表2-3为浮点类型所对应的系统预定义结构类型（CTS）、大小和取值范围。

表2-3 实数类型

类　型	字 节 数	取 值 范 围	有 效 数 字	备　注
float	4	$\pm1.5\times10^{-45}\sim\pm3.4\times10^{38}$	7位	单精度实数
double	8	$\pm5.0\times10^{-324}\sim\pm1.7\times10^{308}$	15位或16位	双精度实数
decimal	16	$\pm1.0\times10^{-28}\sim\pm7.9\times10^{28}$	28位	金融货币

float型变量在内存中占4个字节（32位），与整型数据的存储方式不同，实数型数据是按照指数形式存储的。系统把一个实数型数据分成小数部分和指数部分分别存放，如图2-22所示。

$$1234.56=0.123456\times10^{4}$$

图2-22 实数型数据表示法

注：图2-22中是用十进制数表示的，实际上在计算机中用二进制表示小数部分、用2的幂次表示指数部分。

单精度float型最低精确到10^{-45}，最高可达10^{38}，有效数字为7位。

双精度double型变量在内存中占8个字节（64位），取值范围和有效数字都相应扩大，最低精确到10^{-324}，最高可达10^{308}，有效数字为15位或16位。在对精度要求不是很高的运算中，可以采用float型以节约内存，在对精度要求较高的运算中采用double型以获得更为精确的结果。

实数常量在默认情况下是双精度的，为了把实数常量赋给单精度变量，需要添加后缀f或F，将其标志为单精度实数，如12.34567f、3.1415926F等。运行如下语句，结果如图2-23所示。

```
private void btnRun_Click(object sender, RoutedEventArgs e)
{   float f =3.14159265358979f;    // 注意后缀 f
    double d = 3.14159265358979;
    Console.WriteLine( "f={0}", f);
    Console.WriteLine("d={0}", d);
}
```

由于单精度有效数字是7位，3.141 592 653 589 79中多余的有效数字被四舍五入；双精度的有效数字为15～16位，所有的有效数字均保留下来。

下面看一个银行储户问题：张军账户原有人民币55 555.25元，现要存入77 777.44元，编写一个程序，计算张军账户现在总额有多少元，代码如下：

```
private void btnRun_Click(object sender, RoutedEventArgs e)
{    float balanceOld = 55555.22f;
     float balanceCur = 77777.44f;
     float balancetTotal = balanceOld + balanceCur;
     Console.WriteLine("balanceOld={0}", balanceOld);
     Console.WriteLine("balanceCur={0}", balanceCur);
     Console.WriteLine("balancetTotal={0}", balancetTotal);
}
```

张军账户现在总额应为55 555.22+77 777.44=133 332.66，但程序的结果为133 332.7（见图2-24）。

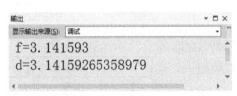

图2-23　float与double的比较

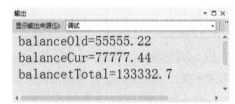

图2-24　float数据出现误差

为什么会有这样的误差呢？虽然钱不是很多，但银行账户出现这种误差是绝对不允许的。这是因为单精度最多有7位有效数字，而133 332.66有8位，最后一位被四舍五入了。精度不足是这种问题出现的原因。如果银行里有一笔数额为7 777 777 666 666=0.777 777 766 666 6×10^{13}元的资金，由于只有7位有效数字，因此显示结果为0.777 777 7×10^{13}，60多万元被四舍五入，出现了严重的问题。为了解决这种问题，C#提供了一种专为财务计算设计的类型——decimal型。

decimal型在内存中用16个字节表示，它用更多的比特表示有效数字，其精度（有效数字）高达28位，但其取值范围比double型小，在±1.0×10^{-28}～±7.9×10^{28}之间。

因此当涉及财务计兑时，应使用decimal型数据。由于实数常量默认情况为double型数据，因此要将其赋给decimal型变量，需要添加后缀m或M，将其标记为decimal型数字。示例代码如下：

```
private void btnRun_Click(object sender, RoutedEventArgs e)
{
    decimal balanceOld = 55555.22m; // 注意后缀m
    decimal balanceCur = 77777.44M; // 注意后缀M
    decimal balancetTotal = balanceOld + balanceCur;
    Console.WriteLine("balanceOld={0}", balanceOld);
```

```
        Console.WriteLine("balanceCur={0}", balanceCur);
        Console.WriteLine("balancetTotal={0}", balancetTotal) ;
    }
```

上述代码运行后结果如图2-25所示。结果完全正确，decimal型数据解决了该问题。

尽管decimal型是为财务计算设计的，但是编程人员可以在任何需要提高精度的地方使用它。当然，如果在程序中大量地使用decimal型实数，则将占用更多的内存，计算机的处理任务也将更加繁重。

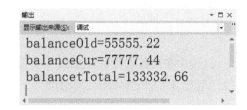

图2-25　decimal型提高了精度

此外，从float型、double型到decimal型的转换可能会产生溢出异常，而从decimal型到float型、double型的转换则可能导致精度损失。由于这些原因，在浮点型和decimal之间不存在隐式转换，如果没有显式地标出强制转换，则不可能在同一表达式中同时使用浮点操作数和decimal操作数。

2.4.3　bool类型

bool类型表示布尔逻辑量。bool类型的可能值为true和false，其定义语句如下：

```
[1] bool flag;
[2] flag=true;
```

语句[1]定义了一个bool型变量，其初始化默认为false；语句[2]给bool型变量赋值为true。

在bool和其他类型之间不存在标准转换。具体而言，bool类型与整型截然不同，不能用bool值代替整数值，反之亦然。

2.4.4　字符类型

程序中除了处理数字型数据外，还要处理字符型数据。字符型数据包括英文字母、希腊字母、各种特殊号以及汉字等，还包括0～9这10个数字符号。字符型数据在C#中是如何表示的呢？

首先看一下如下代码的运行结果，如图2-26所示。

```
private void btnRun_Click(object sender, RoutedEventArgs e )
{    float temp=28.5f;
     Console.WriteLine("temp");
     Console.WriteLine(temp) ;
}
```

从图2-26所示的结果中可以看出，加双引号的"temp"被看作文本，原样输出；未加双引号的temp则为变量，输出的是它的值28.5。

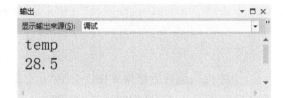

图2-26　加引号和不加引号的区别

1. 字符和字符串

C#中字符数据类型有char（字符）类型和string（字符串）类型两种，用单引号标记字符，用双引号标记字符串，示例如下。

char（字符）类型：'C'、'%'、'3'、'+'、'$'。

string（字符串）类型："China" "Good morning" "28.5" "56%"。

在计算机中数字和字符是两个完全不同的概念，数字用来计算，字符用来显示。数字3是一个可以计算的数字，字符'3'仅仅是用来显示的符号。

2. 字符型变量和字符串变量

字符型变量用来存储一个字符，用关键字char声明。char类型在内存中存储为整型数据，其可能值集与Unicode字符集相对应。运行下面的字符型数据示例语句，观察其结果：

```
char c;
c='l';
c='3';
c= '#';
Console.WriteLine("c = {0}", c);
```

变量c的值的变化过程如图2-27所示。再运行如下示例语句，结果如图2-28所示。

```
private void btnRun_Click(object sender, RoutedEventArgs e)
{
    string strTemp="temp:";
    strTemp = strTemp+ "28.5";
    Console.WriteLine( strTemp);
}
```

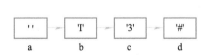

图2-27　变量c的值的变化过程

图2-28　字符型数据示例运行结果

字符串变量strTemp指向内存的指针的变化过程如图2-29所示。

在程序中首先声明了一个名为strTemp的字符串变量，先让它指向字符串"temp:"；

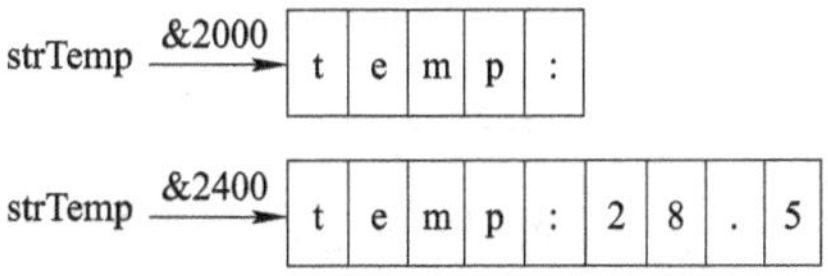

然后，strTemp经过运算（做字符串连接操作），此时字符串重新开辟一块内存，其值为"temp:28.5"，strTemp指向新生成的字符串"temp:28.5"。

图2-29　字符串变量strTemp
指向内存的指针的变化过程

由此也可以看出，string类型是一种引用类型的数据，其值是保存存放字符串的首地址。此外，字符串具有不可修改性，也就是说，当一个字符串创建后，就不能对它进行加长或者缩减，也不能修改其中的任何字符。读者可能会问，那为什么在刚才的示例中就能对字符串进行"+"操作呢？

其实，从图2-29分析过程也可以看出，这些字符串操作实际上是产生一个全新的字符串，而不是在原来的字符串上修改，这就是字符串的"不可更改特性"。

3．ASCII编码和Unicode编码

计算机里的每一个字符都有编码，如90641是"我"，85856是"你"，48是"0"。常用的编码有ASCII编码和Unicode编码。

（1）ASCII编码

ASCII（American Standard Code for Information Interchange，美国信息互换标准代码）是基于拉丁字母的一套计算机编码系统，它主要用于表示现代英语和其他西欧语言。它是现今最通用的单字节编码系统，等同于国际标准ISO/IEC 646。标准ASCII码使用7位二进制数来表示128个字符，包括英文字母、希腊字母、数字和常用符号以及各种控制符号，详见附录A。后来人们扩展了ASCII码，使用8位二进制数表示256个字符。

ASCII存储一个字符，只需存储它的编码即可，实际上编码在内存中是以二进制形式存储的，字符串在内存中就是一串连续的二进制编码。二进制不便于记忆和使用，所以在编程中常使用十进制或十六进制形式。

C#可以把一个字符型数据转换为整数，从而得到该字符的ASCII码。转换示例如下：

```
int code = (int)'A';    // 转化方法：在字符前加(int)
```

用同样的方法也可以将整数转换为字符：

```
char ch=(char)65;
```

（2）Unicode编码

Unicode是目前用来解决ASCII码256个字符限制问题的一种比较流行的解决方案。大家知道，ASCII字符集只有256个字符，用0～255之间的数字来表示，包括大小写字母、数字以及少数特殊字符，如标点符号和货币符号等。对于大多数拉丁语言来说，这些字符已经够用了。但是，许多亚洲和东方语言所用的字符远远不止256个，有些超过千个。人们为了突破ASCII码字符数的限制，试图用一种简单的方法来针对超过256个字符的语言编写计算机程序。于是Unicode应运而生。Unicode通过用双字节来表示一个字符，从而在更大的范围内将数字代码映射到多种语言的字符集。

Unicode编码表及其技术介绍可以在Unicode官方网站www.unicode.org中找到。在本书中，读者只要知道每个字符都有一个Unicode编码和它对应即可。

Unicode编码完全兼容ASCII编码，相同的字符具有相同的编码。例如，字母A在ASCII中的编码为0041（十六进制），在Unicode编码中也为0041。

图2-30　"我"字符的Unicode编码

用下面的语句可以找到某个字符的Unicode编码，其输出结果如图2-30所示。

```csharp
private void btnRun_Click(object sender, RoutedEventArgs e )
{
    char character = '我';        // 在单引号里填上要查询的字符
    int codelO=(int)character;   // 十进制编码
    string codel6 = Convert.ToString(codelO, 16); // 转化为十六进制编码
    Console.WriteLine("'{0}'的 Unicode 编码为：{1}", character, codel6);
}
```

4．转义字符

思考下面这条语句的输出：

```csharp
Console.WriteLine（"温度：28.5℃\n湿度：60%"）；
```

运行结果如图2-31所示，为何分两行显示呢？字符"\n"怎么不见了呢？原来，"\n"在这里起换行的作用，像这种控制文本格式的特殊字符称为转义字符。

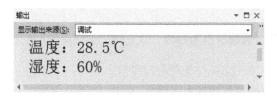

图2-31　'\n'转义字符将输出分为两行

为了灵活地控制文本格式，C#中定义了大量转义字符，这些字符都以反斜杠"\"开头，具体见表2-4。

表2-4　转义字符

转　换　字　符	功　　　能	说　　　明	Unicode编码
\'	单引号	输出单引号'	0027
\"	双引号	输出双引号"	0022
\\	反斜杠	输出反斜杠\	005C

（续）

转 换 字 符	功　能	说　明	Unicode编码
\0	空	常放在字符串末端	0000
\a	产生蜂鸣	产生"嘀"的一声蜂鸣	0007
\b	退格	光标向前移动一个位置	0008
\f	换页	将当前位置移到下一页开头	000C
\n	换行	将当前位置移到下一行开头	000A
\r	回车	将当前位置移到本行开头	000D
\t	水平制表符	跳到下一个tab位置	0009
\v	垂直制表符	把当前行移动到下一个垂直tab位置	000B

查看如下4条语句：

```
[1] string sPath1 = "c:\windows\system32";    // 错误
[2] string sPath2 = "c:\\windows\\system32";  // 使用了 "\\" 转义字符
[3] string str1 = "字符串"温度"";              // 错误
[4] string str2 ="字符串\"温度\"";             // 使用了 "\" 转义字符
```

语句[1]出现错误，原因是反斜杠已被用作标记转义字符，要输出反斜杠必须用它的转义字符；语句[3]出现错误，原因是双引号是特殊字符，要输出双引号必须用它的转义字符。

5．@控制符

请定义下面的语句，观察代码执行结果，发现并没有出错。

```
string sPath1 = @"c:\windows\system32";  //正确
```

在这里的字符串里用了反斜杠"\"，怎么不出错呢？仔细观察，这是因为在字符串前面加了前缀@以使引号里的内容原样输出，而不理会里面的转义字符。

由此可以看出：用@控制符，可提高代码的可读性；如果在一个字符串定义中，要按原样输出带有特殊字符的字符串，可尽量使用前缀@。

6．+运算符

两个字符串可以用"+"运算符连接起来，如"温度："+"28.5℃"的结果是"温度：28.5℃"。

字符串也可以和其他类型的变量连接，例如：

```
string strTemp= "temp:";
strTemp = strTemp+ 28.5;
```

先将double型的数据28.5转化为字符串"28.5"，然后与"temp:"连接，最终合并成字符串"temp:28.5"输出。

C#物联网程序设计基础
C# WULIANWANG CHENGXU SHEJI JICHU

2.4.5　C#格式化输出

C#中用string.Format对要输出的内容进行字符串格式化，其用法如图2-32所示。

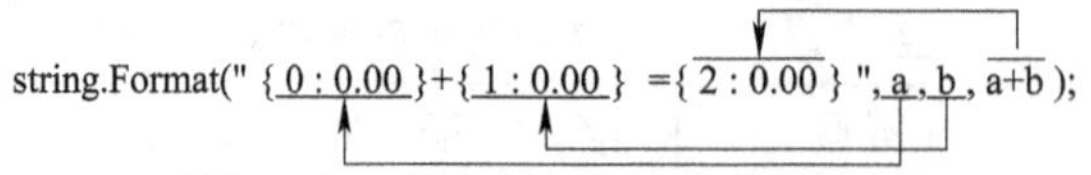

string.Format(" {0 : 0.00 }+{ 1 : 0.00 } ={ 2 : 0.00 } ", a , b , a+b);

图2-32　变量和占位符的对应关系

同函数Console.WriteLine()一样，读者不难发现其中的规律：参数中的"{0}""{1}"和"{2}"是3个占位符，表示该处将插入变量的值，占位符{0}处将插入第1个变量a的值，{1}处将插入第2个变量b的值，{2}处将插入第3个表达式a+b的值；而"：0.00"则说明该数据输出两位小数位的格式，更多关于格式的控制请看下面的分析。

1．格式化货币

格式化货币与系统的环境有关，中文系统默认格式化人民币，英文系统格式化美元：

- string.Format("{0:C}", 0.1)，结果为：￥0.10（英文操作系统结果为$0.10）。

默认格式化小数点后面保留两位小数，如果需要保留一位或者更多，则可以指定位数：

- string.Format("{0:C1}", 10.05)，结果为：￥10.1（截取会自动四舍五入）。

格式化多个Object实例：

- string.Format("会员价：{0:C}，优惠价{1:C}", 99.15, 109.25)。

2．格式化十进制、实数、科学计数法的数字

十进制数格式化成固定的位数，位数不能少于未格式化前，只支持整形。示例如下：

- string.Format("{0:D3}", 23)，结果为：023。
- string.Format("{0:D2}", 1223)，结果为：1223（精度说明符指示结果字符串中所需的最少数字个数）。
- string.Format("{0:F3}", 23.1235)，结果为：23.124（小数位3位，四舍五入）。
- string.Format("{0:F}", 23)，结果为：23.00（小数位两位）。
- string.Format("{0:E3}", 12345.1235)，结果为：1.235E+004（小数位3位，四舍五入）。
- string.Format("{0:E}", 12345)，结果为：1.234500E+004（小数位6位）。

3．格式化为十六进制

- string.Format("{0:x}", 11)，结果为：b（x小写，输出结果为小写）。
- string.Format("{0:x2}", 12)，结果为：0b（占位符两位，不足前面补零）。
- string.Format("{0:X}", 11)，结果为：B（X大写，输出结果为大写）。
- string.Format("{0:X2}", 12)，结果为0B（占位符两位，不足前面补零）。

4．用分号隔开的数字，并指定小数点后的位数

- string.Format("{0:N}"，14200)，结果为：14，200.00（默认为小数点后保留两位）。

- string.Format("{0:N3}"，14200.2458)，结果为：14，200.246（自动四舍五入）。

5．格式化百分比

- string.Format("{0:P}"，0.24583)，结果为：24.58%（默认保留两位小数）。

- string.Format("{0:P1}"，0.24583)，结果为：24.6%（自动四舍五入）。

6．零占位符、数字占位符、空格占位符

- string.Format("{0:0000.00}"，12394.039)，结果为：12394.04。

- string.Format("{0:0000.00}"，194.039)，结果为：0194.04。

- string.Format("{0:###.##}"，12394.039)，结果为：12394.04。

- string.Format("{0:####.#}"，194.039)，结果为：194。

- string.Format("{0，-10}"，"abcdef")，结果为："abcdef   "（格式化成10个字符，原字符左对齐，不足后面补空格）。

- string.Format("{0，10}"，abcdef)，结果为："   abcdef"（格式化成10个字符，原字符右对齐，不足前面补空格）。

7．日期格式化

- string.Format("{0:d}"，System.DateTime.Now)，结果为：2009-3-20（月份位置不是03）。

- string.Format("{0:D}"，System.DateTime.Now)，结果为：2009年3月20日。

- string.Format("{0:f}"，System.DateTime.Now)，结果为：2009年3月20日15:37。

- string.Format("{0:F}"，System.DateTime.Now)，结果为：2009年3月20日15:37:52。

- string.Format("{0:g}"，System.DateTime.Now)，结果为：2009-3-2015:38。

- string.Format("{0:G}"，System.DateTime.Now)，结果为：2009-3-2015:39:27。

- string.Format("{0:m}"，System.DateTime.Now)，结果为：3月20日。

- string.Format("{0:t}"，System.DateTime.Now)，结果为：15:41。

- string.Format("{0:T}"，System.DateTime.Now)，结果为：15:41:50。

- string.Format("{0:yyyy-MM-dd HH:mm}"，System.DateTime.Now)，结果为：2010-6-19 20:30。

- string. Format("{0:yyyy-MM-dd}", System. DateTime. Now)，结果为：2010-6-19。

8．函数ToString()

C#中如果只对一个数进行格式化操作，则可以用ToString()来替代，例如：

```
int a = 12345;
string s1 = a.ToString("n"); // 生成 12,345.00
string s2 = a.ToString("C"); // 生成 ￥12,345.00
string s3 = a.ToString("e"); // 生成 1.234500e+004
string s4 = a.ToString("f4"); // 生成 12345.0000
string s5 = a.ToString("x"); // 生成 3039 (十六进制)
string s6 = a.ToString("p"); // 生成 1,234,500.00%
```

2.4.6 关键字

前面学的int、short、double等称为关键字，每个关键字都有特定的功能。C#中有76个关键字和6个上下文关键字，具体见表2-5。

表2-5　C#中的关键字

abstract	explicit	null	struct
as	extern	object	switch
base	false	operator	this
bool	finally	out	throw
break	fixed	override	tme
byte	float	params	try
case	for	partial	typeof
catch	foreach	private	uint
char	get	protected	ulong
checked	goto	public	unchecked
class	if	readonly	unsafe
const	implicit	ref	ushort
continue	in	return	using
decimal	int	sbyte	virtual
default	interface	sealed	volatile
delegate	internal	set	void
do	is	short	where
double	lock	sizeof	while
else	long	stackalloc	yield
enum	namespace	static	
event	new	string	

其中，set、get、value、where、partial、yield是上下文关键字，即只在某些特定环境中才是关键字。

2.5 运算符与表达式

程序中的变量是不停变化的，程序中通过公式计算得到其变化的值。那么在C#中如何实现令人强大的运算功能呢？如何表示复杂的公式呢？

在实验室环境参数采集中，四输入模块所采集的现场传感器输出电流信号value为4～20mA，线性对应该传感器物理量的量程范围。如实训平台中，光照度的物理量量程为0～200001x，温度为-10～60℃，湿度为0%～100%，则实际物理量、电流值可根据式（2-1）进行计算而得到。

$$物理量值=\frac{value-4}{16}×（量程上限-量程下限）+量程下限 \qquad （2-1）$$

下面以【例2.2】为例，先来体验一下程序中运算符与表达式的使用。

【例2.2】基于"Csharp_2"WPF应用程序项目，根据根据式（2-1）将温度电流值value转换为所对应的温度值。

1）基于2.1节所创建的"Csharp_2"项目，参照图2-33设计好界面布局文件MainWindow.xaml，效果如图2-33所示。

图2-33 界面布局效果

设计好的界面布局文件代码如下：

```
<Window x:Class="Csharp_2.MainWindow"
        xmlns="http://schemas.microsoft.com/winfx/2006/xaml/presentation"
        xmlns:x="http://schemas.microsoft.com/winfx/2006/xaml"
        Title="实验室环境参数监测" Height="172" Width="395">
    <Grid>
        <GroupBox Header="环境参数" HorizontalAlignment="Left" Height="112"
            Margin="106,10,0,0" VerticalAlignment="Top" Width="265">
            <Grid Margin="0,0,0,0">
                <Label Content="温度电流值（mA）：" HorizontalAlignment="Left" Height="30"
```

```
                    Margin="20,16,0,0" VerticalAlignment="Top" Width="126"/>
                <TextBox x:Name="txtCurrent" Text="12.00" HorizontalAlignment="Left" Height="30"
                    Margin="143,16,0,0" VerticalAlignment="Top" Width="64"/>
                <Label Content="温度：" HorizontalAlignment="Left" Height="23" Margin="100,51,0,0"
                    VerticalAlignment="Top" Width="46" RenderTransformOrigin="0.978,0.913"/>
                <TextBox x:Name="txtTemp" HorizontalAlignment="Left" Height="23"
                    Margin="143,54,0,0" VerticalAlignment="Top" Width="64" />
                <Label Content="电流值（mA）：" HorizontalAlignment="Left" Height="30"
                    Margin="173,165,0,0" VerticalAlignment="Top" Width="97"/>
            </Grid>
        </GroupBox>
        <Button x:Name="btnRun" Content="采集" Click="btnRun_Click" HorizontalAlignment="Left"
            Height="33" Margin="31,36,0,0" VerticalAlignment="Top" Width="59" />
    </Grid>
</Window>
```

2）添加对设备引用的命名空间引用。在MainWindow.xaml.cs文件的开头处添加"using NewlandLibraryHelper;"语句。

注：如果读者没有物联网实训系统，则可省略本步骤。

3）为"采集"按钮添加Click事件，代码如下：

```
private void btnRun_Click(object sender, RoutedEventArgs e)
    {
    double value = 0.0; //初始电流为0
    /**********若没有设备，请注释倒掉以下6条语句；在电流值文本框里输入值替代*****/
    inPut_4 input4 = new inPut_4(); //构建设备对象
    input4.Open("COM4");       //打开设备串口
    value = (double)input4.getInPut4_Temp_Current(); //采集电流值
    txtCurrent.Text = value.ToString("f"); //在文本框上显示电流值，小数位保留两位
    input4.Close();
    input4 = null;
    //**********设备操作语句结束*********************************/
    value = double.Parse(txtCurrent.Text);     //电流文本值转换为实数
    // 模拟量值=（（电流-4）/16×总量程）+下限，温度总量程=70，下限=-10
    double temp = (value – 4) / 16 * 70 – 10;  // 计算温度
    txtTemp.Text = temp.ToString("f1") + " ℃";   // 小数位保留1位
    }
```

4）连接好实训设备，运行该项目，单击"采集"按钮，运行结果如图2-34所示。

从上述案例可以看到，C#所提供的强大的计算功能是通过表达式运算来完成的，除了上述案例中用到的"加""减""乘""除"4种运算符，C#中还有有哪些算术运算符？它们与

数学中的运算有何异同呢?

下面新建一个名为"Csharp_2_运算符"的WPF应用程序项目,以方便调试。

【例2.3】新建一个名为"Csharp_2_运算符"的WPF应用程序项目。

图2-34 温度数据采集计算运行结果界面

1)创建一个名为"Csharp_2_运算符"的WPF应用程序项目。

2)参照图2-35设计好界面布局文件MainWindow.xaml。

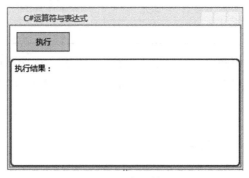

图2-35 布局效果

设计好的界面布局文件代码如下:

```
<Window x:Class="Csharp_2_运算符.MainWindow"
        xmlns="http://schemas.microsoft.com/winfx/2006/xaml/presentation"
        xmlns:x="http://schemas.microsoft.com/winfx/2006/xaml"
        Title="C#运算符与表达式" Height="244.004" Width="365.379" >
    <Grid>
        <Button x:Name="btnRun" Content="执行"  Click="btnRun_Click" HorizontalAlignment="Left"
                Height="29" Margin="10,10,0,0" VerticalAlignment="Top" Width="83"/>
        <Border  Margin="0,50,0,0" Grid.Column="1" Grid.Row="1" BorderBrush="Red"
                BorderThickness="2" CornerRadius="5">
            <Label x:Name="lblResult" Content="执行结果: " FontSize="20" />
        </Border>
    </Grid>
</Window>
```

在【例2.1】中,用"输出"窗口查看了数据类型的知识点,这是程序开发中经常用到的内容;为了调试并方便地查看代码执行结果,本例直接在窗口界面中输出结果。

在这段代码中,用<Border></Border>定义了<Label>的红色外框,更多关于布局文件的知识不在本书的讨论范围内，请读者自行参阅相关书籍。

3）为"执行"按钮添加单击事件，切换到代码编辑窗口准备输入代码。

2.5.1 算术运算符

除了【例2.2】中用到的4种算术运算符外，C#还提供其他算术运算符，具体见表2-6。

表2-6　C#中的算术运算符

运　算　符	含　　义	类　　别	C#示例	数　学　表　示
+	加	二元	a+b;	a+b
−	减	二元	5−1;	5−1
*	乘	二元	5*3;	5×3
/	除	二元	x/y;	x÷y
%	取余	二元	n%7;	n mod 7

因为这些运算符都连接两个运算对象（也称为操作数），所以称为二元运算符。加法、减法和乘法与数学中的含义完全相同，但除法却不像平常所想象的那样。

1．除法运算符

先思考下面语句执行后，变量a的结果值是多少？

```
int a= 5 / 2;
```

为了验证该结果，在"Csharp_2_运算符"项目中，为btnRun按钮添加Click事件，代码如下：

```
private void btnRun_Click(object sender, RoutedEventArgs e)
    {
        do_TwoIntDivide();// 两个整数相除运算
    }
    // <summary>
    //两个整数相除运算              调用函数do_TwoIntDivide()
    // </summary>                  等价于执行了如下3条语句
    // <param>无</param>
    // <returns>无</returns>
    void do_TwoIntDivide()
    {
        int a = 5 / 2;
        string strMsg = "5/2=" + a;
        lblResult.Content = "执行结果:\n"+strMsg;
    }
```

代码分析：上述语句中，btnRun_Click为按钮的单击事件，相信读者已经很熟悉了；那么do_TwoIntDivide()是什么呢？这里称之为自定义的函数，在调用时等价于执行了函数大括号里的语句，这样做的目的是增加程序代码的重用性，并且使程序看起来更加简洁。更多关于函数的用法，请读者参阅第5章的内容，这里不再赘述。

运行该项目，单击"执行"按钮，结果如图2-36所示。输出的a的值，和你猜想的一样吗？

为什么结果是2呢？在数学中，5/2=2.5，但在C#中，两个整数相除的结果仍为整数，所以5/2的结果为2，小数部分被舍去了。如果除数或被除数中有一个为负值，也按"向零取整"的方法取整，如-10/3=-3，小数部分也被舍去。但是如果两个操作数中有一个是实数，那么结果也为实数。

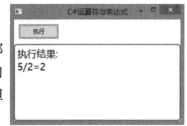

图2-36　两个整数相除的结果

在"Csharp_2_运算符"项目中，编写一段代码，进行验证，代码如下：

```
private void btnRun_Click(object sender, RoutedEventArgs e)
{
    // do_TwoIntDivide(); // 把此例去掉不执行，分别调试
    do_OneFloatOP(); // 两个操作数中有一个是实数运算
}
// <summary>两个操作数中有一个是实数运算</summary>
void do_OneFloatOP()
{
    int a = 48, b=5;
    double x=48/5;          // 两个操作数都为整数，其值为9
    double y = 48.0 /5;     // 两个操作数中有一个是实数，其值为9.6
    string strMsg =string.Format("{0}+{1}={2}\n",a,b,a+b);
    strMsg += string.Format("{0:0.00}–{1}={2:0.00}\n", y, b, y – b);
    strMsg += string.Format("{0}*{1}={2}\n", x, b, x* b);
    strMsg += string.Format("{0:0.00}/{1}={2:0.00}", y, b, y / b);
    lblResult.Content = "执行结果:\n" + strMsg;
}
```

运行该段代码，单击"执行"按钮，结果如图2-37所示。由此可见，在C#中，如果有一个数为实数，则将另一个数也转换为实数后再参与计算。

2．取余运算符

取余运算符"%"又称为取模运算符，它的作用是求a除以b的余数。

在"Csharp_2_运算符"项目中，运行如下代码：

```
private void btnRun_Click(object sender, RoutedEventArgs e)
```

```
{
    do_ModOp();
}
// <summary>取余运算符"%"验证</summary>
void do_ModOp()
{
    string strMsg = string.Format("10%3={0}\n", 10 % 3);
    strMsg += string.Format("-10%3={0}\n", -10 % 3);
    strMsg += string.Format("10%-3={0}\n", 10 % -3);
    strMsg += string.Format("-10%-3={0}", -10 % -3);
    lblResult.Content = "执行结果:\n" + strMsg;
}
```

运行程序,单击"执行"按钮,结果如图2-38所示。从图2-38中可知,取余运算的结果与被除数同号。

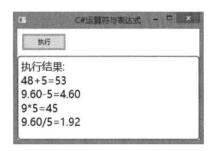

图2-37 有一个实数则结果就为实数

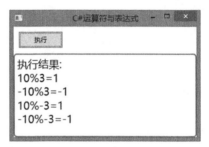

图2-38 取余运算符"%"验证结果

3. 常用数学函数

除了算数运算符,C#还提供了大量的数学函数,这些数学函数归为一类,称为Math类,具体见表2-7。

表2-7 Math类中的常用函数

功　　能	函　　数	C#示例	数学表示	结　　果
乘	Math.Pow()	Malh.Pow(2, 3);	2^3	8
开方	Math.Sqrt()	Math.Sqrt(16);	$\sqrt{16}$	4
e的次方	Math.Exp()	Math.Exp(8);	e^8	2980.96
绝对值	Matii.Abs()	Math.Abs(-3);	$|-3|$	3
对数	Math.Log()	Math.Log(8, 2);	$\log_2 8$	3
常用对数	Math.Log 10()	Math.Log10(100);	$\lg 100$	2
正弦函数	Math.Sin()	Math.Sin(Math.PI/3);	$\sin\dfrac{\pi}{3}$	$\dfrac{\sqrt{3}}{2}$
余弦函数	Math.Cos()	Math.Cos(Math.PI/3);	$\cos\dfrac{\pi}{3}$	$\dfrac{1}{2}$
正切函数	Math.Tan()	Math.Tan(Math.PI/3);	$\tan\dfrac{\pi}{3}$	$\sqrt{3}$

另外，Math类中还定义了两个常数，见表2-8。

表2-8　Math类中的两个常数

数 学 含 义	代 码 表 示	近 似 值
π	Math.PI	3.14159265358997
E	Math.E	2.71828182845905

2.5.2　自增、自减运算符

每单击按钮一次，其统计次数就加一；实验室每来一人，其人数自加一；每走出一人，其人数自减一。像这种自增与自减的变化，可以用自增运算符"++"和自减运算符"——"实现。

在图2-1所示的自增实验室环境监测系统中，每当单击了一次"采集"按钮，就可以统计一次，此时就可以使用++运算符。

【例2.4】基于【例2.2】中完成的"Csharp_2"WPF应用程序项目的基础上，完成采集次数的统计。

操作步骤◂

1）基于【例2.2】中完成的"Csharp_2"，参照图2-39设计好界面布局文件MainWindow. xaml。

设计好的界面布局文件代码是在【例2.2】的基础上添加一个Label标签，下面加灰色背景的语句即为新增的代码：

图2-39　界面布局

```
<Window x:Class="Csharp_2.MainWindow"
        ......
    <Grid >
        ......
            <Button x:Name="btnRun" Content="采集" Click="btnRun_Click"  Margin="31,36,0,0"
VerticalAlignment="Top" Width="59" Height="33" />
            <Label x:Name="lblCount" Content="你是第几次单击了【采集】按钮" Margin="106,141,0,0"
FontSize="16"/>
    </Grid>
</Window>
```

2）切换到代码窗口，在原先代码的基础上增加灰色背景的语句，以实现单击次数的统计功能。

```
public partial class MainWindow : Window
    {
        static int intTotalCount = 0; // 申明一个全局的变量，统计单击次数
        ......
```

```
private void btnRun_Click(object sender, RoutedEventArgs e)
  {
    double value = 0.0;  // 这是一个局部变量，初始化电流为0
    ……

    intTotalCount++;
    lblCount.Content = "你是第" + intTotalCount.ToString()
         + "次单击了【采集】按钮";
  }
}
```

在上述代码中，出现了全局变量和局部变量，那么什么是全局变量和局部变量呢？全局变量就是在类中所定义的，它作用于类中的所有方法，如本例，在btnRun_Click事件中引用了全局变量intTotalCount；而局部变量是一个方法内定义的，它只能作用于该事件或方法内，如布局变量value只能在tnRun_Click事件中引用，在其他地方使用则会出错，更多关于变量的作用域范围详见第6章中的说明。执行后，单击"采集"按钮3次，结果如图2-40所示。

基于"Csharp_2_运算符"项目，执行如下代码，观察运行结果。

```
private void btnRun_Click(object sender, RoutedEventArgs e)
  {
  do_AutoIncDesc();
  }
// <summary>自增、自减</summary>
  void do_AutoIncDesc()
   {
      int iCount =5;
      string strMsg = string.Format("后置++为:{0},
               执行后iCount={1}\n", iCount++, iCount);
      iCount = 5;
      strMsg += string.Format("后置－－为:{0},
               执行后iCount={1}\n", iCount--, iCount);
      iCount = 5;
      strMsg += string.Format("前置++为:{0},
               执行后iCount={1}\n", ++iCount, iCount);
      iCount = 5;
      strMsg += string.Format("前置－－为:{0},
               执行后iCount={1}", --iCount, iCount);
      lblResult.Content = "执行结果:\n" + strMsg;
   }
```

执行后，结果如图2-41所示。

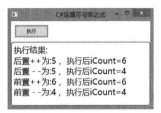

图2-40　单击次数统计结果　　　　　　图2-41　自增变化、自减变化运算结果

　　表达式"iCount++"和"++iCount"是自增变化，运算后iCount的值加1，但"iCount++"返回原值、"++iCount"则是原值+1后返回；而"iCount--"和"--iCount"是自减变化，运算后iCount的值减1，但其返回值也不同。这是为何呢？

　　"iCount++"中的运算符"++"放置在变量的后面，称为后置++。"++iCount"中的运算符"++"放置在变量的前面，称为前置++。同理，"iCount--"和"--iCount"分别为"后置--"和"前置--"运算。

　　实际上，后置和前置是有区别的，即"后置先使用后自增减，前置先自增减后使用"，因此它们的返回值不同，自增、自减运算对应说明分析见表2-9。

表2-9　自增、自减运算

含　　义	语　　句	等　价　语　句	返　回　值	执行后变量值
后置自增	iCount++;	iCount = iCount+1;	原值	原值+1
后置自减	iCount--;	iCount = iCount-1;	原值	原值-1
前置自增	++iCount;	iCount = iCount+1;	原值+1	原值+1
前置自减	--iCount;	iCount = iCount-1;	原值-1	原值-1

　　请读者分析如下代码的结果，然后运行程序验证自己的想法。

```
int i=3;
Console.WriteLine("返回值={0},操作后i={1}",++i,i);
Console.WriteLine("返回值={0},操作后i={1}",i++,i);
```

自增运算符++和自减运算符--在使用时需要注意以下几点：

1）自增运算符++和自减运算符--，只能作用于变量而不能作用于常量或表达式。例如：

● 5++是不合法的，因为5是常量，而常量的值不能改变。

● (a+b)--也是不合法的，因为假如a+b的值是5，那么自增后得到的6放在什么地方呢？显然放在a中或b中都不合理。

2）对于复杂的表达式，要用括号来增加可读性。例如：

● -i++显然写成-(i++)可读性更强。

● i+++j显然写成(i++)+j更好。

对于自增、自减运算符来说，了解前置和后置的差别很重要。但是在实际应用中，最好不要过分使用这种前置和后置的特性，免得让人费解。

2.5.3 赋值运算符

相信读者对赋值运算符"="已经不陌生了，它的作用是将左边的值赋给右边的变量。例如：

```
int iCount;
iCount = 25489;
```

除了这种简单的赋值语句外，C#中还有一类复合赋值运算符。如下语句就是复合赋值运算符的一个应用：

```
iCount += 2;
```

它相当于"iCount = iCount +2"。运算符"+="是一个复合的赋值运算符，其作用是将其右边的表达式加到左边的变量上，这种写法使程序更加精练。

基于"Csharp_2_运算符"项目，执行如下的代码，观察其运行结果。

```
private void btnRun_Click(object sender, RoutedEventArgs e)
    {
        do_EvaluateOP();
    }
    // <summary>赋值运算</summary>
    void do_EvaluateOP()
    {
        string strTemp = "温度：";
        strTemp += 28.5+ "℃";
        lblResult.Content = "执行结果:\n" + strTemp;
    }
```

执行后，结果如图2-42所示。从执行结果看，+=运算符也可用于字符串。"strTemp+=28.5+"℃""等价于执行语句"strTemp=strTemp+("28.5"+"℃")"，系统先把double型数据28.5隐式转换为字符串型，然后与"℃"相连，生成"28.5℃"字符串，再将"28.5℃"拼接到"温度："后面，生成"温度：28.5℃"字符串。

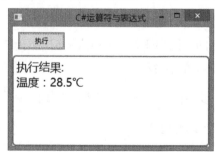

图2-42　赋值运算结果

对于所有二元运算符都可以和赋值符结合，构成复合赋值运算符，见表2-10。

表2-10　C#中的复合赋值运算符

功　能	类　别	C#示例	等价表示
+=	二元	iCount+=5	iCount=iCount+5
-=	二元	iCount-=5	iCount=iCount-5
*=	二元	iCount*=5	iCount=iCount*5
/=	二元	iCount/=5	iCount=iCount/5
%=	二元	iCount%=5	iCount=iCount%5

注意，当运算符右边是一个表达式时，要将表达式整体加到变量上。例如，"c*=a+b;"相当于"c=c*(a+b);"。

2.5.4　类型转换

C#是强类型语言，每个变量都有严格的类型。如果运算符两侧的类型不一致，则在运算时要进行类型转换。C#中类型的转换主要包括隐式转换、显式转换以及字符串和数值间的转换3种。

先基于"Csharp_2_运算符"项目，执行如下代码，观察数值间转换的运行结果。

```
private void btnRun_Click(object sender, RoutedEventArgs e)
 {
   do_DaraConvertOP();
 }
// <summary> 数值转换</summary>
  void do_DaraConvertOP()
    {
    sbyte b = 15;
    short n = b; // 整型间隐式转换

    string strMsg = string.Format("整型间隐式转换b→n：b={0}, n={1}\n", b, n);
    int i = 15;
    float f =20.0f;
    f = i + f; // int先转换为float，再运算
    strMsg += string.Format("整型、实型间转换f=i+f：i={0}, f={1}\n", i, f);

    n = 1000;
    //b = n; // 向低精度赋值时，出错，可通过显式转换

    n = 15;
    b = (sbyte)n; // 在低精度变量的取值范围内，可以正确赋值
```

```
strMsg += string.Format("显式转换正确情景n→b：n={0}，b={1}\n", n, b);

n = 1000;
b = (sbyte)n; // 超出低精度变量的取值范围，被截断，数据错误
strMsg += string.Format("显式转换截断情景n→b：n={0},b={1}\n", n, b);

double d = 3.55;
n = (short)d; // double型转换为short型，去掉小数位，向0靠拢
strMsg += string.Format("double型转为short型d→n：d={0:},n={1}\n", d, n);

n = 1000;
//b = checked((sbyte)n);// checked检查溢出

string strTemp = "28.5";
double temp1 = Convert.ToDouble(strTemp);
double temp2 = double.Parse(strTemp);
strMsg += string.Format("字符串和数值间转换：temp1={0},temp2={1}\n",temp1,temp2);
    lblResult.Content = "执行结果:\n" + strMsg;
}
```

执行后，结果如图2-43所示。

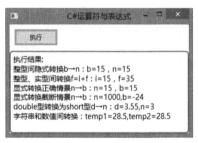

图2-43   类型转换运算结果

1．隐式转换

读者分析探讨如下语句的数据类型间的转换：

sbyte b=15;

short n = b;

上述语句执行后n等于15。在赋值语句"n=b;"中，赋值运算符两侧的数据类型不同，赋值时先将b的值15转换为short型数据然后赋给n。图2-44显示了sbyte类型与short类型的关系。

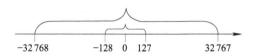

图2-44   sbyte型的取值范围是short的一个子集

byte型变量的取值范围是-128～127，short型变量的取值范围是-32 768～32 767，sbyte型的取值范围是short的一个子集，所以一个short型变量可以容纳任何byte型的数据，故将一个sbyte型数据转换为short型是安全的，不会产生溢出，如图2-45所示。

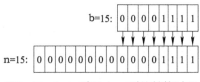

图2-45　byte型到short型的转换过程

一个sbyte型数据占用1个字节，一个short型数据占用两个字节，一个sbyte型数据转换为short型数据，是把sbyte型数据的所有位按原样存储到short型变量的后8位中，前8位用0填充（如果是负数，则最高位用1填充）。

一般地，如果A类型的取值范围是B类型的子集，则A类型可以安全地转换为B类型。整型和实型之间也可以转换。探讨下面的语句：

```
int i = 15;
float f = 20.0f;
f=i + f;
```

表达式"f=i+f"中，加号两侧的数据不为同一类型，此时，先将i的值转换为float型数据，然后与f相加，终得到一个float型数据。

当将整型数据赋给实型变量时，数值不变，但以实数形式存储到变量中，如将整数15赋给float型变量f，则先将15补足7位有效数字，变为15.000 00，然后以单精度实数的形式存储在f中。

概括地说，当把取值范围较小的类型转换为取值范围较大的类型时是安全的，也是默认进行的，不需要添加任何额外的代码，所以称之为隐式转换。

2．显式转换

sbyte型数据可以安全地转换为short型，那么short型数据能转换为sbyte型吗？在代码窗口中，输入如下语句会出现如图2-46所示的错误信息。

```
short n =1000;
sbyte b = n;
```

(局部变量) short n

错误:
　无法将类型"short"隐式转换为"sbyte"。存在一个显式转换(是否缺少强制转换?)

图2-46　类型转换出错

为什么会有错误产生而不能转换呢？因为sbyte型的取值范围是-128～127，这是因为值1000已经超出了该范围。实际上，如果short型变量的值在-128～127之间，则能进行转换，但必须显式地进行。例如：

```
short n =15;
sbyte b = (sbyte)n;
```

显式转换的语法是在源数据前的括号内添加目标类型：（目标类型）源变量。进行显式转换时，short型变量只将后8位原封不动地复制给sbyte型变量，前8位数据已经丢失，这种现象称为截断。

如图2-47所示，由于n=15，此时n的前8位都是0，因此截断操作对数据的大小没有影响。

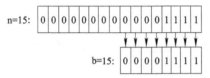

图2-47　short型到byte型的显示转换

其实，n的值大于255的short型数据也可以显式转换为sbyte型，代码如下：

```
short n =1000;
sbyte b = (sbyte)n;
```

此时，该转换只将n的后8位复制给了b，发生了截断操作，n的前8位数据在传送时丢失，数据大小发生了变化。

因为n的后8位恰好是-24的二进制表示，所以b的值为-24，如图2-48所示。

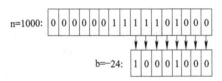

图2-48　截断后的数据值变化情况

将实型数据赋给整型变量，会怎样呢？例如：

```
double d = 3.55;
int n = (int)d;
```

从图2-48所示的执行结果中可以看出，当将实型数据赋给整型变量时，会舍弃实数的小数部分。

综上分析可见，如果要将取值范围较大的类型转换为取值范围较小的类型，则必须使用显式转换。显式转换可能会造成数据丢失。因此进行显式转换时要充分考虑源数据的大小，以免造成意想不到的错误。

当因显式转换而发生溢出错误时，系统不会产生提示。为了避免溢出错误，可以用关键字checked对显示转换进行检查。例如：

```
short  n = 1000;
sbyte b = checked((sbyte)n);
```

执行上述语句，这时如果遇到溢出，则程序会有错误提示，如图2-49所示。

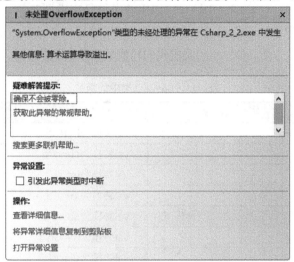

图2-49　用关键字checked检查溢出

除了用关键字checked检查溢出外，我们还可以更改系统设置。在菜单中执行"项目"→"属性"命令，在打开的属性窗口中选择"生成"选项，单击"高级"按钮，在"高级生成设置"对话框中勾选"检查运算上溢/下溢"复选框，如图2-50所示。

图2-50　"高级生成设置"对话框

这时，会对所有的转换进行溢出检查，除非语句中使用了关键字unchecked。

3．字符串和数值间的转换

C#还提供了一些函数，能把字符串转换为各种数值类型，如函数ToDouble()能将字符串转换为double型，函数ToInt32()能将字符串转换为int型，等等。C#把这些函数归为一类，称为"Convert类"。请看如下代码：

```
string strTemp = "28.5";
```

```
double temp1 = Convert.ToDouble(strTemp);
double temp2 = double.Parse(strTemp);
```

在上面的代码中，函数Convert.ToDouble()把字符串"28.5"转换为double型数据;也可以用函数double.Parse()进行转换。两者的区别是：double.Parse()只能接收string参数，而Convert.ToDouble()可以接收多种基本类型参数。对于参数为"null"的处理，Parse会抛异常，而Convert会返回0。如果给定一个object实例，则用Convert.ToDouble()处理比较方便。Convert类提供的转换函数见表2-11。

表2-11　Convert类中的函数

函　　数	说　　明
Convert.ToByte(val)	val转换为byte型
Convert.ToIntl6(val)	val转换为short型
Convert.ToInt32(val)	val转换为int型
Convert.ToInt64(val)	val转换为long型
Convert.ToSByle(val)	val转换为sbyte型
Convert.ToUInt16{val)	val转换为ushort型
Convert.ToUInt32(val)	val转换为uint型
Convert.ToUInt64(val)	val转换为ulong型
Convcrt.ToSingle(va)	val转换为float型
Convcrt.ToDouble(val)	val转换为double型
Convert.ToDccimal(val)	val转换为decimal型
Convert.ToChar(val)	val转换为char型
Convert.ToString(val)	val转换为string型
Convert.ToBoolean(val)	val的换为bool型

有一点要注意，这些转换总是要进行溢出检查的，与checked关键字以及属性设置无关。

2.5.5　关系运算符

两个实数之间是可以比较大小的，如28.5>23等。在程序中，把这种比较两值大小关系的运算符称为关系运算符。C#中的关系运算符见表2-12。

表2-12　C#中的关系运算符

含　义	运　算　符	数学表示	示　例	类　别	优　先　级
小于	<	<	2<5	二元	1
大于	>	>	5>2	二元	1
小于或等于	<=	≤	x<=28.5	二元	1
大于或等于	>=	≥	x>=23	二元	1
等于	==	==	5==（2+3）	二元	2
不等于	!=	≠	2!=5	二元	2

关系运算符可以和其他运算符一起构成逻辑表达式，例如：

（20 + 8）>=23;　　//为"真"
（30/4）== 7.5;　　　//为"假"

如果逻辑表达式所表示的逻辑关系是正确的，则表达式的值为true（称为"真"）；反之，表达式的值为flase（称为"假"），每个逻辑表达式都有"真"和"假"两种结果。

关系运算符是二元运算符，依据关系运算符对其左右两个操作数进行比较。

$$（20 + 8）\qquad >= \qquad 23$$

左操作数　　　关系运算符　　右操作数

在表达式"（20+8）>=23"中，因为20加8的和为28，所以左操作数为28，大于右操作数，故逻辑表达式的值为真。

在表达式"（30/4）==7.5"中，左操作数的值为7，与右操作数7.5不相等，所以该表达式的值为假。请读者考虑一下，为什么"30/4"等于7？

此外，不要将等值运算符"=="和赋值运算符"="混为一谈。赋值运算符的作用是将左边的值赋给右边的变量；等值运算符"=="的作用是比较左右两个操作数是否相等，如果相等，则表达式为真，否则表达式为假。读者初始学习中，要避免出现这种错误。

基于"Csharp_2_运算符"项目，执行如下代码，观察运行结果。

```
private void btnRun_Click(object sender, RoutedEventArgs e)
    {
        do_RelationOP()
    }
// <summary> 关系运算符</summary>
    void do_RelationOP()
    {
        string strMsg = string.Format("(20+8) >= 23为:{0}\n", (20 + 8) >= 23);
        strMsg += string.Format("(30/4) == 7.5为:{0}\n", (30 / 4) == 7.5);
        strMsg += string.Format(" 10/2 != 1为:{0}\n", 10 / 2 != 1);
        lblResult.Content = "执行结果:\n" + strMsg;
    }
```

扫描书中二维码观看视频

执行后，结果如图2-51所示。

由于算术运算符的优先级高于关系运算符，因此表达式中的括号可以省略，如语句"10/2!=1"就是去掉了小括号的逻辑表达式，它等价于"（10/2）!=1"。但在程序中通常保留圆括号，因为圆括号使表达式的结构更清晰，可读性更强。

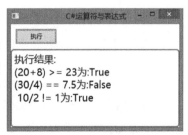

图2-51　关系运算运行结果

2.5.6　逻辑运算符

在数学和生活中，经常会使用"且""或""非"这些逻辑连接词。

1．且（and）

"只有温度过高且有电，空调才能自动打开"。在这句话中，只有"温度过高"和"有电"两个条件同时满足空调才能自动打开。在含有逻辑连接词"且"的命题中，只有两个表达式同时为真，命题才为真。

在C#中，用逻辑运算符"&&"表示且运算，如"n是大于10的奇数"可以表示为："（n>10）&&（n%2!=0）"。"且"运算也称为"与"运算。

如果把两个表达式记为p、q，则逻辑表达式记作"p&&q"。逻辑运算"且"真值表见表2-13。

表2-13　p&&q真值表

q	p	
	true	false
true	true	false
false	false	false

2．或（or）

"空气湿度过高或温度过高，风扇都能自动打开"。在这句话中，只要满足其中一个条件风扇就能自动打开。在含有逻辑连接词"或"的命题中，只要有一个表达式为真，则命题即为真。

如果把两个表达式记为记为p、q，则逻辑表达式记作"p||q"。逻辑运算"或"真值表见表2-14。

表2-14　p||q真值表

q	p	
	true	false
true	true	true
false	true	false

在C#中用逻辑运算符"||"表示或运算。例如，"n是3的倍数或7的倍数"可以表示为"（n%3==0）||（n%7==0）"。

&&和||是二元运算符，要求有两个操作数。

3．非（not）

逻辑连接词"非"用来表示对原命题的否定，在日常口语中经常用"不"和"没有"等词语表示。例如，"5大于0"的否定是"5不大于0"，"负数有平方根"的否定是"负数没有平方根"等命题。由此可以看出，若原命题为真，则它的否定必为假；若原命题为假，则它的否定必为真。

在C#中，"非"用逻辑运算符"！"表示。"！"是一元运算符，只有一个操作数，把这个操作数表达式记为记为p，则逻辑表达式记作"！p"。逻辑运算"非"真值表见表2-15。

表2-15　！p真值表

p	true	false
!p	false	true

例如，"（x%2==0）"的含义为"x是偶数"，则"！（x%2==0）"的含义为"x不是偶数"。

4. 逻辑运算符的执行

在逻辑表达式的求解中，并非所有的逻辑运算都一定被执行，当运算到一半即可判断真假时，后面的运算将不再执行。

基于"Csharp_2_运算符"项目，执行如下代码，观察运行结果。

```
private void btnRun_Click(object sender, RoutedEventArgs e)
{
    do_LogicOP()
}
// <summary> 逻辑运算符</summary>
void do_LogicOP()
{
    int temp = 20, iCount = 5;
    // 第1个表达式为false，第2个不判断，故 "++iCount > 5" 语句没有执行到，iCount值不变
    bool flag = (temp > 23) && (++iCount > 5);
    string strMsg = string.Format("flag={0},iCount={1}\n", flag, iCount);

    temp = 25;
    iCount = 5;
    // 第1个表达式为true，第2个要判断，故 "++iCount > 5" 语句会执行到，iCount值为6
    flag = (temp > 23) && (++iCount > 5);
    strMsg += string.Format("flag={0},iCount={1}\n", flag, iCount);

    temp = 25;
    iCount = 5;
    // 第1个表达式为true，第2个不判断，故 "--iCount > 5" 语句没有执行到，iCount值不变
    flag = (temp > 23) || (--iCount > 5);
    strMsg += string.Format("flag={0},iCount={1}\n", flag, iCount);

    temp = 20;
```

```
iCount = 5;
// 第1个表达式为false，第2个要判断，故 "--iCount > 5" 语句会执行到，iCount值为4
flag = (temp > 23) || (--iCount > 5);
strMsg += string.Format("flag={0},iCount={1}", flag, iCount);
        lblResult.Content = "执行结果:\n" + strMsg;
    }
```

执行后，结果如图2-52所示。分析如下：

1）在表达式e1&&e2中，当e1、e2有一个为假时，表达式的值即为假，因此如果检测到e1为假，则不必判断e2。

2）在表达式e1||e2中，当e1、e2有一个为真时，表达式即为真，因此如果检测到e1为真，则不必判断e2。

在程序设计中，这样的设计可以提高运行效率，尤其是在大量使用逻辑运算符的程序中效果明显。

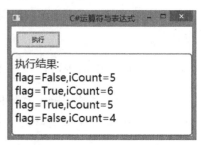

图2-52　逻辑运算执行结果

2.5.7　位运算符

任何信息在计算机中都是以二进制的形式保存的，位运算符就是对数据按二进制位进行运算的操作符，C#中的位运算符见表2-16。

表2-16　C#中的位运算符

含　义	运　算　符	示　例	类　别	优　先　级
按位取反	~	~ 3	一元	1
按位与	&	3 & 10	二元	2
按位异或	^	3 ^ 10	二元	3
按位或			3	10	二元	4
左移	<<	5<<2	二元	5
右移	>>	5>>2	二元	5

位运算不会产生溢出位，操作符的操作数为整型或可以转换为整型的任何其他类型。运算后执行的结果为int型。

基于"Csharp_2_运算符"项目，执行如下代码，观察运行结果。

```
private void btnRun_Click(object sender, RoutedEventArgs e)
{
  do_BitOP();
}
  // <summary> 位运算符</summary>
  void do_BitOP()
    {
```

```
byte  a = 3, b = 10; // 3二进制为0011，10二进制为1010
string strMsg = string.Format("a={0} , b={1} \n",a,b);
strMsg += string.Format("与 运 算：a&b = {0}\n", a&b); //与操作后为0010（十进制2）
strMsg += string.Format("或 运 算：a|b = {0}\n", a|b); //或操作后为1011（十进制11）
strMsg += string.Format("异或运算：a^b ={0}\n", a^b); //异或操作后为1001（十进制9）
strMsg += string.Format("取反运算：~a = {0}\n", ~a); //取反操作后为1111 1100（十进制-4）
strMsg += string.Format("左移运算：0x65 << 3 =0x{0:X2}\n",
                        unchecked((byte)(0x65 << 3)));
strMsg += string.Format("右移运算： 0x65 >> 3 =0x{0:X2}\n", (0x65 >> 3));
lblResult.Content = "执行结果:\n" + strMsg;
}
```

执行后，结果如图2-53所示。

图2-53 位运算执行结果

1．与运算

按位"与"运算的操作符为"&"，操作数按二进制位进行"与"运算，规则为：1 & 1 = 1；1 & 0 = 0；　0 & 1 = 0；　0 & 0 = 0。这说明除了两个位均为1，与运算结果为1，其他情况下与运算结果均为0。例如，语句"int n=（3&10）;"执行后n=2，分析如下：

```
3:      00000000 00000000 00000000 0000 0 0 1 1
10: &   00000000 00000000 00000000 0000 1 0 1 0
        00000000 00000000 00000000 0000 0 0 1 0
```

按位"与"运算通常用来对某些位清0或保留某些位。例如，把short型变量a的高8位清0，保留低8位，可作a&oxFF运算。

2．或运算

按位"或"运算的操作符为"|"，操作数按二进制位进行"或"运算，规则为：1 | 1 = 1；1 | 0 = 1；　0 | 1 = 1；　0 | 0 = 0。这说明除了两个位均为0，或运算结果为0，其他情况下或运算结果均为1。例如，语句"int n=（3|10）;"执行后n=11，分析如下：

```
3:      000000000 00000000 00000000 0000 0 0 1 1
10: |   000000000 00000000 00000000 0000 1 0 1 0
        000000000 00000000 00000000 0000 1 0 1 1
```

按位"或"运算通常用来对一个数据的某些位定值为1。

3．异或运算

按位"异或"运算的操作符为"^"，操作数按二进制位进行"异或"运算，规则为：1 ^ 1 = 0；1 ^ 0 = 1；   0 ^ 1 = 1；   0 ^ 0 = 0。这说明当两个位相同时，异或运算结果为0；不相同时"异或"运算结果为1。例如，语句"int n=（3^10）;"执行后n=9，分析如下：

```
 3:    00000000 00000000 00000000 0000 0 0 1 1
10: ^ 00000000 00000000 00000000 0000 1 0 1 0
       00000000 00000000 00000000 0000 1 0 0 1
```

按位"异或"运算通常用来对特定位进行翻转。

4．取反运算

按位"取反"运算的操作符为"～"，操作数按二进制位进行"取反"运算，规则为：～1=0；   ～ 0 = 1。若位为1，"取反"运算结果为0；反之，若位为1，"取反"运算结果为0。例如，语句"int n=～3;"执行后n=-4，分析如下：

```
3:  ～ 00000000 00000000 00000000 0000 0 0 1 1
       11111111 11111111 11111111 1111 1 1 0 0
```

5．位左移运算

位左移运算的操作符为"<<"，其表达式为"左操作数<<右操作数"，运算规则如下：

1）将左操作数各二进位全部左移右操作数指定的位数。

2）左移后右补0。

3）高位左移后溢出，舍弃。

4）左移相当于乘。左移1位相当于乘2；左移两位相当于乘4；左移3位相当于乘8。例如，x<<1=x*2；x<<2=x*4；x<<3=x*8；x<<4=x*16。

对于语句"byte b=(byte)（0x65<<3）;"，其执行后b=0x28，分析如下：

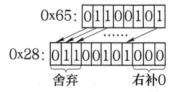

应该说明的是，对于有符号数，在右移时，符号位将随同移动。当为正数时，最高位补0，而为负数时，符号位为1，最高位补0还是补1取决于编译系统的规定。

6．位右移运算

位左移运算的操作符为">>"，其表达式为"左操作数>>右操作数"，运算规则为：

1）将左操作数各二进位全部右移右操作数指定的位数。

2）右移后左补0。

3）高位右移后，低位舍弃。

4）右移一位相当于除2运算。

例如，语句"byte b=(byte)（0x65>>3）;"执行后b=0x0C，分析如下：

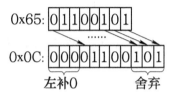

2.5.8 条件表达式

实验室环境的空调可根据温度高低来决定是否开启，这时就需要判断温度是否超过规定的界限值，那么C#是如何实现的呢？

【例2.5】参照图2-1所示的本章案例功能，基于【例2.4】中完成的"Csharp_2"WPF应用程序项目，能根据输入的温度界限值判断温度的高低。

1）基于【例2.4】中完成的"Csharp_2"，在此基础上参照图2-54设计好界面布局文件MainWindow.xaml。

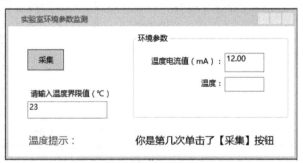

图2-54 界面布局

设计好的界面布局文件代码是在【例2.4】的基础上添加了两个Label标签和1个TextBox，下面加灰色背景的语句即为新增的代码：

```
<Window x:Class="Csharp_2.MainWindow"
    ……
    <Grid >
        ……
        <Label x:Name="lblCount" Content="你是第几次单击了【采集】按钮" Margin="106,141,0,0"
```

```
FontSize="16"/>
        <Label Content="请输入温度界限值（℃）" HorizontalAlignment="Left" Height="25"
                Margin="31,93,0,0" VerticalAlignment="Top" Width="143"/>
        <TextBox x:Name="txtLimit" Text="23" HorizontalAlignment="Left" Height="27"
                Margin="31,118,0,0" TextWrapping="Wrap" VerticalAlignment="Top" Width="130"/>
        <Label x:Name="lblTempMsg" Content="温度提示：" FontSize="16" HorizontalAlignment="Left"
                Height="25" Margin="31,164,0,0" VerticalAlignment="Top" Width="143" Foreground="Red"/>
    </Grid>
</Window>
```

2）切换到代码窗口，在原代码最后增加灰色背景的语句，以实现温度高低的判断；

```
public partial class MainWindow : Window
    {   ……
        private void btnRun_Click(object sender, RoutedEventArgs e)
        {
            double value = 0.0;  // 这是一个局部变量，初始化电流为0
            ……
            double tempLimt = double.Parse(txtLimit.Text); // 温度界限值
            lblTempMsg.Content = temp > tempLimt ? "温度大于界限值，高！" :
                    "温度不大于界限值，低！";
        }
    }
```

执行后，结果如图2-55所示。

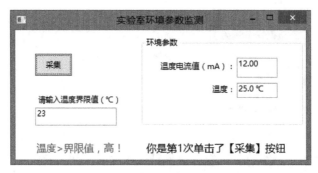

图2-55　温度超限判断

可以看出，当温度为25℃>23℃时，条件为真，返回"温度大于界限值，高！"。

在C#中，这就是条件表达式的应用场景。条件表达式的语法结构为：

条件? 表达式1: 表达式2;

条件表达式是这样执行的：若条件为真，则执行表达式1，以表达式1的结果作为条件表达式的值；若条件为假，则执行表达式2，以表达式2的结果作为条件表达式的值。

条件表达式中包含"？"和"："两个运算符，有3个操作数，故该表达式通常也称为

"三元预算符"，它是C#中唯一一个三元运算。

例如，语句"y=(x>=0)？(x*x)：(x+2)；"的表达方式如下：

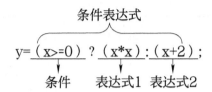

基于"Csharp_2_运算符"项目，执行如下代码，结果如图2-56所示。

```
private void btnRun_Click(object sender, RoutedEventArgs e)
    {
      do_ConditionOP();
    }
// <summary> 条件运算符（三元运算符）</summary>
   void do_ConditionOP()
     {   int x = 10, y;
          y = (x >= 0) ? (x * x) : (x + 2);
          string strMsg ="x=" + x + ",y=" + y +"\n";
          x = −10;
          y = (x >= 0) ? (x * x) : (x + 2);
          strMsg += "x=" + x + ",y=" + y;
          lblResult.Content = "执行结果:\n" + strMsg;
     }
```

在上面的代码中，若条件（x>=0）为真，则以"（x*x）"的结果作为条件表达式的值；若条件为假，则以"（x+2）"的结果作为条件表达式的值，最后条件表达式的值被赋给变量y。

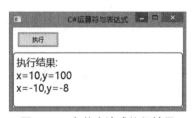

图2-56　条件表达式执行结果

2.5.9　运算符优先级

代数运算是有优先级的，如乘除法的优先级比加减法高，就是数学中常说的"先乘除后加减"。C#中同样也规定了各种算数运算符的优先级，在运算时，先进行高级别的运算，再进行低级别的运算，具体见表2-17。

当操作数出现在具有相同优先级的两个运算符之间时，运算符的顺序与运算符结合性相关。"左→右"结合性是指表达式从左向右执行运算，如"x+y+z"表达式按照"（x+y）

+z"表达式进行计算;"左←右"结合性是指表达式从右向左执行运算,如"x=y=z"表达式按照x=(y=z)表达式进行计算。

表2-17 运算符的优先级

优　先　级			运　算　符	结　合　性
高	1	基本	x.y、f(x)、a[x]、x++、x−−、new、typeof、checked、unchecked	左→右
	2	一元	+ − ! ~ ++x −x (T)x	左←右
	3	乘除	* / %	左→右
	4	加减	+、−	左→右
	5	位移	<< >>	左→右
	6	关系和类型检测	< > <= >= is as	左→右
	7	相等	== !=	左→右
	8	逻辑AND	&	左→右
	9	逻辑 XOR	^	左→右
	10	逻辑 OR	|	左→右
	11	条件 AND	&&	左→右
	12	条件 OR	||	左→右
	13	条件(三元)	?:	左→右
	14	赋值	= *= /= %= += −= <<= >>= &= ^= |=	左←右
低	15	后置自增、自减	xx++、xx−−	左←右

注意:表2-17是按照从最高到最低的优先级顺序列举了C#中的所有运算符。

对于优先级相同的运算,表达式按照从左到右的顺序计算,当然也可以像数学中那样,通过添加括号来改变运算顺序。

下面探讨当x=4时,函数y=3x^2+5(x+2)−1的计算过程。基于"Csharp_2_运算符"项目,执行如下代码,观察其运行结果。

```
private void btnRun_Click(object sender, RoutedEventArgs e)
    {  do_PriorityOP (); }
    // <summary>优先级</summary>
    void do_PriorityOP ()
    {       double x=4,y;
        y = 3 * x * x + 5 * ( x + 2)−1;
        string strMsg = string.Format("x={0},  y={1}\n",x, y);
        lblResult.Content = "执行结果:\n" + strMsg;
    }
```

执行后，结果如图2-57所示。

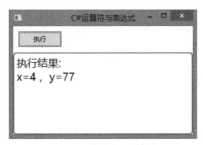

图2-57　优先级运算结果

表达式"y=3*x*x+5*（x+2）-1"的优先级运算过程如下：

$$y = 3 * x * x + 5 * (x + 2) - 1;$$
$$y = 3 * 4 * 4 + 5 * (4 + 2) - 1;$$
$$y = 3 * 4 * 4 + 5 * 6 - 1;$$
$$y = 12 * 4 + 30 - 1;$$
$$y = 48 + 30 - 1;$$
$$y = 78 - 1;$$
$$y = 77;$$

请读者编写程序来验证结果。对于复杂的表达式，可能需要将一对括号嵌套到另一对括号内，如果过多地嵌套括号，会使代码难以阅读和修改，因此最好把复杂的表达式分解成若干个简单的表达式。

2.6　C#编码规范

通过本章的学习，相信读者对C#的数据类型、运算符及表达式有所了解了。读者细看本章案例所给的代码，是否领悟到了C#有自己的编码规范？如按钮取名为btnRun，变量取名为iCount等。

1．方法注释规范

C#提供一种机制，使程序员可以使用含有XML文本的特殊注释语法为他们的代码编写文档。在源代码文件中，具有某种格式的注释可用于指导某个工具根据这些注释和它们后面的源代码元素生成XML。在具体应用中，类、接口、属性、方法必须有<summary>，另外，方法如果有参数及返回值，则必须有<param>和<returns>。示例如下：

```
// <summary>
```

```
//两个整数相除运算
// </summary>
// <param name="a">被除数</param>
// <param name="b">除数</param>
// <returns>两个整数的商</returns>
int do_TwoIntDivide(int a,int b)
{   ……
    return a/b;
}
```

2．代码行注释规范

代码行注释一般遵循如下规范：

1）如果处理某一个功能需要很多行代码实现，并且有很多逻辑结构块，类似此种代码应该在代码开始前添加注释，说明此块代码的处理思路及注意事项等。

2）注释从新行添加，与代码开始处左对齐。

3）双斜线与注释之间以空格分开。

4）定义变量时需添加变量注释，用以说明变量的用途。

5）单行注释语句可以在语句后面，也可与前后行变量声明的注释左对齐。

3．命名的基本约定

1）要使用可以准确说明变量、字段、类的完整的英文描述符，如firstName。对一些作用显而易见的变量可以采用简单的命名，如在循环里的变量就可以被命名为"i"。

2）要尽量采用项目所涉及领域的术语。

3）要大小写混合，以提高名字的可读性。为区分一个标识符中的多个单词，可把标识符中的每个单词的首字母大写。

4．变量命名

按照使用范围来分，代码中的变量命名规则基本参照如下：

1）全局变量采用加"m"前缀，如mWorkerName。

2）局部变量采用camalString，如workerName。

3）不要用"_"或"&"作为第一个字母。

4）尽量使用短且有意义的单词。

单字符的变量名一般只用于生命期非常短暂的变量。例如，i，j，k，m，n一般用于integer；c，d，e一般用于characters；s用于string。

5．组件名称缩写列表

缩写的基本原则是取组件类名各单词的第一个字母，如果只有一个单词，则去掉其中的元音，留下辅音。缩写全部为小写。关于组件名称的缩写列表见表2-18。

表2-18　组件名称的缩写

组件类型	缩写	例子
Label	lbl	lblNote
TextBox	txt	txtName
Button	btn	btnOk
ComboBox	cmb	cmbList
DropDownList	ddl	ddlList
CheckBox	cb	cbChoice
CheckBoxList	cbl	cblGroup
RadioButton	rb	rbChoice
RadioButtonList	rbl	rblGroup
TreeView	tv	tvUnit
Image	img	imgBeauty
ImageButton	ib	ibOk
MyImageButton	mib	mibOK
ImageDateTimeInput	dti	dtiStart
LinkButton	lb	lbJump
HyperLink	hl	hlJump
Panel	pnl	pnlTree
PageBar	pb	pbMaster
WebComTable	wct	wctBasic
WebComm.TreeView	tv	tvUnit

案例实现　　环境参数采集——数据表达式的使用

界面布局文件

学习完本章的知识后，读者就可以完整地实现2.1节给出的案例功能了。在【例2.5】完成之后，"Csharp_2" WPF项目已开发大部分了，下面就来完善其界面布局文件。

基于【例2.5】中完成的"Csharp_2"的基础上，参照图2-1设计好界面布局文件

MainWindow.xaml。设计好的界面布局文件完整代码如下：

```xml
<Window x:Class="Csharp_2.MainWindow"
xmlns="http://schemas.microsoft.com/winfx/2006/xaml/presentation"
        xmlns:x="http://schemas.microsoft.com/winfx/2006/xaml"
        Title="实验室环境参数监测" Height="270" Width="473" Loaded="Window_Loaded"
Closing="Window_Closing">
        <Grid>
            <GroupBox Header="环境参数" Height="172" Margin="202,10,9,0" VerticalAlignment="Top"
Width="254">
                <Grid >
                    <Label  Content="温度电流值（mA）: " HorizontalAlignment="Left" Height="30"
                        Margin="20,16,0,0" VerticalAlignment="Top" Width="126"/>
                    <TextBox x:Name="txtCurrent" Text="12.00" HorizontalAlignment="Left" Height="30"
                        Margin="143,16,0,0" VerticalAlignment="Top" Width="64"/>
                    <Label  Content="温度: " HorizontalAlignment="Left" Height="23"
                        Margin="100,51,0,0" VerticalAlignment="Top" Width="46" />
                    <TextBox x:Name="txtTemp" HorizontalAlignment="Left" Height="23"
                        Margin="143,54,0,0"  VerticalAlignment="Top" Width="64" />
                    <Label  Content="湿度: " HorizontalAlignment="Left" Margin="98,84,0,0"
                        VerticalAlignment="Top"/>
                    <TextBox x:Name="txtHumity" Text="50%" HorizontalAlignment="Left" Height="23"
                        Margin="143,85,0,0" TextWrapping="Wrap" VerticalAlignment="Top" Width="64"/>
                    <Label  Content="光照: " HorizontalAlignment="Left" Margin="98,117,0,0"
VerticalAlignment="Top"/>
                        <TextBox x:Name="txtIllumination" Text="200lx" HorizontalAlignment="Left"
Height="23"
                            Margin="143,119,0,0" TextWrapping="Wrap" VerticalAlignment="Top" Width="64"/>
                </Grid>
            </GroupBox>
            <Button x:Name="btnRun" Content="采集" Click="btnRun_Click" HorizontalAlignment="Left"
                    Height="33" Margin="31,36,0,0" VerticalAlignment="Top" Width="59"  />
            <Label x:Name="lblCount" Content="你是第几次单击了【采集】按钮" Margin="202,200,5,10"
FontSize="16"/>
            <Label Content="请输入温度界限值（℃）" HorizontalAlignment="Left" Height="25"
                    Margin="31,93,0,0" VerticalAlignment="Top" Width="143"/>
            <TextBox x:Name="txtTempLimit" Text="23" HorizontalAlignment="Left" Height="27"
                    Margin="31,118,0,0" TextWrapping="Wrap"  VerticalAlignment="Top" Width="130"/>
            <Label x:Name="lblTempMsg" Content="温度提示: " FontSize="16" HorizontalAlignment="Left"
Height="31"
                    Margin="28,164,0,0" VerticalAlignment="Top" Width="169" Foreground="Red"/>
        </Grid>
</Window>
```

▶ 代码开发实现 ◀

在这个综合案例中，要对【例2.5】的程序代码做较多修改。例如，四输入设备对象将声明为全局的对象；设备的打开放置在窗体运行加载时自动连接，在窗体关闭时，能自动关闭设备连接，并释放设备对象的资源。下面就一起进入程序代码的编写。

首先在MainWindow窗体中添加Loaded、Closing事件；然后切换到代码编辑窗口，补充、修改、完善后的完整代码如下：

```csharp
using NewlandLibraryHelper; //引用设备类的命名空间，无设备时可省略该语句
namespace Csharp2_3_自增自减运算符
{   // <summary>
    // MainWindow.xaml 的交互逻辑
    // </summary>
    public partial class MainWindow : Window
    {       static int intTotalCount = 0; //申明一个全局的变量，统计单击次数
        inPut_4 input4 = new inPut_4(); //构建四输入设备全局对象
        public MainWindow()
        {
            InitializeComponent();
        }
        private void Window_Loaded(object sender, RoutedEventArgs e)
        {   //***********若没有设备，请注释掉如下语句*****/
            input4.Open("COM4");     //打开设备串口
        }
        private void Window_Closing(object sender, System.ComponentModel.CancelEventArgs e)
        {   input4.Close(); //关闭设备对象
            input4 = null; //释放设备占用内存
        }
        private void btnRun_Click(object sender, RoutedEventArgs e)
            double value = 0.0;  //初始电流为0
            double dIllumination = 0; //用于存储光照的值
            double dHumity = 0; //用于存储湿度的值
            /***********若没有设备，请注释掉如下4条语句，在电流文本框里输入值以替代******
                value = (double)input4.getInPut4_Temp_Current(); //采集电流值
                txtCurrent.Text = value.ToString("f"); //在文本框中显示电流值，小数位保留两位
                dIllumination = (double)input4.getInPut4_Illumination(); //获取光照度
                dHumity = (double)input4.getInPut4_Humidity(); //获取湿度
            //***********设备操作语句结束*****************************/
            value = double.Parse(txtCurrent.Text);    //电流文本值转换为实数
            //模拟量值=（（电流-4）/16×总量程）+下限,温度总量程=70, 下限=-10
```

```
double temp = (value – 4) / 16 * 70 – 10;   //计算温度
txtTemp.Text = temp.ToString("f1") + " ℃";     //小数位保留1位
txtIllumination.Text = dIllumination.ToString("0.00")+" lx";//显示光照
txtHumity.Text = dHumity.ToString("0.00") + " %";         //显示湿度
//统计单击次数
intTotalCount = intTotalCount + 1;
lblCount.Content = "你是第" + intTotalCount.ToString() + "次单击了【采集】按钮";
double tempLimt = double.Parse(txtTempLimit.Text); //温度界限值
// 判断温度高低，并给出提示信息
lblTempMsg.Content = temp > tempLimt ? "温度>界限值，高！" : "温度<=界限值，低！";
        }
    }
```

请注意本段代码中加灰色底纹部分的代码，就是不同于【例2.5】中的代码。

 案例演示 ◀

本案例的实现要基于实训平台，所以在测试之前，请读者务必仔细阅读实训设备配套的用户使用手册。

操作步骤 ◀

1）参照实训平台使用手册，连接好模拟量四输入模块的线路，并正确供电。

2）运行该程序，单击"采集"按钮，仔细观察界面中的当前值。

3）用手握住温度传感器，再次单击"采集"按钮，仔细观察界面中的温度值是否发生了变化。

4）在温度界限值文本框中，输入不同的数据，查看温度的提示信息。

5）在温度界限值文本框中输入一个非数值型数据，查看程序运行是否出错。若出错，请读者思考是什么原因造成的？

本章小结

本章先从一个实验室环境参数监测案例入手，创建了"Csharp_2""Csharp_2_数据类型""Csharp_2_运算符"3个项目。

● "Csharp_2"项目用于实现2.2节针对设备的案例。

- "Csharp_2_数据类型"项目用来演示验证C#数据类型的知识点，并使用"输出"窗口来显示结果，以便读者能掌握更多的程序调试方法。
- "Csharp_2_运算符"项目用来演示验证C#运算符和表达式的知识点。

学习本章应把注意力放在C#数据类型和运算符等基础知识的应用理解上，并注意不同调试方法的应用，为后续章节的学习打好基础。

习题

1．理解题

1）网络运营商提供的带宽是以bit/s（比特/秒）为单位的，如1MB带宽是每秒1M比特而不是1M字节。请计算2MB的带宽的实际速度为多少KB/s。

2）大多数硬盘是以1000进制计算的而不是以1024进制计算的，请计算市面上标称80GB的硬盘实际容量为多少GB。

3）请在下面的表格中填写上对应的进制数据。

十进制	0	1	2	3	4	5	6	7	8	9	10	11	12	13	14	15
二进制																
八进制																

4）阅读下面的程序，分析每条语句执行后变量a、b的值是如何变化的，并把分析结果填入右侧所示的方框中，然后运行程序，检验结果。

```
int a, b;
a = 6;
b = 3;
a = a + b;
b = a * b;
```

5）判断下列逻辑运算表达式的返回值。

```
int x = 7;
```

表达式1：（x>5）&&（x<10）；

表达式2：（x==1）||（x==3））；

表达式3：b3=!（x % 2==0）；

2．实践操作题

1）已知华氏温度和摄氏温度的转化公式如下：

$$摄氏温度=（华氏温度-32）\times \frac{5}{9}$$

编写一个WPF应用程序，实现输入一个华氏温度，输出相应的摄氏温度。

2）新建一个WPF项目。输入一个圆的半径，求该圆的周长与面积，并输出。要求：

① 用const定义一个常量PI，值为3.14159；

② 在界面中输入圆的半径，赋给一个浮点型变量r；

③ 计算圆的周长l与面积s，并输出周长和面积；

④ 分别输入下面3个半径的值测试程序：3.5，2.3，4。

执行结果如图2-58所示。

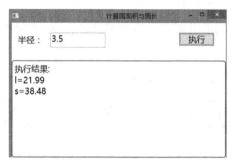

图2-58 计算圆周长与面积

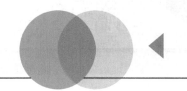

Chapter 3

第③章

流程控制

杨杨：我看了你们所做的实验室环境监测数据采集项目，请问如何让采集到的数据到了一定的值时就做相应的事情（如报警、开风扇等）呢？如何让系统能够重复不断地采集数据呢？

李李：要怎么做呢？

杨杨：这需要用到C#中的条件语句与循环语句，才能完成程序的功能。

李李：很期待。

↳ 本章重点

- 顺序结构语句。

- 选择结构语句。

- 循环结构语句。

- 跳转语句。

- 异常处理。

案例展现 　　智能环境控制——流程控制结构

案例描述 ◀

基于C#开发平台，创建一个WPF项目应用程序，实现实验室环境参数的监测及相应的智能控制，具体功能如下：

1）实现单击界面上的"开始采集"按钮，"开始采集"按钮文本提示变为"停止采集"，界面上分别显示光照、温度、湿度的实际物理量值，并判断温度是否大于文本输入的给定温度值，是则1#风扇开；否则显示1#风扇关。

2）能够根据温度的值范围，给出注意天气舒适度的提示（高于30℃—炎热，22～30℃—稍热，14～22℃—舒适，8～14℃—寒冷，低于8℃—寒冻）。

3）单击"停止采集"按钮，按钮文本重新显示为"开始采集"。界面上的对应参数保持不变。

案例结果 ◀

图3-1所示是本案例的界面及单击"开始采集"按钮后所显示的实时采集数据，且按钮显示为"停止采集"。当温度超过设置的界限值时，风扇自动开启。图3-2所示是单击"停止采集"按钮后的界面。

图3-1　开始采集的运行界面

图3-2　停止采集的运行界面

创建一个名为"Csharp_3"的WPF应用程序项目，用于实现本案例的功能。

操作步骤

1）新建一个名为"Csharp_3"的WPF应用程序项目。

2）为创建后的"Csharp_3"项目添加"dll库"目录下的设备操作类库文件："NewlandLibrary.dll""Comm.Bus.dll""Comm.Sys.dll""Comm.Utils.dll""Newland.DeviceProviderImpl.dll""Newland.DeviceProviderIntf.dll""WinFormControl.dll"。

3）参照实训平台使用手册，连接好模拟量四输入模块及ADAM-4150模块的线路。

注：如果没有物联网实训系统，则可省略步骤3）。在步骤2）中，"WinFormControl.dll"是风扇动画控件的动态库。

在这个综合案例中，会涉及程序条件语句及循环语句的使用等C#语法基础知识。下面先介绍这些知识点，然后再开始本案例的编程实现。

3.1 控制结构

目前，算法所编写的程序都是按顺序逐句执行的，但计算机处理程序常常较为复杂，并非所有程序处理的事情都只按顺序执行，经常会遇到分支选择或反复操作，那么如何用程序实现它们呢？1966年，计算机科学家C.Bohm和GJacopini在数学上证明，只需要3种控制结构就能写出所有程序，它们就是顺序结构、选择结构和循环结构。

1．顺序结构

顺序结构表示程序中的各操作都是按照它们出现的先后顺序执行的，这种结构的特点是：程序从入口点a开始，按顺序执行所有操作，直到出口点b处，所以称为顺序结构。

2．选择结构

选择结构表示程序的处理步骤出现了分支，它需要根据某一特定的条件选择其中的一个分支执行。选择结构有单选择、双选择和多选择3种形式。

3．循环结构

循环结构表示程序反复执行某个或某些操作，直到某条件为假（或为真）时才可终止循环。在循环结构中最主要的是：在什么情况下执行循环？哪些操作需要循环执行？循环结构的基本形式有两种：当型循环和直到型循环，而什么情况下执行循环则要根据条件判断。

C#中提供了以下控制关键字实现程序的流程控制。

● 选择控制：if、else、switch、case。

- 循环控制：while、do、for、foreach。

- 跳转语句：break、continue。

- 异常处理：try、catch、finally。

3.2 顺序结构

前面所学的程序都是按书写顺序逐句执行的，从第一条语句开始，一句一句地执行到最后一句，这种结构的程序称为顺序结构。

为了加深对顺序结构的印象，现在用顺序结构解决一个实际问题。

已知从温度传感器采集的温度数据，经转换后为摄氏温度（℃），其所对应的华氏温度（℉）按如下公式计算而得：

$$℉=℃×1.8+32$$

式中，℃为摄氏温度；℉为华氏温度。

利用计算机设计一个算法，输入摄氏温度℃，计算其所对应的华氏温度℉。该程序的算法可以描述如下。

Step1：输入℃的值。

Step2：计算℉=℃×1.8+32。

Step3：输出结果℉。

计算机程序算法不仅可以用自然语言描述，还可以用图3-3所示的程序框图来表示。

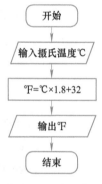

图3-3　程序框图

程序框图也叫作流程图，它直观形象，是描述计算机程序算法的常用方式，且易于理解。美国国家标准化协会（ANSI）规定了一些常用的程序框图符号，具体见表3-1，已经成为世界各国程序工作者普遍采用的标准。

表3-1　常用的程序框图符号

图 形 符 号	名 称	功 能
⬭	起止框（终端框）	表示一个算法的起始和结束
▱	输入/输出框	表示一个算法输入和输出的信息
▭	处理框（执行框）	赋值、计算等
◇	判断框	判断某一条件是否成立，它有两个出口，当条件成立时，程序沿着"是"分支进行；当条件不成立时，程序沿着"否"分支进行
↓ ⌐	流程线	连接程序框
①	连接点	一个程序框图很大，当一页纸画不完时，在前一页框图的末端标上连接点符号，在下一页框图的起点标上相同序号的连接点符号，从而把两部分框图连接在一起

程序框图是算法的体现，设计好程序框图后，只需将框图翻译成对应的语句即形成可执行的程序。

【例3.1】在本章"Csharp_3"解决方案中，添加一个"Csharp_3_顺序结构"WPF应用程序项目，实现华氏温度与摄氏温度的转换计算。

1）在本章的"Csharp_3"解决方案中，添加一个"Csharp_3_顺序结构"WPF应用程序项目。

2）参照图3-4所示设计好界面布局文件"MainWindow.xaml"。

图3-4　界面布局效果

设计好的界面布局文件代码清单如下：

```
<Window x:Class="Csharp_3_顺序结构.MainWindow"
        xmlns="http://schemas.microsoft.com/winfx/2006/xaml/presentation"
        xmlns:x="http://schemas.microsoft.com/winfx/2006/xaml"
        Title="C#顺序结构案例" Height="200.955" Width="257.254" >
    <Grid>
        <Button x:Name="btnRun" Content="换算"  Click="btnRun_Click" HorizontalAlignment="Left"
                Height="32" Margin="60,117,0,0" VerticalAlignment="Top" Width="124"/>
        <Label Content="请输入摄氏温度（℃）：" HorizontalAlignment="Left" Height="28"
                Margin="22,23,0,0" VerticalAlignment="Top" Width="147"/>
        <TextBox x:Name="txtC" HorizontalAlignment="Left" Height="24" Margin="169,27,0,0"
                TextWrapping="Wrap" Text="30" VerticalAlignment="Top" Width="50"/>
        <Label Content="换算后华氏温度（℉）：" HorizontalAlignment="Left" Height="28"
            Margin="22,68,0,0" VerticalAlignment="Top" Width="147" RenderTransformOrigin="0.517,2.321"/>
        <TextBox x:Name="txtF" HorizontalAlignment="Left" Height="24" Margin="169,72,0,0"
                TextWrapping="Wrap" VerticalAlignment="Top" Width="50"/>
    </Grid>
```

3）为"换算"按钮添加单击事件，代码如下：

```
private void btnRun_Click(object sender, RoutedEventArgs e)
```

```
    {
[1]     double tempC = Convert.ToDouble(txtC.Text); //取得摄氏温度
[2]     double tempf = tempC * 1.8 + 32; //换算
[3]     txtF.Text = tempf.ToString("f2"); //在华氏温度框中显示
    }
```

4）在代码[1]处的左侧，单击鼠标设置断点（单击后该断点处出现红色圆点），如图3-5所示，以便观察程序的顺序执行。

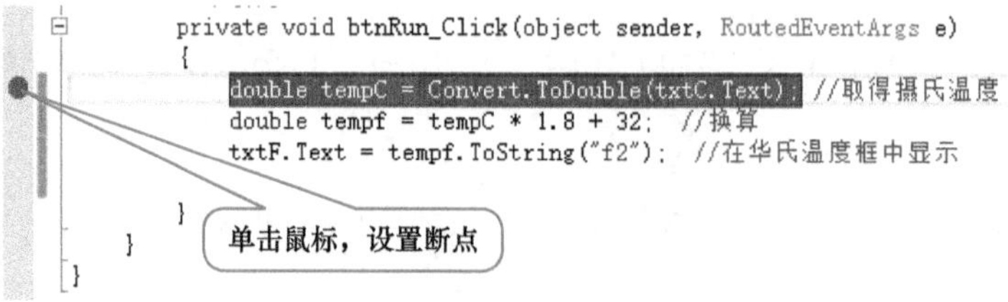

```
private void btnRun_Click(object sender, RoutedEventArgs e)
{
    double tempC = Convert.ToDouble(txtC.Text); //取得摄氏温度
    double tempf = tempC * 1.8 + 32;  //换算
    txtF.Text = tempf.ToString("f2");  //在华氏温度框中显示

    单击鼠标，设置断点
}
}
```

图3-5 设置断点

5）按<F5>键运行该项目，在运行界面中，单击"换算"按钮，程序停留在断点处（背景为黄色，通常用于调试程序使用），如图3-6所示。

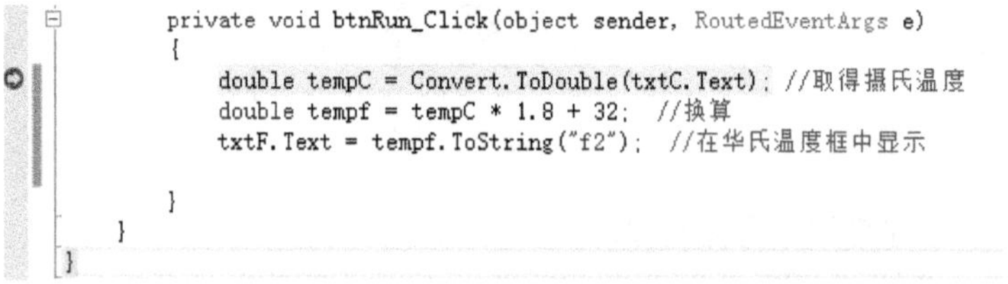

```
private void btnRun_Click(object sender, RoutedEventArgs e)
{
    double tempC = Convert.ToDouble(txtC.Text); //取得摄氏温度
    double tempf = tempC * 1.8 + 32;  //换算
    txtF.Text = tempf.ToString("f2");  //在华氏温度框中显示

    }
}
```

图3-6 程序运行到断点处

6）按<F11>键，仔细观察程序的执行顺序，可以看到程序是逐条语句顺序执行的。

3.3 选择结构

生活中经常面临选择，如根据气温选择穿什么衣服，根据自己的高考成绩选择相应的大学等。这种根据条件进行抉择的逻辑结构叫作选择结构。它就像一个分叉路口，根据条件选择走哪条路。当程序中需要进行两个或两个以上的选择时，可以根据条件判断来选择将要执行的一组语句。C#中提供的选择语句有if语句和switch语句。

C#中是如何实现条件结构的呢？下面以【例3.2】为例具体讲解if语句的使用。

【例3.2】在本章"Csharp_3"解决方案中，添加一个"Csharp_3_选择结构"WPF应用程序项目，实现根据温度的高低来开关风扇，并判断天气舒适度情况。

1）在本章的"Csharp_3"解决方案中，添加一个"Csharp_3_选择结构"WPF应用程序项目。

2）为创建后的"Csharp_3_选择结构"项目，添加"dll库"目录下的"WinFormControl.dll"风扇动态库操作文件。

3）参照图3-7所示设计好界面布局文件"MainWindow.xaml"。

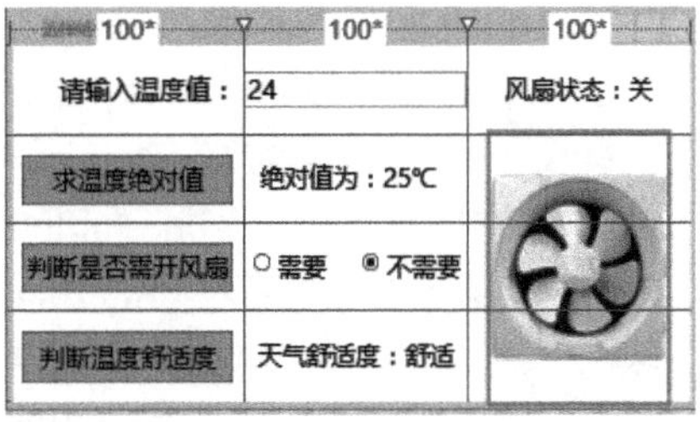

图3-7　界面布局效果

设计好的界面布局文件代码清单如下：

```
<Window x:Class="Csharp_3_选择结构.MainWindow"
        xmlns="http://schemas.microsoft.com/winfx/2006/xaml/presentation"
        xmlns:x="http://schemas.microsoft.com/winfx/2006/xaml"
[4]     xmlns:wfc="clr-namespace:WinFormControl;assembly=WinFormControl"
        Title="选择结构" Height="280" Width="500">
    <Grid >
        <Grid.ColumnDefinitions>
            <ColumnDefinition Width="100*"/>
            <ColumnDefinition Width="100*"/>
            <ColumnDefinition Width="100*"/>
        </Grid.ColumnDefinitions>
        <Grid.RowDefinitions>
            <RowDefinition Height="40*"/>
            <RowDefinition Height="40*"/>
            <RowDefinition Height="40*"/>
            <RowDefinition Height="40*"/>
        </Grid.RowDefinitions>
        <Label Content="请输入温度值：" FontSize="18" HorizontalAlignment="Right"
VerticalAlignment="Center"/>
        <TextBox x:Name="txtTempValue" Text="24" FontSize="18" Grid.Column="1"
            HorizontalAlignment="Stretch"  VerticalAlignment="Center" />
        <Button x:Name="btnAbs" Content="求温度绝对值" HorizontalAlignment="Center"
            Height="35"  Width="150" FontSize="18"   Grid.Row="1" />
        <Label x:Name="lblAbs" Content="绝对值为：25℃" HorizontalAlignment="Center"
            Height="35"  Width="150" FontSize="18" Grid.Row="1" Grid.Column="1"/>
        <Button x:Name="btnFanOpenOrCLose" Content="判断是否需开风扇" HorizontalAlignment="Center"
            Height="35"  Width="150" FontSize="18" Grid.Row="2" />
        <StackPanel Orientation="Horizontal" HorizontalAlignment="Center"  VerticalAlignment="Center"
            Grid.Column="1" Grid.Row="2">
            <RadioButton x:Name="rbNeed" Content="需要" Height="21" Width="80" FontSize="18" />
            <RadioButton x:Name="rbNoNeed" Content="不需要" Height="21" IsChecked="True" FontSize="18"/>
        </StackPanel>
        <Button x:Name="btnWeatherComfort" Content="判断温度舒适度" HorizontalAlignment="Center"
```

```
            Width="150" Height="35" FontSize="18" Grid.Row="3"/>
         <Label x:Name="lblWeatherComfort" Content="天气舒适度：舒适" HorizontalAlignment="Center"
            Height="35" FontSize="18" Grid.Row="3" Grid.Column="1"/>
         <Label x:Name="lblFanStatus" Content="风扇状态：关" HorizontalAlignment="Center"
            Height="35" FontSize="18" Grid.Column="2"/>
[30]     <wfc:Fan x:Name="Fan1" HorizontalAlignment="Center" FontSize="18"
            Width="130" Grid.Row="1" Grid.Column="2" Grid.RowSpan="3" />
      </Grid>
   </Window>
```

说明：该布局文件较之前的示例不同，使用了网格行列来进行布局，本例中设置4行3列的网格（行列序号从0开始）。若某个控件需布局在某行某列，则需设定"Grid.Row与Grid.Column"属性，如"Grid.Row="1" Grid.Column="1""，表示该控件布局在第1行第1列，如果不指定，则布局在第0行或第0列，如仅制订"Grid.Row="1""，则表示该控件布局在第1行第0列。

此外，布局文件中的风扇控件<wfc:Fan x:Name="Fan1".../>是设备供应商提供的一个自定义动画控件。下面来看一下如何使用用户组件。

① 首先保证WinFormControl.dll已经引用到本项目中。

② 在MainWindow.xaml中第[4]行代码处添加"xmlns：wfc"，然后输入等号，就会出现如下选择：

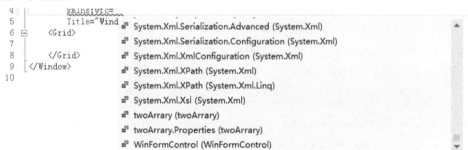

选择"WinFormControl"即可，第[4]行代码即变成：

xmlns:wfc="clr-namespace:WinFormControl;assembly=WinFormControl"

- xmlns是XML Namespaces的缩写，中文名称是XML（标准通用标记语言的子集）命名空间。

- wfc是命名空间前缀，当命名空间被定义在元素的开始标签中时，所有带有相同前缀的子元素都会与同一个命名空间相关联。

- clr-namespace：WinFormControl；assembly=WinFormControl的作用是赋予命名空间一个唯一的名称。

③ 实现第[30]行代码处风扇的添加，输入<wfc:Fan x:Name="Fan1".../>后，界面上

就会出现风扇，然后就和其他组件一样进行位置的调整以及其他属性设置。

4）为各个按钮添加代码功能，实现其对应功能。

那么如何使用C#中的选择条件语句来实现本案例中各按钮的功能呢？现在就来学习吧！

3.3.1 if语句

if语句是最常用的选择语句，它根据布尔表达式的值来判断是否执行后面的内嵌语句。if语句分为"单分支""双分支""嵌套""多分支"4种选择结构。

1．单分支选择结构

if语句只有一个分支，其格式为：

```
if(条件表达式)
内嵌语句
```

当条件表达式的逻辑值为真时，执行内嵌语句；否则不执行其内嵌语句，直接执行其后面的语句。在【例3.2】中，求温度的绝对值代码如下：

```
private void btnAbs_Click(object sender, RoutedEventArgs e)
    {
        double dblTemp = Convert.ToDouble(txtTempValue.Text); //取得摄氏温度
        if (dblTemp < 0)  //判断温度值是否小于0
          { dblTemp = –dblTemp;  //是，则取反
          }
        lblAbs.Content= dblTemp.ToString(); //显示温度绝对值
    }
```

如果输入的dblTemp是负数，则执行if语句的内嵌代码，dblTemp的值变成它的相反数；如果输入的值大于或等于0，则不执行if语句的内嵌代码，直接跳到if语句的后面。

如果分支中只有一条语句，则花括号可以省略。

```
if (dblTemp < 0)  //判断温度值是否小于0
    dblTemp = –dblTemp;  //是，则取反
```

这样写有一个缺点，如果今后在分支中添加更多的语句而忘记添加花括号，则会产生逻辑错误。因此，建议初学者不管什么时候都添加花括号。但如果包含了两条以上的执行语句，则对嵌套部分一定要加上大括号，否则语句只判断是否执行第一条语句，后面的语句则全部执行。例如：

```
[1]   if (dblTemp < 0)  //判断温度值是否小于0
[2]       dblTemp = –dblTemp;  //是，则取反
[3]       string msg = "温度为负数！";
[4]   lblAbs.Content= dblTemp.ToString(); //显示温度绝对值
```

在该程序段中，本意上是想当dblTemp≥0时，仅执行语句[4]，当因为程序中缺少了

语句 [2] 与语句 [3] 之间的大括号，所以尽管从书写上看，语句 [3] 与语句 [2] 对齐，但无论 dblTemp是否小于0，都会执行到语句 [3] ，因此程序不准确，正确写法如下：

```
[1]   if (dblTemp < 0) //判断温度值是否小于0
[2]   { dblTemp = -dblTemp; //是，则取反
[3]      string msg = "温度为负数！";
      }
[4]   lblAbs.Content= dblTemp.ToString(); //显示温度绝对值
```

这样，只有dblTemp小于0，语句 [3] 才会执行到。

2．双分支选择结构

C#中，对一个表达式进行计算，if语句根据计算结果进行判断（真或假），然后二选一执行，格式为：

```
if (条件表达式)
    内嵌语句1
else
    内嵌语句2
```

当布尔表达式值为真时，执行if后面的内嵌语句1，为假则执行else后面的内嵌语句2。在【例3.2】中，当输入温度大于等于28℃时，需开启风扇；当温度低于28℃时，不需要开启风扇，其判断风扇是否需开启的代码如下：

```
private void btnFanOpenOrCLose_Click(object sender, RoutedEventArgs e)
    {
        double dblTemp = Convert.ToDouble(txtTempValue.Text); //取得摄氏温度
        if (dblTemp >= 28) //判断温度值是否大于等于28℃
          { rbNeed.IsChecked = true; } //"需要"单选按钮被选中
        else //否则，及温度值小于28℃
          { rbNoNeed.IsChecked = true; }//"不需要"单选按钮被选中
    }
```

该双分支选择结构的程序框图如图3-8所示。

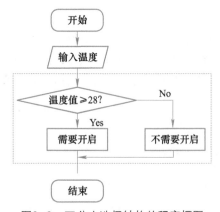

图3-8　双分支选择结构的程序框图

图3-8中，被虚线框起来的部分是选择结构，由一个判断框和两个分支组成。当判断框内的条件成立时，程序沿着"Yes"分支进行；否则程序沿"No"分支进行。

3．嵌套if语句

如果程序的逻辑判断关系比较复杂，则通常会采用嵌套if语句，即在判断之中又有判断。例如，在【例3.2】中，当判断温度≥28℃时，需要开启风扇，但此时如果风扇已开启，则不要重复执行风扇开启动作；同样，当温度<28℃时，需关闭风扇，但此时如果风扇已关闭，则不要重复执行风扇关闭动作。在"判断是否需开启风扇"按钮的Click事件中添加如下代码，实现该功能。

```
//嵌套if语句，执行开关风扇动作,修改代码如下
        if (dblTemp >= 28) //判断温度值是否大于等于28℃
        {
          if (!Fan1State) //风扇原先为关，则开启风扇
          {
            Fan1State = true;  //风扇状态为开
            Fan1.Control(true); //界面上的风扇动画开
            lblFanStatus.Content = "风扇状态：开";
          }
        }
        else  //否则，即温度值小于28℃
        {
          if (Fan1State) //风扇原先为开，则需关闭风扇
          {
            Fan1State = false; //风扇状态为关闭
            Fan1.Control(false); //界面上的风扇动画关闭
            lblFanStatus.Content = "风扇状态：关";
          }
        }
```

注意，在嵌套if语句中，每一条else与离它最近且没有其他else与之对应的if相配对，如有下面的3个语句组：

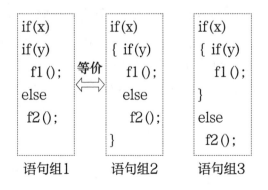

语句组1　　语句组2　　语句组3

语句组1中的else是与if(y)配对的，它与语句组2是等价的，如果要让else与if(x)配对，则需改写成语句组3的格式。

4．多分支选择结构

采用嵌套的if语句是为了实现多分支选择，但程序结构不够清晰，所以一般情况下较少使用if语句的嵌套结构，而使用if-else-if语句来实现多分支选择。

例如，在【例3.2】中，当根据温度判断天气舒适度时，其代码如下：

```
private void btnWeatherComfort_Click(object sender, RoutedEventArgs e)
    {
        string WeatherComfort = "天气舒适度：";
        double dblTemp = Convert.ToDouble(txtTempValue.Text); //取得摄氏温度
        if (dblTemp >= 30)  //大于等于30℃——炎热
        {
            WeatherComfort += "炎热";
        }
        else if (dblTemp >=20 ) //20~30℃——稍热
        {
            WeatherComfort += "稍热";
        }
        else if (dblTemp >= 10 )  //10~20℃——舒适
        {
            WeatherComfort += "舒适";
        }
        else //10℃以下——寒冷
        {
            WeatherComfort += "寒冷";
        }
        lblWeatherComfort.Content = WeatherComfort;
    }
```

if-else-if语句依次判断表达式的值，当某个值为真时，则执行其对应的语句，然后跳到整个if语句之外继续执行，如果所有表达式均为假，则执行else后的语句n。

注意，在else if后面的条件其实包含了前面if语句的不成立条件在里面，如else if (dblTemp>=20)，实际上条件应该是：20≤dblTemp<30，而最后的else，不需要加条件表达式，因为上面所有if语句的条件都为假才会执行else语句，所以不需要在else后面加条件表达式dblTemp<10。

3.3.2　switch语句

使用if-else-if语句在分支较多时，程序显得复杂冗长，可读性降低。C#提供了switch

开关语句专门处理多路分支的情形，使程序变得简洁。

例如，在【例3.2】中，当根据温度判断天气舒适度时，其switch语句代码如下：

```
private void btnWeatherComfort_Click(object sender, RoutedEventArgs e)
    {
        string WeatherComfort = "天气舒适度：";
        double dblTemp = Convert.ToDouble(txtTempValue.Text); //取得摄氏温度


        //**********switch语句,假设温度小于50℃*******************
        switch ((int)dblTemp / 10)
        {   case 3:
            case 4:
                WeatherComfort += "炎热";
                break;
            case 2:
                WeatherComfort += "稍热";
                break;
            case 1:
                WeatherComfort += "舒适";
                break;
            default:
                WeatherComfort += "寒冷";
                break;
        }
        //*********switch语句结束*******************/
        lblWeatherComfort.Content = WeatherComfort;
    }
```

上述switch语句的执行过程是：首先计算switch后面的表达式"(int)dblTemp/10"的值，然后与case后的常量比较，若为3或4，则执行该case4后面的语句，WeatherComfort赋值为"炎热"，再执行其后的break语句跳出switch语句，最后执行switch语句后面的语句。如果switch后面的表达式的值与所有的case语句后面的常量都不相等，则执行default后面的语句组，WeatherComfort赋值为"寒冷"。

switch语句的一般形式如下：

```
switch(表达式)
{case 常量表达式1：语句组1；break;
 case 常量表达式2：语句组2；break;
 …
```

```
case 常量表达式n：语句组n；break；
default：语句组n+1：break；
}
```

注意：

1）case后面必须是常量表达式，不能为变量表达式，且常量表达式的值必须为整型、字符型或枚举型。

2）case后面的各个常量值不能重复出现。

3）case后面可以放置多条语句，可以不使用复合语句形式，当执行到break语句时就跳出switch语句（如上例语句中的case3、case4）。

4）每个非空case包括default的最后都要有break语句。当case后面无语句时，可以不要break语句，直到执行到break语句才跳出switch语句。

5）default语句可以省略，如果省略，当switch表达式的值与所有case后面的常量表达式的值都不相等时，则什么都不执行，跳出switch语句。而且case语句与default语句的顺序可以随意变动，不会影响程序的执行。

3.4　循环控制语句

几乎所有实用程序中都包含了循环结构，所谓循环就是重复执行相应语句的工作，而重复工作是计算机很擅长的工作。C#提供了各种不同形式的循环结构，分别由while语句、do…while语句、for语句来实现。

C#中是如何实现条件结构的呢？下面以【例3.3】为例具体讲解while语句的使用。

【例3.3】在本章"Csharp_3"解决方案中，添加一个名为"Csharp_3_循环结构"的WPF应用程序项目，实现1～100的累加验证操作。

操作步骤

1）在本章的"Csharp_3"解决方案中，添加一个名为"Csharp_3_循环结构"的WPF应用程序项目。

2）参照图3-9设计好界面布局文件"MainWindow.xaml"。

设计好的界面布局文件代码清单如下：

图3-9　界面布局效果

```
<Window x:Class="CSharp_3_循环结构.MainWindow"
```

```
            xmlns="http://schemas.microsoft.com/winfx/2006/xaml/presentation"
            xmlns:x="http://schemas.microsoft.com/winfx/2006/xaml"
            xmlns:wfc="clr-namespace:WinFormControl;assembly=WinFormControl"
            Title="循环结构" Height="180" Width="320">
    <Grid  >
        <Button x:Name="btnWhile" Content="while语句" Margin="10,20,221,101" Click="btnWhile_Click"/>
        <Button x:Name="btnDoWhile" Content="do... while语句" Margin="115,20,115,101"
        Click=
        "btnDoWhile_Click"/>
        <Button x:Name="btnFor" Content="for语句" Margin="214,20,22,101" Click="btnFor_Click"/>
        <Button x:Name="btnBreak" Content="break语句" Margin="10,75,221,46" Click="btnBreak_Click"/>
        <Button x:Name="btnContinue" Content="continue语句" Margin="115,75,115,46" Click=
        "btnContinue_Click"/>
        <Button x:Name="btnTryCatch" Content="try... catch语句" Margin="214,75,22,46" Click=
        "btnTryCatch_Click"/>
    </Grid>
</Window>
```

3）为各按钮添加单击事件，切换到代码编辑窗口准备输入代码。

3.4.1　while语句

while语句的一般形式如下：

```
while(表达式)
{
    语句序列;
}
```

while是关键字，表达式为"循环条件"，语句序列为"循环体"。语句序列只有一条语句时，可以不要花括号。while语句可以读作"当循环条件成立时，循环执行循环体"。

执行过程如下：

1）先计算while后面的表达式的值，如果表达式的值为真，则执行循环体。

2）执行一次循环体后，再判断while后面表达式的值，如果为真，则再次执行循环体，如此反复，直到while后面表达式的值为假，则退出while语句，执行while语句后面的语句。

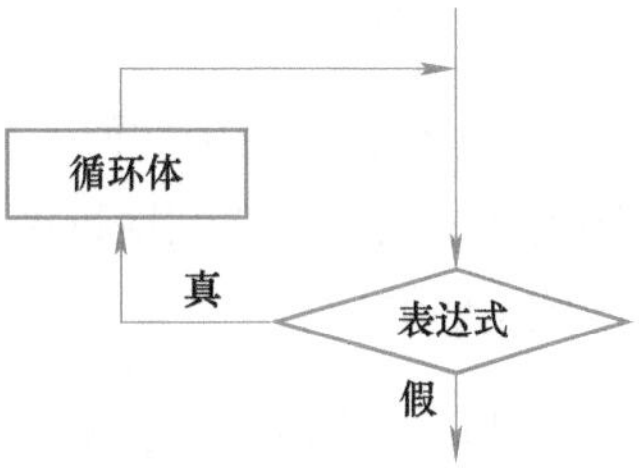

while循环执行的流程图如3-10所示。

图3-10　while语句流程图

while语句实现1+2+3+4+…+100的累加和的算法分析为：重复加法运算100次，每一次都是两个数相加，加数总是上一步加数加1后参与本次加法运算，被加数总是上一步加法运算的和。可以考虑用一个变量i存放加数，一个变量sum存放上一步加法运算的和，每一步都可以写成：sum+i，然后将sum+i的值写入sum。sum既是被加数，又代表和。具体代码如下：

```
private void btnWhile_Click(object sender, RoutedEventArgs e)
    {
        int i = 1, sum = 0;
        while (i <= 100)//循环条件
        {
            sum = sum + i;//累加器sum
            i++;            //改变加数及循环条件
        }
        Console.WriteLine("while运算：sum={0}", sum);
    }
```

程序运行结果如图3-11所示。

图3-11　while语句运算结果

3.4.2　do…while语句

do...while（直到型循环）语句的一般形式为：

```
do
{
    语句序列;
}while(表达式);
```

其中，表达式为"循环条件"，语句序列为"循环体"，可以理解为："执行循环体，当循环条件成立时，继续执行循环体，或直到循环条件不成立时才结束循环"，流程图如图3-12所示。

执行过程如下：

1）执行do后面的循环体。

2）计算while后面的表达式的值，如果其值为真，即循环条件成立，则继续执行循环体，直到表达式的值为假，则退出此循环结构。

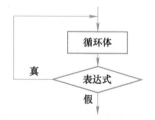

图3-12　do…while语句流程图

do… while语句实现1+2+3+4+…+100累加和的代码如下：

```
private void btnDoWhile_Click(object sender, RoutedEventArgs e)
    {
        int i = 1, sum = 0;
        do
```

```
    {
        sum = sum + i;   //累加器sum
        i++;             //改变加数及循环条件
    } while (i <= 100);  //循环条件
    Console.WriteLine("dowhile运算：sum={0}", sum);
    }
```

注意，do…while和while循环的区别如下：

1）do…while循环总是先执行一次循环体，然后再判断循环条件是否成立，所以，循环体至少执行一次。

2）whlie循环要先判断循环条件成立与否，然后决定是否执行循环体，因此，如果循环条件一开始就不成立，则循环体将一次也不执行。

3）在if语句和while语句中，表达式后都不加分号，而do…while语句的表达式后则必须加分号。

3.4.3 for语句

for语句是实现循环最常用的语句，一般用于循环次数已知的情况。for循环语句的一般形式如下：

```
for(表达式1；表达式2；表达式3)
{
    循环体；
}
```
等价 ⟺
```
表达式1；
while(表达式2)
{
    循环体；
    表达式3；
}
```

上述for语句的表达式同右侧的while语句是等价的，其执行过程如下：

1）先计算表达式1。

2）然后计算表达式2，若其值非0（真），则循环条件成立，转3）；若其值为0（假），则循环条件不成立，则转5）结束循环。

3）执行循环体。

4）计算表达式3的值，然后转2）。

5）结束循环，执行for循环之后的语句。

for语句的流程图如图3-13所示。

注意：

1）for语句的3个表达式是以分号隔开的。

2）for语句的形式很灵活，表达式1可以放到for语句的前面，表达式3可以放到循环体里面，但不管怎样，for语句里的两个分号是必需的。例如，for（；表达式2 ；）。

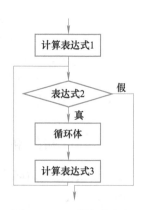

图3-13　for语句流程图

for语句实现1+2+3+4+…+100累加和的代码如下：

```
private void btnFor_Click(object sender, RoutedEventArgs e)
    { int sum = 0;
        for(int i = 1; i<=100;i++)
        {
            sum = sum + i;  //累加器sum
        }
        Console.WriteLine("for运算：sum={0}", sum);
    }
```

3.4.4　嵌套循环

一个循环里面又包含另一个完整的循环，这种形式叫作嵌套循环。按照循环的嵌套次数，分别称为二重循环、三重循环等。for语句、while语句、do…while语句都可以互相嵌套。

例如，打印九九乘法表：

1×1=1　1×2=2　1×3=3　...　1×8=8　1×9=9

2×1=2　2×2=4　2×3=6　...　2×8=16　2×9=18

...

9×1=9　9×2=18　9×3=27　...　9×8=72　9×9=81

算法分析：通过仔细观察乘法表可以看出，第1行为1×i=i；第2行为2×i=2i；……；第9行为9×i=9i。行号从1～9，每行又有9个数。故具体代码如下：

```
private void btnFor_Click(object sender, RoutedEventArgs e)
    {
        //九九乘法表
        int m, n;
        for (m = 1; m <= 9; m++)
        {
            for (n = 1; n <= 9; n++)
                Console.Write("{0}*{1}={2,-4}", m, n, m * n);//结果占4位，-表示左靠齐
```

```
        Console.WriteLine();
      }
   }
```

注意：

1）一个循环体必须完整地嵌套在另一个循环体内，不能有交叉。

2）多层循环执行的顺序是：最内层先执行，由内向外逐层执行。

3）并列循环可以使用相同的循环变量，但嵌套循环不允许。

3.4.5 break语句和continue语句

在循环程序的执行过程中，有时需要终止循环。C#提供了两个循环中断控制语句——break语句和continue语句。

1．break语句

break语句的功能是跳出本层循环，不再执行。其一般形式如下：

```
break;
```

执行过程：跳出switch语句或循环语句，执行其后的语句。

下面程序的功能是寻找10 000以内的35和80的最小公倍数，代码如下：

```
private void btnBreak_Click(object sender, RoutedEventArgs e)
    {
        for (int i = 80; i <= 10000; i++)
        {
           if(i%35==0 && i%80==0)
           {
               Console.Write("最小公倍数={0}",i);
               break;
           }
        }
    }
```

扫描书中二维码观看视频

2．continue语句

continue语句的一般形式如下：

```
continue;
```

continue语句的功能：提前结束此循环体的执行，进行下一次循环条件的判定。对于while和do…while语句，跳出循环体，转向循环条件的判定。对于for语句，跳出循环体后，转向循环变量增量表达式的计算。

例如，输出在自然数1～100之间能够被13整除的数，代码如下：

```
private void btnContinue_Click(object sender, RoutedEventArgs e)
    {
        for (int n = 1; n <= 100; n++)
        {
            if (n % 13 != 0)
                continue;
            Console.WriteLine("{0}", n);
        }
    }
```

3.5 异常处理

在编写程序时，不仅要关心程序的正常操作，还应该考虑程序运行时可能发生的各类不可预期的事件，如用户输入错误、内存不够、磁盘出错、网络资源不可用、数据库无法使用等，所有这些错误被称作异常，不能因为这些异常使程序运行产生问题。各种程序设计语言经常采用异常处理语句来解决这类异常问题。

C#提供了一种处理系统级错误和应用程序级错误的、结构化的、统一的、类型安全的方法。C#异常语句包含try子句、catch子句和finally子句。使用try、catch、finally结构需要注意以下几点：

1）应该将程序中可能出现异常的代码放在try模块中，而将异常处理的代码放在catch模块中。无论产生异常与否都会执行finally模块中的内容。一般在finally模块中关闭或释放资源。

2）catch后面的参数为确定该模块所处理的异常类型，允许catch后面不带参数，表示可以处理所有的异常类型。

3）可以包含多个catch子句，每个catch子句中包含了一个异常类型。catch子句是有顺序要求的。图3-14所示为C#的异常类层次图，catch后面的异常类型在层次图的位置越高，相应的catch语句越要放到后面。例如，catch（IOException e）要放到catch（FileLoadException t）的后面。

4）try、catch、finally结构可以嵌套。

5）finally块是可选的。

6）try、catch、finally结构的每一部分都要用复合语句的形式。

7）可以使用throw关键字显式地引发异常。

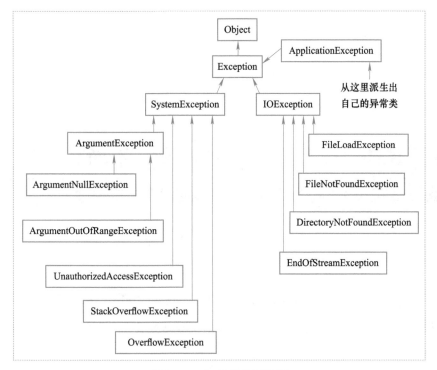

图3-14　C#异常类层次图

例如，对两个数进行除法运算的错误捕获，代码如下：

```
private void btnTryCatch_Click(object sender, RoutedEventArgs e)
    {
        int x, y;
        try
          {
              //无错误时
               x = int.Parse("10");
               y = 10;

              // y = 0;  //除数为0，错误
              // x = int.Parse("a"); //其他错误，如数据转换错误
               Console.WriteLine(x / y);
          }
      catch (DivideByZeroException e1)  //除数为0时，产生错误
        {
            Console.WriteLine("异常！除数为0！");
        }
      catch (Exception e2)  //捕获所有错误，本例中在数据转换错误时产生
        {
            Console.WriteLine(e2.Message);
```

```
        }
    finally    //不管是否有错，都将执行
        {
            Console.WriteLine("谢谢！");
        }
    }
```

案例实现　　智能环境控制——流程控制结构

界面布局文件

学习完本章的知识后，读者就可以对本章案例功能进行完善了，从而实现本章的案例。

参照图3-1设计好界面布局文件"MainWindow.xaml"，设计好的界面布局文件完整代码如下：

```xml
<Window x:Class="Csharp_3.MainWindow"
        xmlns="http://schemas.microsoft.com/winfx/2006/xaml/presentation"
        xmlns:x="http://schemas.microsoft.com/winfx/2006/xaml"
        xmlns:wfc="clr-namespace:WinFormControl;assembly=WinFormControl"
        Title="智能环境控制—— 流程控制结构" Height="350" Width="525" Loaded="Window_
        Loaded_1">
    <Grid>
        <Grid.ColumnDefinitions>
            <ColumnDefinition Width="180*"/>
            <ColumnDefinition Width="279*"/>
            <ColumnDefinition Width="185*"/>
        </Grid.ColumnDefinitions>
        <Grid.RowDefinitions>
            <RowDefinition Height="44*"/>
            <RowDefinition Height="44*"/>
            <RowDefinition Height="44*"/>
            <RowDefinition Height="44*"/>
            <RowDefinition Height="44*"/>
        </Grid.RowDefinitions>
        <Label Content="温度界限值：" FontSize="18" HorizontalAlignment="Right"
        VerticalAlignment="Center"/>
        <TextBox x:Name="txtTempLimitValue" Text="24" Grid.Column="1" FontSize="18"
            HorizontalAlignment="Stretch" VerticalAlignment="Center" />
        <Button x:Name="btnSetTempLimitValue" Click="btnSetTempLimitValue_Click_1" Content="设置"
```

```
                Grid.Column="2" FontSize="18" HorizontalAlignment="Left"
                VerticalAlignment="Center" Width="120" Margin="20,0,0,0"/>
          <Button x:Name="btnReadDataOPenOrClose" Click="btnReadDataOPenOrClose_Click_1"
                Content="开始采集" FontSize="18" HorizontalAlignment="Left"
                VerticalAlignment="Center" Width="120" Margin="20,0,0,0" Grid.Row="1"/>
          <StackPanel Orientation="Horizontal" HorizontalAlignment="Left" VerticalAlignment="Center"
                Grid.Column="1" Grid.Row="1">
            <Label Content="天气舒适度：" FontSize="18" />
              <Label x:Name="lblWeatherComfort" Content="炎热" FontSize="18" />
          </StackPanel>
          <Label Content="光照：" FontSize="18" HorizontalAlignment="Right"
             VerticalAlignment="Center" Grid.Row="2" />
          <Label x:Name="lblIllumination" Content="0.00%" FontSize="18" HorizontalAlignment="Left"
                VerticalAlignment="Center" Grid.Row="2" Grid.Column="1" />
          <Label Content="温度：" FontSize="18" HorizontalAlignment="Right"
                VerticalAlignment="Center" Grid.Row="3" />
          <Label x:Name="lblTemp" Content="0.00℃" FontSize="18" HorizontalAlignment="Left"
                VerticalAlignment="Center" Grid.Row="3" Grid.Column="1" />
          <Label Content="湿度：" FontSize="18" HorizontalAlignment="Right"
                VerticalAlignment="Center" Grid.Row="4" />
          <Label x:Name="lblHumidity" Content="0.00lx" FontSize="18" HorizontalAlignment="Left"
                VerticalAlignment="Center" Grid.Row="5" Grid.Column="1" />
          <wfc:Fan x:Name="Fan1" Grid.Column="2" HorizontalAlignment="Left"
                VerticalAlignment="Top" Grid.Row="1" Grid.RowSpan="4"></wfc:Fan>
       </Grid>
  </Window>
```

注意，在图3-1中，读者会发现有一个风扇，这是自定义的控件，在硬件风扇转的同时，界面上的风扇也转动，硬件风扇停时，界面上的风扇也停止转动。自定义风扇控件的引用请参照【例3.2】。

代码开发实现

下面是本案例的实现代码：

```
using NewlandLibraryHelper;//引用设备框架库命名空间
namespace Csharp_3
{
    // <summary> MainWindow.xaml 的交互逻辑 // </summary>
    public partial class MainWindow : Window
    {
```

```csharp
public MainWindow()
{    InitializeComponent();
}
```

/***********若没有设备，请跳过此段阅读***************************

*本例用到的设备：串口服务器、四输入模拟量、光照传感器、温湿度传感器、ADAM-4150
数字采集器、风扇

*请将光照接入四输入In1、温度接入四输入In2、湿度接入四输入In3

*   风扇的继电器信号线接入Do0

*   四输入模拟量接入串口服务器COM4口,波特率为38400

*   ADAM-4150数字采集器接入串口服务器COM2口,波特率为9600

***/

```csharp
Adam4150  adam4150 = new Adam4150(); //实例化adam4150对象,对象名为adam4150
inPut_4 input4= new inPut_4(); //实例化四输入模块对象,对象名为input4
double dblTempLimitValue = 0.0; //温度界限值
bool isCollecting = false; //是否正在采集数据，当单击"开始采集"按钮时，该值为true
```

```csharp
// <summary> 窗体加载事件 </summary>
// <param name="sender"></param>
// <param name="e"></param>
private void Window_Loaded_1(object sender, RoutedEventArgs e)
{
    double result = 0.0;  //转换完温度界限值
    //将用户输入的温度界限值尝试进行转换
    if (double.TryParse(txtTempLimitValue.Text, out result))
    {
        dblTempLimitValue = result;  //温度控制界限值
    }

    /***********若没有设备，请注释掉如下两条设备打开操作语句******/
    //实参说明：COM2——ADAM-4150设备连接的端口，0x01——ADAM-4150设备地
        址，false——ADAM设备不进行DO口初始化
    adam4150.Open("COM2", 0x01, false);
    input4.Open("COM4"); //打开四输入设备，四输入连接COM4
    //***********设备打开操作语句结束*********************************/
}
```

```csharp
// <summary>循环采集温度、光照、湿度数据 // </summary>
// <param>无</param>
// <returns>无</returns>
void collect_data()
{
    bool Fan1State = false; //风扇开关状态，true开，false关
```

```
double dblHumidity, dblTemp, dblIllumination; //分别定义湿度、温度、光照 3个变量
int count = 0; //循环计数，用于没有设备时模拟数据变化
//循环获取数据并且处理，isCollecting为true表示不断循环采集数据
while (isCollecting)
{
    //**********若没有设备，请注释掉如下4条操作语句******
    string[] Input4AllValue = input4.getAllValue(); //申明一个数组存放，获取四输入模拟量值
    dblHumidity = Convert.ToDouble(Input4AllValue[input4.ZigbeeInput4_HumidityID]);//
    湿度值
    dblTemp = Convert.ToDouble(Input4AllValue[input4.ZigbeeInput4_TempID]);//温度值
    dblIllumination = Convert.ToDouble(Input4AllValue[input4.ZigbeeInput4_IlluminationID]);//
    光照值
    //**********获取四输入模拟量值语句结束******************************/

    //**********若没有设备，请使用如下5条操作语句模拟数据变化******
    count++; //count值变化，模拟数据变化
    if (count > 60) count = 0;
    dblHumidity = count + count;//湿度值
    dblTemp = 20 + count * 0.3;//温度值
    dblIllumination = 200 + count;//光照值
    //**********获取四输入模拟量值语句结束******************************/

    string WeatherComfort = ""; //温度舒适度提示字符串
    //根据温度的值范围，给出注意天气舒适度的提示
    if (dblTemp > 30)  //大于30℃——炎热
    { WeatherComfort = "炎热";
    }
    else if (dblTemp > 22 && dblTemp <= 30) //22~30℃——稍热
    {     WeatherComfort = "稍热";
    }
    else if (dblTemp > 14 && dblTemp <= 22)  //14~22℃——舒适
    { WeatherComfort = "舒适";
    }
    else if (dblTemp >= 8 && dblTemp <= 14)  //8~14℃——寒冷
    { WeatherComfort = "寒冷";
    }
    else if (dblTemp < 8)  //<8℃——寒冻
    { WeatherComfort = "寒冻";
    }

    lblTemp.Content = dblTemp.ToString("0.00") + "℃";
    lblHumidity.Content = dblHumidity.ToString("0.00") + "%";
```

```
                lblIllumination.Content = dblIllumination.ToString("0.00") + "%";
                lblWeatherComfort.Content = WeatherComfort;  //显示温度舒适度

                //判断温度是否大于文本输入的给定温度界限值，是则1#风扇开；否则显示1#风扇关
                if (dblTempLimitValue < dblTemp)  //温度界限值小于实际温度，即实际温度太高
                { if ( !Fan1State ) //风扇原先为关，则开启风扇
                    {
                      //**********若没有设备，请注释掉如下语句******
                        adam4150.setAdam4150_Fan1(true);
                      //**********开启设备风扇语句结束*******************************/
                        Fan1State = true;  //风扇状态为开
                        Fan1.Control(true); //界面上的风扇动画开
                    }
                }
                else  //即实际温度较低，不会高于设定值
                { if (Fan1State) //风扇原先为开，则需关闭风扇
                    {
                      //**********若没有设备，请注释掉如下语句******
                        adam4150.setAdam4150_Fan1(false);
                      //**********关闭设备风扇语句结束*******************************/
                        Fan1State = false;  //风扇状态为关
                        Fan1.Control(false); //界面上的风扇动画关
                    }
                }

                //处理当前在消息队列中的所有Windows消息，如单击了界面上的按钮，即在该
                线程休眠时，可响应其他消息
                System.Windows.Forms.Application.DoEvents();
                //线程休眠500ms，即间隔0.5s采集一次数据
                System.Threading.Thread.Sleep(500);
            }
        }

        // <summary>
        // 窗体关闭事件
        // </summary>
        // <param name="sender"></param>
        // <param name="e"></param>
        private void Window_Closing_1(object sender, System.ComponentModel.CancelEventArgs e)
        {
            isCollecting = false; //停止采集
            adam4150.Close(); //断开与ADAM-4150的连接
            input4.Close();//断开与四输入的连接
```

```
        }

        // <summary> 界面上的 "开始采集/停止采集" 按钮操作事件</summary>
        // <param name="sender"></param>
        // <param name="e"></param>
        private void btnReadDataOPenOrClose_Click_1(object sender, RoutedEventArgs e)
        {
            //实现单击界面上的 "开始采集" 按钮，"开始采集" 按钮文本提示变为 "停止采集"
            if (btnReadDataOPenOrClose.Content.ToString() == "开始采集")
            {
                isCollecting = true; //开始采集
                btnReadDataOPenOrClose.Content = "停止采集";
                collect_data();  //调用循环采集数据的函数
            }

            //单击该 "停止采集" 按钮，按钮文本重新显示为 "开始采集"，界面上的对应参数保
持不变
            else
            {
                isCollecting = false; //停止采集
                btnReadDataOPenOrClose.Content = "开始采集";
                Fan1.Control(false);  //界面上的风扇动画关
            }
        }

        // <summary>界面上温度界限值按钮设置事件</summary>
        // <param name="sender"></param>
        // <param name="e"></param>
        private void btnSetTempLimitValue_Click_1(object sender, RoutedEventArgs e)
        {
            double result = 0.0;  //转换完界限值
            //将用户输入的温度界限值尝试进行转换
            if (double.TryParse(txtTempLimitValue.Text, out result))
            {
                dblTempLimitValue = result;  //温度控制界限值
            }
            else
            {
                MessageBox.Show("设置失败！", "提示", MessageBoxButton.OK, MessageBoxImage.Error);
            }
        }
    }
}
```

当单击了"开始采集"按钮后，程序进入循环直至isCollecting全局变量为false，采集数据需要让主线程休眠0.5s，以实现每0.5s采集一次数据，此时程序界面无法响应其他事件（如响应用户的按钮单击事件），因此必须在循环体内加入本程序段中加灰色底纹部分的两行代码：

[1] System.Windows.Forms.Application.DoEvents();

[2] System.Threading.Thread.Sleep(500);

语句[1]用于处理当前在消息队列中所有的Windows消息，即在该线程休眠时，可响应其他消息。语句[2]是线程让休眠500ms，即间隔0.5s采集一次数据。

语句[1]的使用需在程序中添加对该"System. Windows. Forms"程序集的引用，添加步骤如下：

1）右键单击"CSharp_3"项目的引用，在弹出的快捷菜单中选择"添加引用"命令，如图3-15所示。

图3-15　添加引用

2）执行命令后，进入如图3-16所示的"引用管理器"对话框，在左侧选择框架，然后选中"System. Windows. Forms"程序集。

图3-16　添加"System.Windows.Forms"程序集

3）单击"确定"按钮后，才可实现语句[1]的编写，否则语句[1]会报错。

案例演示 ◀

本案例的实现要基于实训平台，所以在测试之前，请读者务必仔细阅读实训设备配套的用户使用手册。

操作步骤 ◀

1）参照实训平台使用手册，连接好模拟量四输入模块和ADAM-4150数字量采集模块、模拟量四输入模块的线路，并正确供电。

2）运行该程序，单击"开始采集"按钮，仔细观察界面中的当前值。此时按钮显示为"停止采集"，表示正在循环采集数据中。

3）在温度界限值输入框中，输入不同的数据，查看风扇的自动启停。

4）单击"停止采集"按钮，仔细观察界面中的温度及风扇状态的改变。

本章小结

本章先从一个环境参数自动监测案例入手，创建了"Csharp_3""Csharp_3_顺序结构""Csharp_3_选择结构""Csharp_3_循环结构"4个项目。

● "Csharp_3"项目用于实现本章的综合案例。

● "Csharp_3_顺序结构""Csharp_3_选择结构""Csharp_3_循环结构"3个项目分别介绍了3种程序结构的语法规范及其编程实现。

学习这一章应把注意力放在C#的程序结构等基础知识的应用理解上，特别是if语句、while语句、do... while语句和for语句的使用。

习题

1. 填空题

1）在C#语言中，continue语句的作用是（　　　　　），即跳过循环中下面尚未执行的语句，接着进行下一次是否执行循环的判断。

2）在C#语言中，break语句可以用于（　　　　）语句和（　　　　）语句中。

3）把for（表达式1；表达式2；表达式3），改为等价的while语句为（　　　　　）。

2．实践操作题

1）利用梯形的面积公式计算上底为2、下底为4、高为5的梯形的面积，画出该算法的流程图，并写出相应的程序。

2）编写程序，分别使用while语句、do…while语句、for语句来计算1～100之间的奇数的和。

3）打印出所有的水仙花数，水仙花数是指一个3位数，其各位数字的立方和等于该数本身。

4）创建一个WPF程序，在物联网实训平台上实现当温度超过25℃、湿度超过65%时，自动开启风扇2。

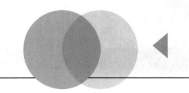

第 4 章

数组与集合

李李：温度数据受到很多环境的干扰，如何求得某一时间段的平均温度呢？用一个变量记住了当前的温度值，如何记得前一时刻的温度值呢？

杨杨：可以用变量来记住这个时间段的每一个温度值，然后相加求其平均值。

李李：问题是，这个变量只保留当前最新的温度值，如果要计算这个时间段内采集的100个温度值，难道要声明100个变量？如果要计算近一个星期的温度平均值，还要声明成千上万个变量来存储温度值？

杨杨：非也非也，在C#编程中，可以用数组来保留同一类型的多个数据值。

↴ 本章重点

- 理解数组的用途和在内存里存储的形式。

- 掌握一维数组、二维数组的定义和使用。

- 理解集合的用途以及在内存中的存储形式。

- 熟练掌握集合中ArrayList的使用。

案例展现 **同时控制多个风扇和连续多次环境数据采集**
——数组的使用

案例描述 ◀

基于C#开发平台，创建一个WPF项目应用程序，实现对多个风扇的控制，具体功能如下：

1）实现单击界面上的"1#风扇开关"按钮，实现1#风扇开关；单击界面上的"2#风扇开关"按钮，实现2#风扇开关；单击界面上的"全部风扇开/关"按钮，实现1#、2#风扇开关。

2）单击"四输入采集"按钮，间隔1s连续5次采集"光照""温度""湿度"的物理量数据，分别显示出这5次的物理量数据，并求其平均值。

案例结果 ◀

图4-1所示是一个基于C#开发的"数字量开关和四输入采集实验"。

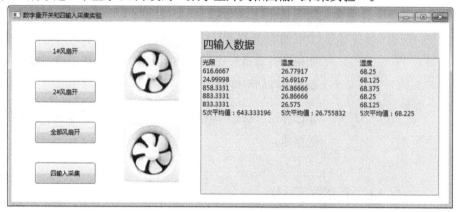

图4-1　数字量开关和四输入采集界面

在图4-1中，单击界面上的"1#风扇开关"按钮，实现1#风扇开关，此时物联网实训平台右工位上风扇一起进行开关；同理，单击界面上的"2#风扇开关"按钮，实现2#风扇开关；　单击界面上的"全部风扇开/关"按钮，实现1#、2#风扇开关；当用户单击"四输入采集"按钮时，系统通过物联网实训平台，间隔1s连续5次采集"光照""温度""湿度"的物理量数据，然后分别显示出这5次的物理量数据，并求其平均值。

案例准备 ◀

创建一个名为"Csharp_4"的WPF应用程序项目，用于实现本案例的功能。

1）新建一个名为"Csharp_4"WPF应用程序项目。

2）为创建后的"Csharp_4"项目，添加"dll库"目录下的设备操作类库文件："NewlandLibrary.dll""Comm.Bus.dll""Comm.Sys.dll""Comm.Utils.dll""Newland.DeviceProviderImpl.dll""Newland.DeviceProviderIntf.dll""WinFormControl.dll"。

3）将光照接入四输入In1、温度接入四输入In2、湿度接入四输入In3；风扇1的继电器信号线接入Do0，风扇2的继电器信号线接入Do1；四输入模拟量接入串口服务器COM4口，波特率为38400；ADAM-4150数字采集器接入串口服务器COM2口，波特率为9600。

注：风扇接入较以前的物联网实训系统连接有变动。

在这个简单的综合案例中，涉及ADAM-4150的动态库、数组、集合、用户控件的实现和使用等知识。下面先介绍这些知识点，然后再开始本案例的编程实现。

4.1 数组概述

假如要实现一个环境参数管理程序，用来统计某个时段的温度平均值。假设这个时段共存储了不同点所采集的10个温度值，用前面所学的知识，程序首先要声明10个变量来记录每个采集点的温度值，若这样做，则程序会显得很臃肿，也很不容易阅读。那么有什么方法可以解决这类问题呢？

在C#里，可以用一个数组常量来记录10个采集点的温度值，数组是一组具有相同类型的变量的集合，如一组整数、一组字符等。组成数组的这些变量称为数组的元素。数组可以分为一维数组和多维数组。

4.2 一维数组

4.2.1 一维数组的定义

与变量一样，数组在使用前必须先定义，定义一维数组的语法如下：

数据类型[] 数组名；

- "数据类型"和第2章讲的数据类型一样，常见的类型有整型、浮点型、字符型等。
- "数组名"是用来统一这组相同数据类型的元素的名称，其命名规则与变量相同。
- "[]"是数组的标志，有了它才能区别定义的是数组还是变量。

例如：

int[] value;

```
string[]  parname;
```

4.2.2　一维数组的初始化

数组只定义还不能使用，需要初始化，因此一般情况下，定义数组的同时就开始初始化。数组的初始化分为动态初始化和静态初始化两种。

1．静态初始化

静态初始化是直接在定义数组时就给数组赋初值。在C#中，其语法如下：

数据类型[] 数组名={初值0，初值1，…，初值n}

例如：

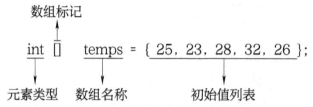

该语句定义了一个名为temps的数组，它有5个元素，分别用于记录5个温度值。元素的初始值罗列在花括号中以逗号分隔。当语句被执行时，系统就会在内存中分配一段连续的空间，用来存储这5个int型数据，如图4-2所示。

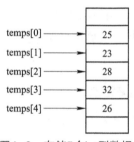

图4-2　存储5个int型数据

2．动态初始化

如果只想声明一个数组而不同时进行初始化，则可用动态初始化语句，在定义的同时采用关键字new给出数组的个数，其语法如下：

数据类型[] 数组名=new 数据类型[个数]

例如：

该语句声明了一个名为humity的语句，并通过new运算符在内存中划分了3个元素的空间，但它并没有给出数组元素的值，这时.NET编辑器会给数组中的每一个元素赋统一的默认值，如数字类型默认值为0。

4.2.3　一维数组的使用

数组定义完后该如何访问数组里的元素呢？

数组中每个数组元素都有一个编号，这个编号叫作下标，C#中的下标是从0开始的，最大的下标等于数组元素个数减1。C#中可以通过下标来区分这些元素。数组元素的个数有时也称为数组的长度。以一个的temps[5]的整形数组为例，temps[0]代表第1个元素，temps[1]代表第2个元素，temps[4]为数组中第5个元素（也就是最后一个元素）。对于长度为temps.Length的数组，最后一个元素的索引为temps.Length -1，所以当引用temps[temps.Length]时，其索引超出范围，程序出现IndexOutOfRangeException异常。

因此访问数组里的元素采用如下形式：

数组名称[下标]

【例4.1】在本章的"Csharp_4"解决方案中，添加一个名为"Csharp_4_数组应用"的WPF应用程序项目，实现访问和计算温度平均值等运算的一维数组应用。

1）在本章的"Csharp_4"解决方案中，添加一个名为"Csharp_4_数组应用"的WPF应用程序项目。

2）参照图4-3设计好界面布局文件"MainWindow.xaml"。

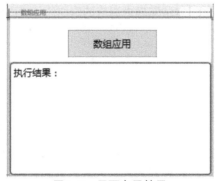

图4-3　界面布局效果

设计好的界面布局文件代码清单如下：

```
<Window x:Class="Csharp_4_数组应用.MainWindow"
    xmlns="http://schemas.microsoft.com/winfx/2006/xaml/presentation"
```

```
        xmlns:x="http://schemas.microsoft.com/winfx/2006/xaml"
        Title="数组应用" Height="321.642" Width="392.164">
    <Grid >
        <Button x:Name="btnRun" Content="数组应用"  Height="51" Margin="111,20,102,216"
Width="169" FontSize="18" Click="btnRun_Click"/>
        <Border  Margin="0,82,0,0" BorderBrush="Red" BorderThickness="2" CornerRadius="5"
Grid.ColumnSpan="2">
            <Label x:Name="lblResult" Content="执行结果：" FontSize="18" />
        </Border>
    </Grid>
    </Window>
```

3）为按钮添加实现案例功能的代码，并调试运行。

访问数组元素通常有逐个访问、for语句访问、foreach访问3种方式。

第1种方式：直接访问数组元素形式。

例如，打印出int[] temps={25，23, 28, 32, 26}数组里每个元素的值，代码如下：

```
private void btnRun_Click(object sender, RoutedEventArgs e)
    {
        int[] temps = { 25, 23, 28, 32, 26 };
        //分别访问
        lblResult.Content = "第1个值为：" + temps[0]
            + "\n第2个值为：" + temps[1] + "\n第3个值为：" + temps[2]
            + "\n第4个值为：" + temps[3] + "\n第5个值为：" + temps[4];
    }
```

从上面的例子可以看出，对数组的访问只是下标在变动，其他都是固定不变的，为此可以使用for循环来实现数组的遍历。

第2种方式：for循环遍历数组方法。

例如，采用for循环遍历数组方法实现求温度的累加值，代码如下：

```
    int sum = 0;
    for (int i = 0; i < temps.Length; i++)
    {
        sum += temps[i];
    }
    lblResult.Content += "\n累加和的值为：" + sum;
```

说明：Length是数组的属性，用来存放数组的元素个数，这里temps.Length值为5。

第3种方式：foreach遍历数组元素。

foreach循环用于列举出数组中所有的元素，foreach语句中的表达式由关键字in隔开的两个项组成，其语法如下：

```
foreach(数据类型 变量名 in 数组名){语句}
```

数据类型需要与数组的数据类型一致。

执行过程：每一次循环时，从数组中取出一个新的元素值，放到变量中，如果括号中的整个表达式返回值为true，则foreach块中的语句就能执行。一旦集合中的元素都已经被访问到，整个表达式的值为false，控制流程就跳出foreach块。例如：

```
float avg = 0;
    foreach (int obj in temps)
    {
        avg += obj;
    }
    avg=avg/temps.Length;
        lblResult.Content += "\n平均值为：" +avg ;
```

注：foreach语句是C#新引进的语句，C和C++中没有这个语句。

示例运行结果如图4-4所示。

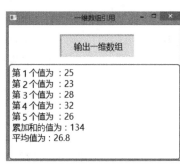

【例4.2】在本章"Csharp_4"解决方案中，添加一个"CSharp_4_风扇控制"WPF应用程序项目，实现单击界面上"1#风扇开关"按钮，实现1#风扇开关；单击界面上"2#风扇开关"按钮，实现2#风扇开关；单击界面上"全部风扇开关"按钮，实现1#、2#风扇开关。

图4-4　数组访问运行结果

1）在本章的"Csharp_4"解决方案中，添加一个名为"Csharp_4_风扇控制"的WPF应用程序项目。

2）参照图4-5设计好界面布局文件"MainWindow. xaml"。

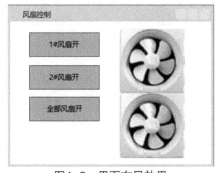

图4-5　界面布局效果

设计好的界面布局文件代码如下：

```
<Window x:Class="Csharp_4_风扇控制.MainWindow"
        xmlns="http://schemas.microsoft.com/winfx/2006/xaml/presentation"
```

```xml
        xmlns:x="http://schemas.microsoft.com/winfx/2006/xaml"
        xmlns:wfc="clr-namespace:WinFormControl;assembly=WinFormControl"
        Title="风扇控制" Height="266.069" Width="348.246" Loaded="Window_Loaded_1"
Closing="Window_Closing_1">
    <Grid>
        <Grid.ColumnDefinitions>
            <ColumnDefinition Width="28*"/>
            <ColumnDefinition Width="158*"/>
            <ColumnDefinition Width="190*"/>
            <ColumnDefinition Width="1"/>
            <ColumnDefinition Width="19*"/>
        </Grid.ColumnDefinitions>
        <Grid.RowDefinitions>
            <RowDefinition Height="18*"/>
            <RowDefinition Height="50*"/>
            <RowDefinition Height="29*"/>
            <RowDefinition Height="38*"/>
            <RowDefinition Height="40*"/>
            <RowDefinition Height="79*"/>
            <RowDefinition Height="80*"/>
            <RowDefinition Height="16*"/>
        </Grid.RowDefinitions>
        <Button x:Name="btnFan1Control" Click="btnFan1Control_Click_1" Content="1#风扇开"
            HorizontalAlignment="Center"  Grid.Row="1" VerticalAlignment="Center"
            Width="120" Grid.Column="1" Height="40" Grid.RowSpan="2"  />
        <Button x:Name="btnFan2Control" Click="btnFan2Control_Click_1"  Content="2#风扇开"
            HorizontalAlignment="Center"   Grid.Row="3" VerticalAlignment="Center"
            Width="120" Grid.Column="1"  Height="40"  Grid.RowSpan="2"  />
        <Button x:Name="btnFanAllControl" Click="btnFanAllControl_Click_1" Content="全部风扇开"
            HorizontalAlignment="Center"   Grid.Row="5" VerticalAlignment="Center"
            Width="120" Grid.Column="1" Height="40" />
        <wfc:Fan x:Name="fan1" VerticalAlignment="Center" HorizontalAlignment="Center"
            Grid.Column="2" Grid.Row="1"   Grid.RowSpan="4" Height="110" />
        <wfc:Fan x:Name="fan2" VerticalAlignment="Center" HorizontalAlignment="Center"
            Grid.Column="2" Grid.Row="5"   Grid.RowSpan="2" Height="110" />
    </Grid>
</Window>
```

代码开发实现 ◀

```csharp
//引用设备框架库命名空间
using NewlandLibraryHelper;
```

```
//引用线程命名空间
using System.Threading;
using NewlandLibrary;
//引用用户控件命名空间
using WinFormControl;

namespace Csharp_4_风扇控制
{
    // <summary>
    // MainWindow.xaml 的交互逻辑
    // </summary>
    public partial class MainWindow : Window
    {
        public MainWindow()
        {
            InitializeComponent();
        }
        //定义一个Adam4150 对象,对象名为adam4150
        Adam4150 adam4150;
        //第1个数组用来控制两个风扇
        Fan[] fan = new Fan[2];
        private void Window_Loaded_1(object sender, RoutedEventArgs e)
        {

            //实例化adam4150对象
            adam4150 = new Adam4150();
            //给数组赋值
            fan[0] = fan1;
            fan[1] = fan2;
            //打开ADAM-4150设备，adam4150连接COM2、设备地址 1、不进行DO口初始化
            adam4150.Open("COM2", 0x01, false);

        }

        private void Window_Closing_1(object sender, System.ComponentModel.CancelEventArgs e)
        {
            //断开与adam4150的连接
            adam4150.Close();

            //终止风扇动画
            fan[0].Close();
```

```csharp
        fan[1].Close();
    }
    // <summary>
    // 1#风扇控制按钮单击事件
    // </summary>
    // <param name="sender"></param>
    // <param name="e"></param>
    private void btnFan1Control_Click_1(object sender, RoutedEventArgs e)
    {

        if (btnFan1Control.Content.ToString() == "1#风扇开")
        {//开

            fan1.Control(true);//控制界面风扇
            adam4150.ControlDO(0, true);   //控制Do0开
            btnFan1Control.Content = "1#风扇关";

        }
        else
        {

            fan1.Control(false);  //控制界面风扇
            adam4150.ControlDO(0, false);  //控制Do0关
            btnFan1Control.Content = "1#风扇开";

        }
    }
    // <summary>
    // 2#风扇控制按钮单击事件
    // </summary>
    // <param name="sender"></param>
    // <param name="e"></param>
    private void btnFan2Control_Click_1(object sender, RoutedEventArgs e)
    {
        if (btnFan2Control.Content.ToString() == "2#风扇开")
        {//开
            fan2.Control(true);  //控制界面风扇
            adam4150.ControlDO(1, true); //控制Do1开
            btnFan2Control.Content = "2#风扇关";



        }
```

```
            else
            {
                    fan2.Control(false);   //控制界面风扇
                    adam4150.ControlDO(1, false);   //控制Do1关
                    btnFan2Control.Content = "2#风扇开";


            }
        }
        // <summary>
        // 全部风扇控制按钮单击事件
        // </summary>
        // <param name="sender"></param>
        // <param name="e"></param>
        private void btnFanAllControl_Click_1(object sender, RoutedEventArgs e)
        {
            if (btnFanAllControl.Content.ToString() == "全部风扇开")
            {//开
                for (int i = 0; i < 2; i++)
                {
                    fan[i].Control(true); //控制界面风扇
                    adam4150.ControlDO(i, true);
                }
                btnFanAllControl.Content = "全部风扇关";


            }
            else
            { //控制界面风扇
                for (int i = 0; i < 2; i++)
                {
                    fan[i].Control(false);
                    adam4150.ControlDO(i, false);
                }
                btnFanAllControl.Content = "全部风扇开";


            }
        }
    }
}
```

4.3 二维数组

　　如下矩阵所示，在计算机中如何确定其元素的位置呢？一般，只要说出它在第几行第几
列就可以了。

$$M=\begin{pmatrix} 1 & 2 & 3 \\ 4 & 5 & 6 \\ 7 & 8 & 9 \end{pmatrix}$$

在上面的矩阵中，第1行第1列元素为1，第2行第3列元素为6，要想确定一个元素的位置，必须知道它所在的行数和列数，即必须知道它的两个维。知道两个维才能确定位置的数据，可以用二维数组表示。

4.3.1 二维数组的定义

和一维数组一样，可以通过静态初始化、直接定义、定义时初始化来声明二维数组。其声明与分配内存的格式介绍如下。

1）静态初始化。上述矩阵M的二维数组静态初始化，定义语句如下：

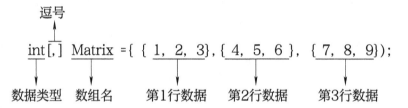

该语句定义了一个3行3列的二维数组，展示如下：

扫描书中二维码观看视频

	0	1	2
0	1	2	3
1	4	5	6
2	7	8	9

行数→　列数

2）定义后new运算符分配大小如下：

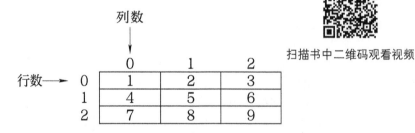

3）new运算符动态初始化大小：

$$\text{int}[,]\ \text{Matrix} = \text{new int}[\ 3\ ,\ 3\ ];$$

数据类型　数组名　新建运算符　行数　列数

4.3.2　二维数组的使用

和一维数组类似，通过行与列的索引来引用数组元素，矩阵M中的9个元素分别记为：

Matrix[0,0] Matrix[0,1] Matrix[0,2]
Matrix[1,0] Matrix[1,1] Matrix[1,2]
Matrix[2,0] Matrix[2,1] Matrix[2,2]

C#中一维数组通过下标来标识各个元素，同样，二维数组也可以通过下标来区分各个元素，一维只需要一个下标，二维就需要两个下标了，一个叫行下标，一个叫列下标，C#中是按行存储二维数组的，即一行上的元素存完后再存下一行。

其中，行号、列号都是从0开始编号，最大值分别为行的数目减1、列的数目减1。因此在数组Matrix中，它的第一个元素是Matrix[0, 0]，最后一个元素是Matrix[2, 2]。当用for语句处理二维数组时，需要两个嵌套的for语句，外层for语句遍历所有行，当遍历到某一行时，内层for语句遍历该行的所有元素。下面分别介绍直接访问、for语句访问、foreach语句访问3种方式实现数组元素的访问。

1）直接访问二维数组元素，示例代码如下：

```
private void btnRun_Click(object sender, RoutedEventArgs e)
    {
        //静态初始化定义:
        int[,] Matrix = { { 1, 2, 3 }, { 4, 5, 6 }, { 7, 8, 9 } };
        //方式1：直接访问方式
        lblResult.Content = "第1行数据: " + Matrix[0, 0] + ","
            + Matrix[0, 1] + "," + Matrix[0, 2]+"\n";
        lblResult.Content += "第2行数据: " + Matrix[1, 0] + ","
            + Matrix[1, 1] + "," + Matrix[1, 2] + "\n";
        lblResult.Content += "第3行数据: " + Matrix[2, 0] + ","
            + Matrix[2, 1] + "," + Matrix[2, 2] ;
    }
```

2）用for循环访问二维数组元素，示例代码如下（本例中使用动态初始化数组方法）：

```
private void btnRun_Click(object sender, RoutedEventArgs e)
{
    //方式2：用for双重循环,求累加和
```

```
        int sum2 = 0;
        for (int i = 0; i < 3; i++)
        {
            for (int j = 0; j < 3; j++)
                sum2 += Matrix[i, j] ;
        }
            lblResult.Content += "\n累加和的值为: " + sum2;
    }
```

3）使用foreach访问二维数组元素，将上面的for语句块，用如下代码代替即可：

```
//方式3：用foreach访问数组元素，求平均值
        int avg2 = 0;
        foreach (int obj in Matrix)
        {
            avg2 += obj;
        }
            lblResult.Content += "\n平均值为: " + avg2/9.0;
```

二维数组应用的运行结果如图4-6所示。

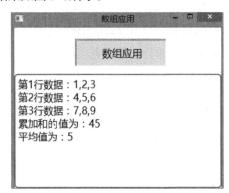

图4-6　二维数组应用的运行结果

4.4　可变数组

在二维数组中，每一行的K度都是相同的，如上述矩阵M中，每行都有3个元素。除此之外，还可以声明每行长度不同的数组——可变数组。

声明可变数组的语法如下：

声明可变数组需要指定行数，但不需要指定列数。初始化这样的数组不像初始化二维数组那样简单，需要逐行初始化。例如：

```
int[][] c = new int[2][ ];
c[0] = new int[3]; //初始化第1行中的3个元素
c[1] = new int[4]; //初始化第2行中的4个元素
```

实际上就是把每一行看作一个一维数组，初始化后，第1行的长度为3，第2行的长度为4，所有元素的默认值为0。

也可以同时为所有元素赋值，例如：

```
c[0] = new int[3] { 1, 2, 3 }; //初始化第1行
c[1] = new int[4] { 1, 2, 3 ,4 }; //初始化第2行
```

初始化后可变数组的第1行为{1，2，3}，第2行为{1，2，3，4}。输出时也要逐行输出：

```
Console.Write("\n第1行： ");
    foreach(int element in c[0]
        Console.Write(element);

    Console.Write("\n第2行： ");
    foreach (int element in c[1]
            Console.Write(element);
```

这里把第1行c [0]和第2行c [1]看作两个一维数组处理，可变数组的每一行都可以看作一个数组，因此可变数组也叫作以数组为元素的数组。

上述语句可用一个双重循环语句代替：

```
Console.Write("\n双重foreach实现访问元素： ");
    foreach (int[] line in c)
    {
        foreach (int element in line)
        {
            Console.Write(element);
        }
    }
```

外层循环中定义一个名为line的一维数组，依次指向可变数组的各行；当line指向某一行时，在内层循环中用变量element依次指向该行的元素。

可以看出，可变数组的语法要复杂得多，在大多数情况下使用矩形数组比较简单，必要时才使用可变数组。

4.5 集合

假如要将表4-1中的内容，即把序号、歌星、歌曲信息存储到计算机里，那么该如何存

储呢？

表4-1　歌曲信息

序　号	歌　星	歌　曲
1	筷子兄弟	小苹果
2	周杰伦	开不了口
3	周传雄	黄昏
4	何洁	燃烧吧青春

前面讲过的数组只能存储同一种类型的数据，这里序号是数字，歌星、歌名是字符串，利用数组不好实现，那么C#中有没有提供其他方法来实现这种复杂的结构呢？C#中针对这种复杂的数据组合提供了一种存储方法，那就是集合。

集合（collection）提供了一种结构化组织任意对象的方式，.NET类库提供了丰富的集合数据类型，这些集合对象都具有各自的专用场合。

- 有序集合：仅仅实现ICollection接口的集合，在通常情况下，其数据项目的插入顺序控制着从集合中取出对象的顺序。System.Collections.Stack和System.Collections.Queue类都是ICollection集合的典型例子。

- 索引集合：实现Ilist的集合，其内容能经由从零开始的数字检索取出，就像数组一样。System.Collections.ArrayList对象是索引集合的一个例子。

- 键式集合：实现IDictionary接口的集合，其中包含了能被某些类型的键值检索的项目。IDictionary集合的内容通常按键值方式存储，可以用枚举的方式排序检索。System.Collections.HashTable类实现了IDictionary接口。

本节主要关注ArrayList类。

4.5.1　ArrayList类简介

ArrayList是一种可变长度的数组，数组中的数据类型为Object，所以数组元素可以是任意类型的数据。ArrayList位于System.Collections命名空间中，所以使用时，需要导入此命名空间。ArrayList常用方法如下：

1）public virtual int Add（object value）将对象添加到ArrayList的结尾处，例如：

```
ArrayList aList=new ArrayList();
aList.Add("a");
aList.Add("b");
aList.Add("c");
```

```
aList.Add("d");
aList.Add("e");
```

上面代码添加元素之后，内容为abcde。

2）public virtual void Insert（int index, object value）将元素插入ArrayList的指定索引处，例如：

```
ArrayList aList=new ArrayList();
aList.Add("a");
aList.Add("b");
aList.Add("c");
aList.Add("d");
aList.Add("e");
aList.Insert(0,"aa");
```

上面代码添加元素之后，内容为aaabcde。

3）public virtual void Remove（object obj）从ArrayList中移除特定对象的第1个匹配项。

4）public virtual void RemoveAt（int index）移除ArrayList中指定索引处的元素，index从0开始，例如：

```
ArrayList aList=new ArrayList();
aList.Add("a");
aList.Add("b");
aList.Add("c");
aList.Add("d");//第1个d
aList.Add("d");//第2个d
aList.Remove("d");//删除第1个d
aList.RemoveAt(3);//删除第2个d
```

通过Add来添加元素、Remove来删除元素，就可以动态改变数组的长度，执行"aList.RemoveAt（3）"之前，只剩下"abcd"4个元素，下标从0～3，因此执行"aList.RemoveAt（3）"时，删除的是第2个d。故上例最后元素为abc。

4.5.2　ArrayList类的应用

【例4.3】在本章"Csharp_4"解决方案中，添加一个名为"Csharp_4_ArrayList"的WPF应用程序项目，实现将上述示例中的序号、歌星、歌曲信息存储到ArrayList中。

1）在本章的"Csharp_4"解决方案中，添加一个名为"Csharp_4_ArrayList"的WPF应用程序项目。

2）参照图4-7设计好界面布局文件"MainWindow.xaml"。

图4-7　界面布局效果

设计好的界面布局文件代码清单如下：

```
<Window x:Class="Csharp_4_ArrayList.MainWindow"
        xmlns="http://schemas.microsoft.com/winfx/2006/xaml/presentation"
        xmlns:x="http://schemas.microsoft.com/winfx/2006/xaml"
        Title="ArrayList" Height="317.91" Width="646.269">
    <Grid >
        <Button x:Name="btnShow" Content="显示" Margin="23,130,523.831,118"
                FontSize="18" Click="btnShow_Click"/>
        <Label Content="序号--歌星--歌曲" Height="47" Margin="285,10,155.831,230"
Width="175" FontSize="18"/>
[8]         <ListBox x:Name="lstStars" Margin="141,57,15,11" FontSize="16" Grid.ColumnSpan="2">
[9]             <ListBox.ItemsPanel>
[10]                <ItemsPanelTemplate>
[11]                    <UniformGrid Columns="3"/>
[12]                </ItemsPanelTemplate>
[13]            </ListBox.ItemsPanel>
        </ListBox>
    </Grid>
</Window>
```

上述代码[8]定义了ListBox列表控件；ListBox通常用来与集合配合使用，以便在界面中显示集合的项目内容；代码[9]～[13]设置了其布局样式显示为有3列，并采用ListBox. Items. Add方法来添加项目。更多关于ListBox列表控件的使用请参阅相关文档。

3）为"显示"按钮添加单击事件。

ArrayList没有提供通过下标取数据的方法，因此对于ArrayList的访问，一般采用foreach来遍历，代码如下：

```
private void btnShow_Click(object sender, RoutedEventArgs e)
{
```

```
ArrayList arrayList = new ArrayList();//声明对象
arrayList.Add(1);
arrayList.Add("筷子兄弟");
arrayList.Add("小苹果");
arrayList.Add(2);
arrayList.Add("周杰伦");
arrayList.Add(" 开不了口");
arrayList.Add(3);
arrayList.Add("周传雄");
arrayList.Add(" 黄昏");
arrayList.Add(4);
arrayList.Add("何洁");
arrayList.Add("燃烧吧青春");

foreach (Object obj in arrayList)
{
    lstStars.Items.Add(obj);
}
    }
```

4）运行程序，结果如图4-8所示。

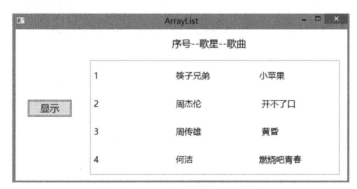

图4-8　ArrayList存储和显示效果

【例4.4】在本章"Csharp_4"解决方案中，添加一个名为"Csharp_4_温湿度采集"的WPF应用程序项目，实现对于给定的、随机的5组"光照度""温度""湿度"的物理量数据，采用ArrayList实现显示这5次的物理量数据及其平均值。

操作步骤

1）在本章的"Csharp_4"解决方案中，添加一个名为"Csharp_4_温湿度采集"的WPF应用程序项目。

2）参照图4-9设计好界面布局文件"MainWindow.xaml"。

图4-9　界面布局效果

设计好的界面布局文件代码清单如下：

```xml
<Window x:Class="Csharp_4_温湿度采集.MainWindow"
        xmlns="http://schemas.microsoft.com/winfx/2006/xaml/presentation"
        xmlns:x="http://schemas.microsoft.com/winfx/2006/xaml"
        Title="温湿度采集" Height="379.502" Width="779.589" Loaded="Window_Loaded_1"
Closing="Window_Closing_1">
    <Grid  >
        <Button x:Name="btnCollect" Content="开始采集" Margin="10,136,649,166"
            FontSize="18" Click="btnCollect_Click"/>
            <Label Content="光照度及温湿度数据" Height="47" Margin="370,10,227,292"
Width="175" FontSize="18"/>
        <ListBox x:Name="lstShow" Margin="141,57,10,11" FontSize="16">
            <ListBox.ItemsPanel>
                <ItemsPanelTemplate>
                    <UniformGrid Columns="4"/>
                </ItemsPanelTemplate>
            </ListBox.ItemsPanel>
        </ListBox>
    </Grid>
</Window>
```

3）添加对"System. Windows. Forms"程序集的引用，并为"开始采集"按钮添加单击事件，代码如下：

```csharp
//引用设备框架库命名空间
using NewlandLibraryHelper;
//引用线程命名空间
using System.Threading;
using NewlandLibrary;
//ArrayList命名空间
using System.Collections;
```

```
namespace Csharp_4_温湿度采集
{
    // <summary>
    // MainWindow.xaml 的交互逻辑
    // </summary>
    public partial class MainWindow : Window
    {
        public MainWindow()
        {
            InitializeComponent();
        }

        //定义一个inPut_4 对象,对象名为input4
        inPut_4 input4;
        private void Window_Loaded_1(object sender, RoutedEventArgs e)
        {
            input4 = new inPut_4();//实例化inPut_4对象
            input4.Open("COM4"); //打开四输入设备，四输入连接COM4
        }

        // <summary>循环采集温度、光照度、湿度数据 </summary>
        // <param>无</param>
        // <returns>无</returns>
        bool isCollecting = false; //是否正在采集数据，当单击"开始采集"按钮时，该值为true
        void collect_data()
        {
            //间隔1s连续5次采集光照度、温度、湿度的物理量数据并分别显示出
            // 5次的物理量数据求其平均值（这里采用ArrayList或二维数组实现）
            ArrayList arrayIllumination = new ArrayList(); //光照度
            double[] dblIllumination = new double[6]; // 存储5组数据和平均值
            ArrayList array = new ArrayList();  //温度
            double[] dblTemp =  new double[6]; // 存储5组数据和平均值
            ArrayList arrayHumidity = new ArrayList(); //湿度
            double[] dblHumidity =  new double[6];
            double[,] data=new double[6,4]; //6行4列。行：存储5组数据和平均值；列：存储序号、
光照度、温度、湿度

            int count = 0; //循环计数，用于没有设备时模拟数据变化
            //循环获取数据并处理，isCollecting为true表示不断循环采集数据
```

—— 141 ——

```
            while (isCollecting)
            {
                //数据逐行向下滚动，第0行显示最新数据
                for (int i = 3; i>=0; i−−)  //前5行数据滚动显示
                {
                    for (int j = 1; j < 4; j++)  //从第2列开始滚动
                        data[i+1,j] = data[i,j] ;
                }

                /***********若没有设备，请注释掉如下4条操作语句******
                string[] Input4AllValue = input4.getAllValue(); //申明一个数组存放获取的四输入模
拟量值
                data[0,1] = Convert.ToDouble(Input4AllValue[input4.ZigbeeInput4_IlluminationID]);//光照值
                data[0,2] = Convert.ToDouble(Input4AllValue[input4.ZigbeeInput4_TempID]);//温度值
                data[0,3] = Convert.ToDouble(Input4AllValue[input4.ZigbeeInput4_HumidityID]);//
湿度值
                //***********获取四输入模拟量值语句结束***************************

                //***********若没有设备，则请使用如下5条操作语句模拟数据变化******
                count++;  //count值变化，模拟数据变化
                if (count > 60) count = 0;
                data[0,1] = 200 + count;//光照度值
                data[0,2] = 20 + count * 0.3;//温度值
                data[0,3] = count + count;//湿度值

                //***********获取四输入模拟量值语句结束***************************
                //显示平均值
                for (int i = 1; i < 4; i++)  //1～3列求光照度、温度、湿度的平均值
                {
                    data[5,i] = 0 ;      //第6行为平均值
                    for (int j = 0; j < 5; j++)  //前5行为数据
                    {
                        data[5,i] += data[j,i]/5.0 ;
                    }
                }

                lstShow.Items.Clear();
                lstShow.Items.Add("序号");
                lstShow.Items.Add("光照lx");
                lstShow.Items.Add("温度℃");
                lstShow.Items.Add("湿度%");
```

```
                    for (int i = 0; i < 5; i++)  //将6行数据加入到ListBox中
                    {
                        lstShow.Items.Add( (i+1).ToString())  ;
                        lstShow.Items.Add(data[i,1].ToString());
                        lstShow.Items.Add(data[i,2].ToString());
                        lstShow.Items.Add(data[i,3].ToString());
                    }
                        lstShow.Items.Add( "平均值:  ")  ;
                        lstShow.Items.Add(data[5,1].ToString());
                        lstShow.Items.Add(data[5,2].ToString());
                        lstShow.Items.Add(data[5,3].ToString());

                        //处理当前在消息队列中的所有 Windows 消息
                        System.Windows.Forms.Application.DoEvents();
                        //线程休眠500ms, 即间隔1s采集一次数据
                        System.Threading.Thread.Sleep(1000);
                }
        }
private void Window_Closing_1(object sender, System.ComponentModel.CancelEventArgs e)
        {
            input4.Close(); //断开与四输入的连接
        }


        // <summary>"开始采集"按钮事件</summary>
        // <param name="sender"></param>
        // <param name="e"></param>
        private void btnCollect_Click(object sender, RoutedEventArgs e)
        {
            //实现单击界面上的"开始采集"按钮, "开始采集"按钮文本提示变为"停止采集"
            if (btnCollect.Content.ToString() == "开始采集")
            {
                isCollecting = true; //开始采集
                btnCollect.Content = "停止采集";
                collect_data();  //调用循环采集数据的函数
            }
            //单击"停止采集"按钮, 按钮文本重新显示为"开始采集", 界面上的对应参数保持不变
            else
            {
```

```
        isCollecting = false; //停止采集
        btnCollect.Content = "开始采集";


        }
      }
    }
  }
```

案例实现　同时控制多个风扇和连续多次环境数据采集——数组使用

界面布局文件

　　学习完本章的知识后，读者就可以完整地实现案例展现给出的案例功能了。在完成
Csharp_4项目案例准备的操作步骤1）～3）后，就是设计"MainWindow.xaml"
界面布局文件，参照【例4.1】和【例4.2】的界面布局，经过整合设计好界面布局文件
"MainWindow.xaml"，界面效果如图4-10所示。

图4-10　界面效果

设计好的界面布局文件完整代码如下：

```
<Window x:Class="Csharp_4.MainWindow"
        xmlns="http://schemas.microsoft.com/winfx/2006/xaml/presentation"
        xmlns:x="http://schemas.microsoft.com/winfx/2006/xaml"
        xmlns:wfc="clr-namespace:WinFormControl;assembly=WinFormControl"
        Title="数字量开关和四输入采集实验" Height="379.502" Width="872.126"
        Loaded="Window_Loaded_1" Closing="Window_Closing_1">
```

```
<Grid>
    <Grid.ColumnDefinitions>
        <ColumnDefinition Width="28*"/>
        <ColumnDefinition Width="158*"/>
        <ColumnDefinition Width="190*"/>
        <ColumnDefinition Width="469*"/>
        <ColumnDefinition Width="19*"/>
    </Grid.ColumnDefinitions>
    <Grid.RowDefinitions>
        <RowDefinition Height="18*"/>
        <RowDefinition Height="50*"/>
        <RowDefinition Height="29*"/>
        <RowDefinition Height="38*"/>
        <RowDefinition Height="40*"/>
        <RowDefinition Height="79*"/>
        <RowDefinition Height="80*"/>
        <RowDefinition Height="16*"/>
    </Grid.RowDefinitions>
    <Button x:Name="btnFan1Control" Click="btnFan1Control_Click_1" Content="1#风扇开"
        HorizontalAlignment="Center" Grid.Row="1" VerticalAlignment="Center"
        Width="120" Grid.Column="1" Height="40" Grid.RowSpan="2" />
    <Button x:Name="btnFan2Control" Click="btnFan2Control_Click_1" Content="2#风扇开"
        HorizontalAlignment="Center" Grid.Row="3" VerticalAlignment="Center"
        Width="120" Grid.Column="1" Height="40" Grid.RowSpan="2" />
    <Button x:Name="btnFanAllControl" Click="btnFanAllControl_Click_1" Content="全部风
扇开"
        HorizontalAlignment="Center" Grid.Row="5" VerticalAlignment="Center"
        Width="120" Grid.Column="1" Height="40" />
    <Button x:Name="btnInPut4Get" Click="btnInPut4Get_Click_1" Content="开始采集"
        HorizontalAlignment="Center" Grid.Row="6" VerticalAlignment="Center"
        Width="120" Grid.Column="1" Height="40" />
    <wfc:Fan x:Name="fan1" VerticalAlignment="Center" HorizontalAlignment="Center"
        Grid.Column="2" Grid.Row="1" Grid.RowSpan="4" Height="110" />
    <wfc:Fan x:Name="fan2" VerticalAlignment="Center" HorizontalAlignment="Center"
        Grid.Column="2" Grid.Row="5" Grid.RowSpan="2" Height="110" />
    <ListBox x:Name="lstInput4Info" Grid.Column="3" HorizontalAlignment="Stretch" Grid.
Row="2"
        Grid.RowSpan="5" VerticalAlignment="Stretch" Background="#FFEAEAEA" Grid.
ColumnSpan="1" >
        <ListBox.ItemsPanel>
            <ItemsPanelTemplate >
                <UniformGrid Columns="4" HorizontalAlignment="Stretch" VerticalAlignment=
"Top" />
```

```
            </ItemsPanelTemplate>
          </ListBox.ItemsPanel>
        </ListBox>
        <Label Content="环境数据及平均值" Grid.Column="3" Foreground="Black"
HorizontalAlignment="Stretch"
                    HorizontalContentAlignment="Left" VerticalContentAlignment="Center"
FontSize="20"
                    Grid.Row="1" VerticalAlignment="Stretch" Background="Gainsboro" Grid.
ColumnSpan="1"/>
        </Grid>
    </Window>
```

代码开发实现 ◀

在这个综合案例中，只需将【例4.3】和【例4.4】中的代码进行综合并稍加调试即可，在此不再列出，请读者参阅本书配套的源代码。

案例演示 ◀

本案例的实现要基于实训平台，所以在测试之前，请读者务必仔细阅读实训设备配套的用户使用手册。

操作步骤 ◀

1）参照实训平台使用手册连接好四输入模块的线路、风扇接入右工位继电器上，并正确供电。

2）运行程序，单击"风扇开/关"按钮，仔细观察界面中的风扇转动情况和物联网实训平台上的风扇转动情况；单击"四输入采集"按钮，仔细观察界面右边采集到的数据信息。

3）用手握住温度传感器，再次单击"四输入采集"按钮，仔细观察界面中的温度值是否发生了变化。

本章小结

本章先从一个基于物联网实训平台的实现同时控制多个风扇和连续多次环境数据采集的案例入手，创建了"Csharp_4""Csharp_4_数组应用""Csharp_4_风扇控制""Csharp_4_ArrayList""Csharp_4_温湿度采集"5个WPF项目。

● "Csharp_4"项目用于实现本章开篇针对设备的案例。

- "Csharp_4_数组应用"项目用来演示一维数组和二维数组的定义、初始化、引用，以及foreach用法。

- "Csharp_4_风扇控制"项目用一维数组实现对实训平台上风扇开关的控制。

- "Csharp_4_ArrayList"项目用来演示ArrayList的定义、数据元素的添加，以及foreach用法。

- "Csharp_4_温湿度采集"项目用二维数组来存储从实训平台上采集到的多次数据，并利用双重for循环读取出历史数据。

学习这一章应把注意力放在熟练掌握C#一维数组、ArrayList、foreach等知识点上，并理解ADAM-4150的工作原理，为后续章节的知识提升打好基础。

习题

1．选择题

1）在以下数组声明语句中，正确的是（   ）。

  A．int a[3];   B．int[3] a={1,2,3};

  C．int[][] a=new int[][];   D．int[] a={1,2,3};

2）数组int[] arrInt=new int[2];arrInt[0]=1;，则arrInt[1]=（   ）。

  A．1   B．0   C．null   D．未初始化

3）以下选项中（   ）可以正确地创建一个二维数组。

  A．int a=new int[3][2];

  B．int[,] arr=new int[2,3]{{1,2,3},{4,5,6}};

  C．int a=new int[3]

  D．int a=new int[]{1,4}

4）若二维数组a有6列，则在a[3,5]前面有（   ）个元素。

  A．22   B．23   C．32   D．33

5）关于ArrayList，以下说法正确的是（   ）。

  A．ArrayList可以存储任意类型的元素

  B．ArrayList只能存储同种类型的元素

C．ArrayList添加元素的方法是Insert

D．ArrayList删除元素的方法是clear

6）关于foreach，以下说法正确的是（　　　）。

A．foreach遍历集合时，不需要集合的长度

B．foreach循环遍历集合时，非常烦琐

C．foreach循环遍历集合时，需要循环条件

D．foreach循环的语法格式为"foreach(var item in collection) {}"

2．实践操作题

1）要求将1#、2#风扇连接至ADAM-4150的Do5、Do6通道，尝试利用给定的ADAM-4150的协议指令集，实现控制1#、2#风扇开关的动作。

2）要求单击界面中的"四输入采集"按钮，间隔1min连续5次采集"光照""温度""湿度"的物理量数据，分别显示这5次的物理量数据，并求其平均值（用二维数组实现）。

3）要求单击界面中的"四输入采集"按钮，间隔1min连续5次采集"光照度""温度""湿度"的物理量数据，分别显示这5次的物理量数据，并求其平均值。当温度平均值高于28℃或湿度平均值大于60%时，同时开启两个风扇。

Chapter 5

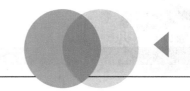

第 5 章

函数

李李： 看别人编写的C#程序案例，很多时候都将一段代码块定义为函数，这样做有什么好处呢？

杨杨： 在实际编写代码时，为了使程序代码功能清晰、层次分明、结构合理，往往将能独立完成一定功能的代码定义为一个函数的形式，在要使用到该功能的程序处调用这个函数即可。当在程序中要多次使用该功能代码时，只需重复调用这个函数即可，这样减少了代码量，增强了代码的复用性。另外，函数还可以使用参数，使功能代码变得更灵活、更通用。

↘ 本章重点

● 理解函数的作用。

● 掌握函数的定义与调用。

● 掌握函数的参数类型及使用。

● 掌握变量的作用域。

路灯智能控制——函数的使用

基于C#开发平台，创建一个WPF项目应用程序，通过对实验室环境光照度的监测，实现根据光照度条件自动开启或关闭灯光的功能。具体功能如下：

1）运行程序后，界面显示光照的实际物理量值。

2）设定光照度条件文本框中的值、选中"自动"单选按钮，界面中的图片框灯光图片会根据设定的光照条件自动变换为"灯亮"或"灯灭"图片，同时实训设备中的灯泡也随之打开或关闭。

3）选中"手动"单选按钮，程序转为不根据光照条件人为控制灯光，单击图片框灯光图片可实现灯光的开启与关闭。

案例结果

图5-1所示是一个基于C#开发的路灯智能控制系统界面。

在图5-1中，系统处于路灯自动控制模式，系统通过物联网实训平台采集环境光照的实时值，并根据给定的光照强度临界值自动控制路灯1、2的开启与关闭。控制模式可切换到手动模式，单击路灯1、2图片即可手动控制路灯的开启与关闭。

图5-1　路灯智能控制系统界面

创建一个名为"Csharp_5"的WPF应用程序项目，用于实现本案例的功能。

1）新建一个名为"Csharp_5"的WPF应用程序项目。

2）为创建后的"Csharp_5"项目，添加"dll库"目录下的设备操作类库文件："NewlandLibrary.dll""Comm.Bus.dll""Comm.Sys.dll""Comm.Utils.

dll""Newland. DeviceProviderImpl. dll""Newland. DeviceProviderIntf. dll"。

3）参照实训平台使用手册，连接好模拟量四输入模块、开关量ADAM4150模块的线路。

注：如果读者没有物联网实训系统，则可省略步骤2）和步骤3）。

在这个灯光智能控制案例中，灯光的开启、关闭功能和灯光图片的切换功能都会被定义为函数的形式来使用，在开始本案例的具体编程实现前，先介绍函数的定义及使用方法。

为了方便本章函数基本应用的讲解，在本章"Csharp_5"解决方案中，添加一个名为"Csharp_5_函数基本应用"的WPF应用程序项目，并参照图5-2设计好界面布局文件"MainWindow. xaml"。本章涉及3个案例知识点，在此设计了3个按钮，分别用来打开对应的案例子窗口，以便读者掌握多窗口的程序执行方法。

图5-2 界面布局效果

设计好的界面布局文件代码清单如下：

```
<Window x:Class="Csharp_5_函数基本应用.MainWindow"
        xmlns="http://schemas.microsoft.com/winfx/2006/xaml/presentation"
        xmlns:x="http://schemas.microsoft.com/winfx/2006/xaml"
        Title="函数基本应用" Height="212.578" Width="298.97">
    <Grid>
        <Button x:Name="btnExam51" Content="例5.1" HorizontalAlignment="Left" Height="40"
            Margin="10,10,0,0" VerticalAlignment="Top" Width="69" Click="btnExam51_Click"/>
        <Button x:Name="btnExam52" Content="例5.2" HorizontalAlignment="Left" Height="40"
            Margin="100,10,0,0" VerticalAlignment="Top" Width="73" Click="btnExam52_Click"/>
        <Button x:Name="btnExam53" Content="例5.3" HorizontalAlignment="Left" Height="40"
            Margin="193,10,0,0" VerticalAlignment="Top" Width="74" Click="btnExam53_Click"/>
    </Grid>
</Window>
```

5.1 函数的作用

为什么需要函数呢？请先看一个A、B城市节约用水的水费计算问题。为了鼓励居民节约用水，A城市制定标准为：月用水量小于或等于5t的，每吨水收取2.5元；超过5t的，每吨水收取4.0元。B城市制定标准为：月用水量小于或等于7t的，每吨水收取2.5元；超过7t的，每吨水收取4.2元。某居民某月的用水量为x吨，试编写程序计算该居民在A城市或B城市的水费是多少？

【例5.1】在"Csharp_5_函数基本应用"WPF应用程序项目中，添加一个名为"WinExam51"的子窗口，用来计算该居民在A城市或B城市的水费。

操作步骤

1）右键单击"Csharp_5_函数基本应用"WPF应用程序项目，在弹出的快捷菜单中选择"添加"→"窗口"命令，在弹出的"添加新项"对话框中，输入名称为"WinExam51.xmal"，并单击"添加"按钮，如图5-3所示。

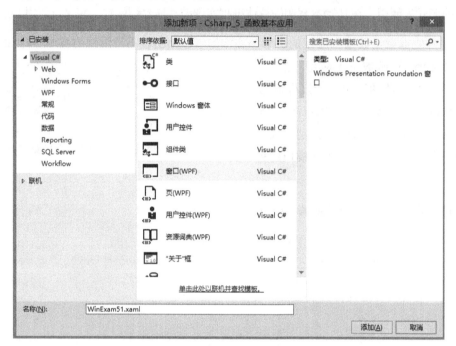

图5-3　为项目添加新窗口

2）按图5-4设计好界面布局文件"WinExam51.xaml"。

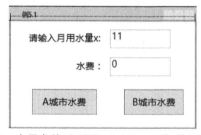

图5-4　布局文件"WinExam51.xaml"的界面效果

设计好的界面布局文件代码清单如下：

```
<Window x:Class="Csharp_5_函数基本应用.WinExam51"
        xmlns="http://schemas.microsoft.com/winfx/2006/xaml/presentation"
        xmlns:x="http://schemas.microsoft.com/winfx/2006/xaml"
        Title="例5.1" Height="239.005" Width="342.324">
    <Grid >
        <Label Content="请输入月用水量x:" HorizontalAlignment="Left" Height="35"
```

```
                    Margin="29,15,0,0" VerticalAlignment="Top" Width="158" FontSize="18"/>
        <TextBox x:Name="txtX" HorizontalAlignment="Left" Height="35" Margin="192,15,0,0"
                    TextWrapping="Wrap" Text="11" VerticalAlignment="Top" Width="117" FontSize="18"/>
        <Label Content="水费：" HorizontalAlignment="Left" Height="35" Margin="121,67,0,0"
                    VerticalAlignment="Top" Width="66" FontSize="18"/>
        <TextBox x:Name="txtAmount" HorizontalAlignment="Left" Height="35" Margin="192,67,0,0"
                    TextWrapping="Wrap" Text="0" VerticalAlignment="Top" Width="117" FontSize="18"/>
        <Button x:Name="btnCityA" Content="A城市水费" HorizontalAlignment="Left" Height="48"
                    Margin="79,79,0,0" VerticalAlignment="Top" Width="170" FontSize="18" Click="btnCityA_Click"/>
        <Button x:Name="btnCityB" Content="B城市水费" HorizontalAlignment="Left" Height="48"
                    Margin="79,145,0,0" VerticalAlignment="Top" Width="170" FontSize="18" Click="btnCityB_Click"/>
    </Grid>
</Window>
```

3）切换到"MainWindow.xaml.cs"类代码文件中，为"btnExam51"按钮添加事件代码，以实现在主窗口中单击按钮后可打开"WinExam51"子窗口的功能，其代码如下：

```
private void btnExam51_Click(object sender, RoutedEventArgs e)
  {
      WinExam51 win = new WinExam51( ); //构建一个 "WinExam51" 子窗口
      win.Show(); //显示该子窗口
  }
```

4）切换到"WinExam51.xaml.cs"子窗口类代码文件中，为各按钮添加事件代码以实现计算水费的功能。具体代码如下：

```
private void btnCityA_Click(object sender, RoutedEventArgs e)
  {
      double x = 0.0; //用水量
      double amount = 0.0; //水费
       if (double.TryParse(txtX.Text, out x)) //将txtX.Text文本转换为double型，转换后将数据赋值
给x
      {
        if (x <= 5)
          amount = x * 2.5;
        else
          amount = 5 * 2.5 + (x − 5) * 4;
        txtAmount.Text = amount.ToString("0.00");
      }
      else {
        MessageBox.Show("输入用水量数据格式不正确！");
          }
  }
```

```
private void btnCityB_Click(object sender, RoutedEventArgs e)
{
    double x = 0.0; //用水量
    double amount = 0.0; //水费
     if (double.TryParse(txtX.Text, out x))  //将txtX.Text文本转换为double型，转换后将数据赋值给x
    {
        if (x <= 7)
            amount = x * 2.5;
        else
            amount = 7 * 2.5 + (x – 7) * 4.2;
        txtAmount.Text = amount.ToString("0.00");
    }
    else
    {
        MessageBox.Show("输入用水量数据格式不正确！");
    }
}
```

5）把"Csharp_5_函数基本应用"WPF应用程序项目设置为启动项目，并启动该程序。进入如图5-2所示的界面，单击"例5.1"按钮进入如图5-4所示的子窗口。输入用水量x的值，分别单击"A城市水费"和"B城市水费"按钮，查看运行结果。

提示：上述步骤也是多窗口WPF应用项目的开发步骤，读者后续可参考。

分析：为了计算A、B两城市水费，这里写了两段几乎相同的代码，如果程序中多处需要计算类似其他城市的水费，则需要多次复制代码。显而易见，这样的代码有如下问题：

① 代码重复。

② 结构不清晰。

③ 不利于修改和升级，如果将来需要修改算法，则需修改所有代码块，一旦忘记修改某一块，就可能出现问题。

5.2 函数的定义与调用

解决上述问题的方法就是使用函数（Function）。函数是一段被封装起来的能实现一定功能的代码，其工作原理非常类似加工车间，厂长给车间下达生产命令并传入相应的原料，车间就生产相应的产品；程序员在程序中调用函数并传给相应的参数，函数就会自动完成相应的任务。

程序是由一行行代码组成的，一段代码块完成一个特定的功能任务，如果程序中经常要重复完成同一个功能任务，则要重复地写入这段代码块，这样做会产生一些问题，例如，当代码块中有错误时，需要找到所有的代码块去修改，忘了修改一处，将导致整个程序的失败。在

C#中，用函数来解决代码块的重复使用问题。函数是将一段能完成一定功能且需要重复使用的代码块定义为标识符（函数名）的一种方法，在使用时只需调用该函数名即可。在程序中使用函数一方面实现了程序代码的复用性，另一方面使程序代码功能清晰、层次分明、结构合理。另外，函数定义时可根据需要使用参数和返回值与调用程序间交换数据，增加了功能代码块的通用性和灵活性。

5.2.1　函数的定义

在C#中，函数要在.cs文件中的其他事件外定义，与其他事件并列，因为它们本质上都是函数，是"兄弟关系"，例如：

```
public partial class WinExam51 : Window
    { ……
      //在这里定义函数
     private void btnCityA_Click(object sender, RoutedEventArgs e) //按钮单击事件
     {
          //在这里调用函数
     }
     private void btnCityB_Click(object sender, RoutedEventArgs e) //按钮单击事件
     {
          //在这里调用函数
     }
     ……
    }
```

下面先来体验一下编写函数的过程，示例代码如下：

```
// <summary>计算应付水费 </summary>
// <param name="limit">临界用水量</param>
// <param name="price">超用量水费单价</param>
// <return>double型，应付的水费 </return>
double CalcAmount( int limit, double price)  //函数头
{
     double x = 0.0; //用水量
     double amount = 0.0; //水费
      if (double.TryParse(txtX.Text, out x)) //将txtX.Text文本转换为double型，转换后将数据赋值
给x
     {
       if (x <= limit)
          amount = x * 2.5;
       else
          amount = limit * 2.5 + (x – limit) * price;
     }
```

```
    else  {
        MessageBox.Show("输入用水量数据格式不正确！");
    }
    return amount;
}
```

这里定义了一个名为CalcAmount的函数，函数由两部分组成，加灰色底纹所示部分是函数的签名（Signature），指明了函数的名称、参数、返回类型。函数的具体实现代码定义在签名后的一对大括号中，称为函数体（Function body），展示如下：

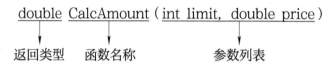

函数CalcAmount()中的limit、price，分别代表临界用水量和超用量水费单价，函数得到两个参数后，就会根据函数体中的代码计算出应付水费，然后通过"return amount"语句返回结果。

厂长只需给车间下达生产命令即可，不用时时刻刻关注具体的生产过程，车间会自动完成任务。同样，作为程序员，只需给函数"下达"命令即可，它会自动完成任务，程序员不用关心具体的计算过程。给函数"下达"命令的过程称为函数调用，函数只需编写一次，就可以重复调用，非常方便。

5.2.2 函数的调用

函数定义后，在程序中使用该函数，执行函数体的代码段，处理程序传入的数据并将处理完成的结果返回，此过程称为函数调用。

下面看一下【例5.1】中两个命令按钮如何调用CalcAmount函数。

```csharp
private void btnCityA_Click(object sender, RoutedEventArgs e)
  {
    //在这里调用函数
    double dblAmount=CalcAmount(5, 4.0);
    txtAmount.Text = amount.ToString("0.00");
  }

private void btnCityB_Click(object sender, RoutedEventArgs e)
  {
    //在这里调用函数
    double dblAmount = CalcAmount(7, 4.2);
    txtAmount.Text = amount.ToString("0.00");
  }
```

使用函数时只需关心函数需要什么参数，而不用关心函数的功能如何实现。同样，调用函数后，只需接收函数返回的结果即可。在两个按钮单击事件中各调用了一次CalcAmount函数，函数根据参数计算出结果，然后把结果返回到单击事件中，这个结果由变量amount接收。

复杂的任务一般要分解成多个小任务，每个小任务由一个函数实现，设计良好的函数使程序结构清晰，便于阅读理解和修改。

1．函数的执行过程

当单击按钮时，程序逐条执行该按钮单击事件中的代码，当遇到调用函数语句时，就转而执行函数的代码；执行完后将结果返回，继续执行该按钮单击事件中剩余的代码；执行完按钮单击事件中的所有代码后，按钮单击事件程序就终止了。

2．函数的命名方式

.NET推荐采用PascalCasing形式为函数命名，即所有单词的首字母都大写，如GetTime和SetText等。

5.3 返回值

如果在函数F1()中调用函数F2()，则函数F1()称为主调函数，函数F2()称为被调函数，如在【例5.1】中按钮单击事件btnCityA_Click()是主调函数，CalcAmount()是被调函数。

一个函数中可能会有许多变量，到底哪个变量作为函数运算的结果呢？通过什么样的方式把结果返回主调函数呢？

在CalcAmount函数中可以找到如下语句：

```
return amount;
```

原来函数用return语句返回结果，要把哪个变量作为运算结果，就把哪个变量放在return语句后。在上面的语句中，通过return语句把变量amount的值返回到主调函数btnCityA_Click()中，在主调函数中通过变量dblAmount接收返回的结果。

下面再来看一个求最大值的函数基本应用例子。

【例5.2】在"Csharp_5_函数基本应用"WPF应用程序项目中，添加一个名为"WinExam52"的子窗口，用来计算输入两个数中求最大值的问题。

操作步骤

1）在"Csharp_5_函数基本应用"WPF应用程序项目中，添加名为"WinExam52"

的子窗口，设计好的界面布局如图5-5所示。

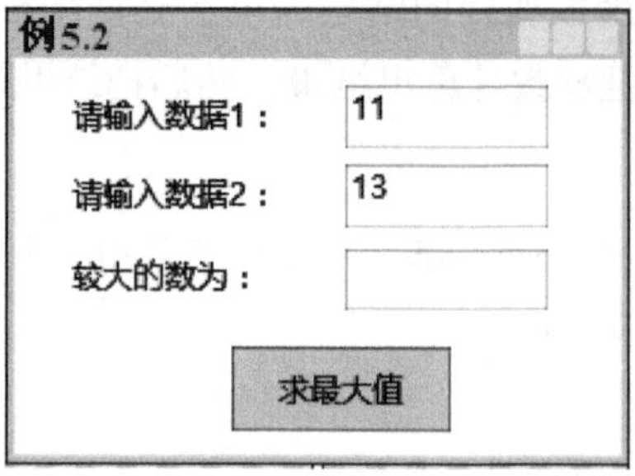

图5-5　"WinExam52.xaml"布局界面

2）用函数实现求最大值的代码如下：

```
27      //<summary>求最大值函数</summary>
28      //<param name="x">第1个参与比较的数</param>
29      //<param name="y">第2个参与比较的数</param>
30      //<return>doubole型，返回较大的数</return>
31      double MaxNum(double x, double y)
32      {
33          double maxValue=(x>=y)? x:y;
34          return maxValue;
35      }
```

注意，当程序执行到return语句时，会立即退出函数MaxNum()，把变量maxValue的值返回到主调函数。

```
//主调函数调用被调函数MaxNum()
36      //求最大数的按钮单击事件，调用函数MaxNum()
37      private void btnMax_Click (object sender, RoutedEventArgs e)
38      {
39          double numl=double.Parse(txtNuml.Text);
40          double num2=double.Parse(txtNum2.Text);
41          double maxValue=MaxNum(num1, num2);
42          txtMaxNum.Text=maxValue. ToString("0.00");
43      }
```

当用户单击按钮后，该按钮事件首先执行主调函数的语句[39]、[40]，当执行到语句[41]时，就调用函数MaxNum()，转去执行MaxNum()中的代码；当执行到函数MaxNum()中的"return maxValue"语句时，立刻结束函数MaxNum()，并将maxValue的值返回主调函数，赋给变量maxValue；然后继续执行主调函数中剩余的语句[42]。

关于return语句需要注意以下几点：

① 返回值的类型要和函数定义中的返回类型一致，或者返回值的类型可以隐式转化为函数

的返回类型。例如:

$$\underline{double} \ MaxNum \ (\ double \ x, \ double \ y \ )$$

函数的返回类型为double型

$$return \ \underline{maxValue};$$

返回值也为double型

② 可以用return语句直接返回表达式,例如:

```
double MaxNum(double x, double y)
  { return (x >= y) ? x : y;
  }
```

③ 函数可以没有返回值,这时函数的返回类型为void。例如,下面代码中函数的功能是求得最大值并赋值给文本框,没有返回值。此时,主调函数中只需给出函数名与参数来调用函数数即可。

```
void GetMaxNum(double x, double y)
  { double maxValue = (x >= y) ? x : y;
    txtMaxNum.Text = maxValue.ToString("0.00");
  }
//主调函数调用函数MaxNum()
private void btnMax_Click(object sender, RoutedEventArgs e)
 {  double num1 = double.Parse(txtNum1.Text);
    double num2 = double.Parse(txtNum2.Text);
    GetMaxNum(num1, num2);  //调用函数
 }
```

④ 函数中可以有多个return语句,先执行到哪个return语句,哪个return语句便起作用。【例5.1】中求水费问题,可写成如下代码段:

```
51    //<summary>计算应付水费</summary>
52    //<param name="x">实际用水量</param>
53    //<param name="limit">临界用水量</param>
54    //<param name="price">超用量水费单价</param>
55    //<return>double型,应付的水费</return>
56    double CalcAmount (double x, int limit, double price)
57    {
58        if (x <=limit)
59        {
60            return x*2.5,
61        }
```

```
62              return limit*2.5+ (x−limit)*price;
63        }
```

如果用水量小于或等于limit，则进入if语句，执行if语句内的return语句 [60]，然后立即返回主调函数，后面的语句 [62] 忽略不计；如果用水量大于limit，则不进入if语句，直接跳到if语句后，执行第一个return语句 [62]。总之，一旦程序遇到return语句，就立即返回主调函数，其后的语句将不再执行。

⑤ 有返回值函数在其函数体代码段中必须包含return语句，而且任何情况下都必须保证有一条return语句能执行。下面看一段示例代码：

```
double MaxNum(double x, double y)
{
    if(x >= y)
      {
          return x;
      }
}
```

本段代码中定义了一个返回值为double类型的MaxNum函数，在代码中有"return x"语句，并且变量x的数据类型是double型，与返回值类型匹配，没有语法定义错误，但当编译本程序时却会给出"并不是所有的处理路径都有返回一个值"的错误提示。出错的原因是"return x"语句在变量x小于变量y的情况下不执行，在这种情况下就得不到返回的值了。

可以试着将上述示例修改为如下代码，保证有一条return语句能执行，则问题可以解决。

```
double MaxNum(double x, double y)
{
    if(x >= y)
      {
          return x;
      }
    eturn y;
}
```

5.4 参数

在C#提供的函数中，参数是函数与调用它的程序间传递数据的变量。在定义函数时使用的参数为形式参数（形参），在程序调用函数时使用的参数为实际参数（实参）。在程序运行时，主调函数将实参传给被调函数的形参，被调函数对形参数据进行处理并将结果返回给主调函数，从而实现主调函数与被调函数间的数据传递。

在实参与形参的数据传递过程中，根据参数间传递的数据是值还是地址，将参数传递分为值传递、地址传递、引用型参数、输出型参数。下面分别予以讨论。为了方便讲解，在"Csharp_5_函数基本应用"WPF应用程序项目中，添加一个名为"WinExam53"的子窗口，用来验证本节中的知识点。

【例5.3】在"WinExam53"的子窗口中,添加命令按钮,以验证参数传递、递归调用、变量作用域的知识点。

1)在"Csharp_5_函数基本应用"WPF应用程序项目中,添加一个名为"WinExam53"的子窗口,设计好的界面布局如图5-6所示。

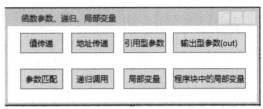

2)在后续的知识点讲解中,为各按钮添加事件代码。

图5-6 "WinExam53.xaml"布局界面

5.4.1 值传递

下面再回顾一下【例5.2】中的函数定义与调用函数,代码如下:

```
//函数定义
  double MaxNum(double x, double y)
  {
      double maxValue = (x >= y) ? x : y;
      return maxValue;
  }
//主调函数调用MaxNum函数
  private void btnMax_Click(object sender, RoutedEventArgs e)
  {
      double num1 = double.Parse(txtNum1.Text);
      double num2 = double.Parse(txtNum2.Text);
      double maxValue = MaxNum(num1, num2); //调用函数
      txtMaxNum.Text = maxValue.ToString("0.00");
      GetMaxNum(num1, num2);
  }
```

函数定义中的参数称为形式参数(简称形参),定义函数时必须指明形参的类型,其类型为普通数据类型,如int、float、char、double等,并可根据处理数据的多少定义多个参数,形式参数间以逗号分隔,展示如下:

$$double\ MaxNum\ (\underline{double\ x,\ double\ y})$$

形式参数

调用函数时的参数称为实际参数(简称实参),它可以是常量、变量或表达式,实参和对应的形参必须类型相同或兼容。展示如下:

$$\text{double maxValue} = \text{MaxNum}\,(\underline{\text{num1},\ \text{num2}}\,);$$

实际参数

程序启动时，先执行主调函数内的语句，当遇到函数MaxNum()时，转向执行MaxNum()内的语句，MaxNum()内的语句执行完后，返回主函数继续执行。具体执行过程如下：

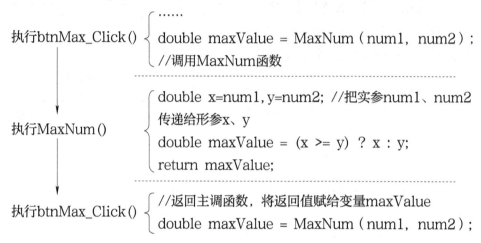

在调用函数MaxNum()时，发生了从实参到形参的数据传递，程序首先为形参x、y分配内存空间，并把实参num1、num2的值复制一份给形参x、y。展示如下：

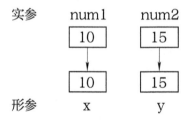

这种参数传递方式称为值传递，实参num1、num2和形参x、y是互不相同的变量，在内存中占据不同的空间，当值传递完成后，它们便是互不相干的变量，形参x、y值的变化不会影响实参num1、num2的值。

下面的示例说明了形参值的改变并不影响实参的值，并在【例5.3】的"值传递"按钮中予以验证。

```
//定义值传递的函数val()
float val(float x)
{
    x = x + 5;
    return x;
}
// "值传递"按钮的单击事件
private void btnValuePassing_Click(object sender, RoutedEventArgs e)
```

```
{
    float f1, f2;
    f1 = 3.4f;
    f2 = val(f1);  //调用函数val()
    Console.WriteLine("f1={0}, f2={1}", f1, f2);
}
```

本例中，实参f1、形参x是普通数据类型float，它们之间传递的过程属于值传递，实参传递给形参的是数值，相当于变量间的赋值过程：x=f1。在函数中，x的值变为8.4，但它并不会影响f1的值，f1还是原来的值3.4，所以程序输出的结果是：3.4，8.4。

5.4.2 地址传递

实参和形参之间的值传递是把实参的值复制一份给形参。当参数为大型数据时，这种传值方法就会遇到性能问题。例如，当传递参数为数组时，要把数组中的元素一一复制给形参要花费较多的时间。在C#中，为了解决这个问题，当参数类型为数组、集合、对象等复杂类型时，并不是将实参完整地复制一份给形参，而是把实参的地址传给形参，即实参和形参指向同一块内存空间，形参的数据变化直接影响实参的数据变化。这种传递方法叫作地址传递。面向对象的知识将在后续章节中讲解，这里主要以数组为例说明地址传递的相关知识。

下面的示例代码说明了传递地址时，对形参的改变影响了实参的值，并在【例5.3】的"地址传递"中予以验证。

```
//定义地址传递的数组赋值函数
    void count(int[] x)
    {
        for (int i = 0; i < x.Length; i++)
        {
            x[i] += 5;
        }
    }
    // "地址传递" 按钮的单击事件
    private void btnAddressPassing_Click(object sender, RoutedEventArgs e)
    {
        int[] a = new int[] { 1, 2, 3 };
        count(a);
        for (int i = 0; i < a.Length; i++)
        {
            Console.Write(a[i]+" ");
        }
    }
```

示例中定义了一个无返回值的count函数，形参为整型一维数组x，实参为整型一维数组

a，a数组中有3个元素，它们的值分别为1、2、3，通过函数调用语句"count（a）"，实参a要向形参x传递数据，此时传递的是a数组存储空间的首地址，让数组x同样指向该存储空间。在函数中对x数组的元素分别加5的操作，即是对该存储空间进行操作，自然数组a中的元素的值也随之变化。所以在程序运行后，输出的结果为6、7、8，而不是原来的1、2、3。

地址传递在传递数据量较大时比值传递在代码便利及执行效率方面更有优势，实际函数定义时要根据具体传递数据量的多少选择参数传递形式。

5.4.3 引用型参数（ref）

当普通数据类型的变量作为函数的参数时，参数间的数据传递是按值传递的。下面的示例代码说明了值传递不会改变实参的值，并在【例5.3】的"引用型参数"按钮中予以验证。

```
//定义两个数交换的函数
void Swap(int x, int y)
    {
        int temp = x; x = y; y = temp;
    }
// "引用型参数" 按钮的单击事件
private void btnRefPara_Click(object sender, RoutedEventArgs e)
    {
        int a = 5; int b = 10;
        Console.WriteLine ("交换前：a = {0}, b = {1}", a,b);
        Swap(a, b);
        Console.WriteLine("交换后：a = {0}, b = {1}", a, b);
    }
```

运行结果如图5-7所示。

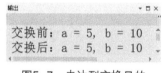

这里a、b的值为什么没有交换呢？根据值传递的特点，可知这里的基本数据类型的实参a、b和形参x、y进行的是值传递。当执行完函数Swap()后，只是形参x、y的值交换了，而实际上实参a、b的值并未改变。

图5-7　未达到交换目的

那么，如何在改变形参的同时改变实参呢？答案是使用引用型参数。引用型参数用关键字ref声明。展示如下：

$$\text{void Swap（}\underline{\text{ref}}\text{ int x, }\underline{\text{ref}}\text{ int y）}$$

引用关键字 引用关键字

当使用引用型参数时，实参和形参指向同一块内存空间，实参会随着形参的变化而变化。展示如下：

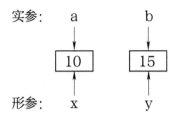

带ref参数的函数在调用时，其实参也要使用ref关键字。展示如下：

Swap（ref x，   ref y）

引用关键字 引用关键字

运行结果如图5-8所示。

因此，在实际应用中，有时用普通数据类型的变量做参数，又希望参数间数据以地址传递，从而达到共用存储空间的目的，这时可以将参数定义为引用型参数，以实现该功能。

在使用引用型参数时要特别注意以下两个限制：

1）在函数调用时，实参不能是常量。

2）在函数调用时，实参必须已经初始化。

例如，在上例中若有如下调用，则会出错。

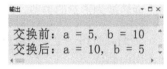

图5-8　达到交换目的

```
int c=10;
const int d=15; //定义d为符号常量
int e;
swap（ref c，ref d）; //提示ref参数必须是可以赋值的变量的错误
swap（ref c，ref e）; //提示使用了未赋值的变量的错误
```

5.4.4　输出型参数（out）

函数的return语句只能返回一个数据，当一个函数需要多个返回结果时，可以使用输出型参数"out"来实现。out型参数和ref型参数一样是地址传递，二者之间只有一个区别：ref型参数使用前必须赋值；out型参数使用前不能赋值，即使赋了值也会被忽略。所以，out型参数只能在函数代码中赋值，用来从函数中返回结果，而不能用来向函数传递数据。

下面以求一个正方形的面积与周长为例，说明输出型参数的使用，并在【例5.3】的"输出型参数（out）"按钮中予以验证。

```
//定义求正方形的面积与周长的函数
 double square(double a,out double s)
{
    s=a*a; //求面积
    return 4*a; //返回周长
}
 private void btnOutPara_Click(object sender, RoutedEventArgs e)
```

```
    {
        double s, c;
        c = square(5, out  s);
        Console.WriteLine("周长c = {0}, 面积s = {1}", c, s);
    }
```

运行结果如图5-9所示。

在本例中，利用return语句返回周长，利用out参
数返回面积。在实际编程中，可利用定义多个输出型参
数，做到返回多个值，这也是out参数的一个主要作用。

图5-9 out型参数运行结果

5.4.5 参数匹配

调用函数时，实参和形参的类型应当匹配，这里的匹配指的是数据类型、参数的个数、
参数的顺序。如果不匹配，则编译器将尝试进行隐式转化，把实参提升到形参的类型。如果实
参不能转换为形参的类型，则编译器将报错。

下面以打印一个学生信息为例，说明参数匹配的使用，并在【例5.3】的"参数匹配"按
钮中予以验证。

```
void PrintStuInfo(string name, int age,double weight)
    {
        Console.WriteLine("姓名：{0}, 年龄：{1},体重：{2}", name, age, weight);
    }
    private void btnParaMatch_Click(object sender, RoutedEventArgs e)
    {
        double weight1 = 45.5;
        PrintStuInfo("张三", 20, weight1);
        int weight2 = 45;
        PrintStuInfo("张三", 20, weight2); //int型转化为double型
        string weight3 = "45";
        //PrintStuInfo("张三", 20, weight3); //weight数据类型不对，错误
        //PrintStuInfo( 20, 45.5,"张三"); //参数顺序不对，错误
        //PrintStuInfo( "张三",20); //参数个数不对，错误
    }
```

5.5 递归调用

函数间是可以相互调用的，一个函数可以调用其他的函数，也可以调用自己。这种函数
反复调用本身的行为称为递归调用。递归调用的编程方法在解决那些能将问题转化为规模较小
的同类问题的任务上十分有效，且能使代码简洁易懂。

下面以通过两种方法求n!的例子，说明递归调用的使用，并在【例5.3】的"递归调用"
按钮中予以验证。

1．普通方法（无递归）

n!，根据概念可直观地理解为：1×2×3×4×…×（n-1）×n，这种算法的编程实现，函数定义如下：

```
long fac1(int n)
{
    if (n<=1) return 1;
    long val = 1;
    for (int i = 2; i <= n; i++)
    {
        val = val * i;
    }
    return val;
}
```

2．递归调用方法

利用递归算法的本质是将问题转化为规模较小的同类问题，下面以求阶乘为例介绍递归调用。阶乘的公式为：n!=1×2×…×（n-1）×n，其递推公式为

$$\begin{cases} f(n)=n \cdot f(n-1) \\ f(1)=1 \end{cases}$$

式中，f(1)=1是初始值，f(n)=n·f(n-1)是递推关系。由初始值出发，利用递推关系可以得到：

$$f(1)=1$$
$$f(2)=2f(1)=2×1=2$$
$$f(3)=3f(2)=3×2=6$$
$$f(4)=4f(3)=4×6=24$$
$$\vdots$$
$$f(n-1)=(n-1) \cdot f(n-2)$$
$$f(n)=n \cdot f(n-1)$$

由此可以看出，由f(1)可以求得f(2)，由f(2)可以求得f(3)……反过来，要想求f(n)，只需求f(n-1)，要想求f(n-1)只需求f(n-2)……要想求f(3)只需求f(2)，要想求f(2)只需求f(1)，f(1)=1为已知。总之，只要知道了初始值和递推公式就可求出所有的正整数的阶乘。

由此可以看出递推公式包含两个要素：递推关系和初始值，在实现递推公式的递归函数中也要包含初始值和递推关系这两个要素。

根据上面的分析，递归代码实现后就是递归调用了，代码如下：

```
long fac(int n)
{
    if (n<=1)
```

```
        return 1;  //初始值
        return n * fac(n – 1);  //递推关系
    }
```

与上面的例子对比，可以看出使用递归调用，程序代码非常简洁。

递归调用实际上是重复地调用自己，以达到循环处理的效果，循环若能正常终止，则必须要有条件使循环跳出。同样的道理，在使用递归调用时，必须注意设置条件语句，使递归调用不再继续调用从而结束本函数。在递归调用的代码中就设置了条件语句"if(n<=1) return 1"，让递归调用正常结束。

下面是递归函数的调用：

```
private void btnRecursive_Click(object sender, RoutedEventArgs e)
{
        long result = fac(4);
        Console.WriteLine("4! = {0}", result);
}
```

虽然在主函数里，fac()在形式上只调用了一次，但它实际上被调用了4次，执行过程如下：

```
fac(4)
{
        return 4*fac(3);
}        返回6    调用fac(3)

        fac(3)
        {
                return 3*fac(2);
        }        返回2    调用fac(2)

                fac(2)
                {
                        return 2*fac(1);
                }        返回1    调用fac(1)

                        fac(1)
                        {
                                return 1;
                        }
```

由执行过程可知，求解过程可分成两个阶段：第1阶段是调用，要想求fac(4)需调用

fac(3)，要想求fac(3)需调用fac(2)，要想求fac(2)需调用fac(1)；第2阶段是返回，fac(1)返回1给fac(2)，fac(2)返回1×2=2给fac(3)，fac(3)返回2×3=6给fac(4)，最终算出fac(4)的值是4×6=24。

5.6 变量的作用域

变量的作用域是指变量的有效范围，从变量声明、分配内存空间到释放变量占用的内存空间，一个变量的作用域包含定义它的代码块和直接嵌套在其中的代码块。根据变量的作用域，又将变量分为字段变量、局部变量与程序块局部变量。字段变量是在类中定义的，将在后续章节中讲解，本节主要讲解局部变量与程序块局部变量的相关知识。

5.6.1 局部变量

在函数里定义的变量称为局部变量，局部变量的作用域包含从定义该变量开始到函数结束的所有代码。只有在变量的作用域内才能合法使用变量，否则将会出现语法错误。当调用函数时，变量在内存中创立；当退出函数时，变量从内存中清除。请看如下示例代码：

```
void f1(int a)
   {
     int b=1;
     int x = a;                                        a、b、x有效
     Console.WriteLine("f1: x = {0}", x);
   }
void f2(int c)
   {
     int d=2;
     int x = c;                                        c、d、x有效
     Console.WriteLine("f2 x = {0}", x);
   }
 private void btnLocalVar_Click(object sender, RoutedEventArgs e)
   {
     int x=5, y;
     f1(10);
     f2(20);                                           x和y有效
     Console.WriteLine("btn x = {0}", x);
     //下面语句中的a是在f1中定义的形式参数，不可以引用
     // Console.WriteLine("f1 a = {0}", a);
   }
```

形式参数也是局部变量，例如，函数f1()中的形参a也只在函数f1()中有效，其他函数不能使用它。本例中主调函数试图调用函数f1()中的形参a，故编译时出现语法错误，给出不存在变量a的错误。同一函数中的变量不能同名，但不同函数中的变量可以同名，因为它们的作用域不同，互不干扰。在上面的示例程序中，就分别在3个函数中声明了名称均为x的变量。

5.6.2 程序块中的局部变量

在学习C#语句时，学习过块语句，块语句是由{ }包含的多条语句组成的一个程序块，在分支语句if、switch及循环语句for、while中经常会使用到。如果在块语句中定义局部变量，那么这个局部变量称为程序块局部变量，它的作用域从定义该变量的语句开始到块语句结束，该局部变量只在块语句中有效。

另外要注意，局部变量与程序块中的变量不能同名，不同程序块中的变量可以同名。

下面用一个例子说明程序块局部变量的定义及作用域，并在【例5.3】的"局部变量"按钮中予以验证。

```
private void btnProgramVar_Click(object sender, RoutedEventArgs e)
{
    int x=5;
    int s=0;
    if( x >0)
    { //int s=0; 这里与局部变量s同名，错误
        int y = 1;                              ⎫
        x=x+y;                                  ⎬ y在此范围内有效
        Console.WriteLine("x= {0}", x);         ⎭
    }
                                                                        ⎫
    for (int i = 1; i <= 10;i++)                                        ⎪
    {                                          ⎫                        ⎬ x和s在此范围内有效
        int y=2;                               ⎬ i和y在此范围内有效     ⎪
        s += i;                                ⎭                        ⎪
    }                                                                   ⎪
    int z = 5;                                 ⎫                        ⎪
    s=z+x                                      ⎬ z在此范围内有效        ⎪
    Console.WriteLine(" s = {0}", s);          ⎭                        ⎭
}
```

在上面的程序中，变量x、s在整个函数中都有效，直到程序结束为止。变量y只在while语句、for语句各自范围内有效，变量i、y只在for语句中有效，变量只在其定义后的范围内有效。局部变量s与程序块中的变量s不能同名，但两个程序块的变量y可以同名。

案例实现　　路灯智能控制——函数的使用

学习了本章的知识后，读者可以实现本章开始给出的案例的功能了，下面先完成该案例

的界面布局文件。

1）在"Csharp_5"应用程序项目上创建一个"Images"目录，从Iamges目录中复制图形文件"LampOff.png"和"LampOn.png"至"Csharp_5"应用程序项目的"Images"目录下。在"Images"目录，执行"添加"→"现有项"命令，然后在弹出的"添加现有项"对话框中，在文件类型中选择"所有文件"选项，然后选中"LampOff.png"和"LampOn.png"两个图形文件，如图5-10所示。

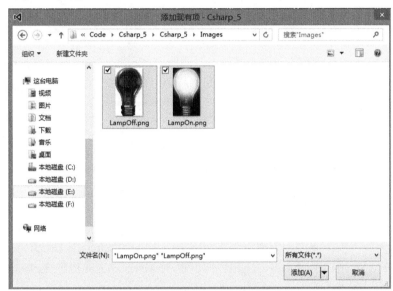

图5-10　添加图形文件至项目中

2）参照图5-1设计好界面布局文件"MainWindow.xaml"，设计好的界面布局文件完整的代码如下：

```
<Window x:Class=" Csharp_5.MainWindow"
        xmlns=" http://schemas.microsoft.com/winfx/2006/xaml/presentation"
       xmlns:x=" http://schemas.microsoft.com/winfx/2006/xaml"
        Title=" 路灯智能控制" Height="280" Width="320"  Loaded="Window_Loaded" Closing=
"Window_Closing" >
    <Grid>
        <Grid.ColumnDefinitions>
            <ColumnDefinition Width="100*"/>
            <ColumnDefinition Width="80*"/>
            <ColumnDefinition Width="100*"/>
        </Grid.ColumnDefinitions>
        <Grid.RowDefinitions>
            <RowDefinition Height="1*"/>
            <RowDefinition Height="2"/>
            <RowDefinition Height="55"/>
            <RowDefinition Height="1*"/>
```

```
            <RowDefinition Height="1*"/>
            <RowDefinition Height="1*"/>
        </Grid.RowDefinitions>
        <Label Content="光照度临界值" VerticalAlignment="Center" Foreground="Black"
            FontSize="14"  HorizontalContentAlignment="Right" />
        <TextBox Name="txtIlluminationLimit" TextWrapping="NoWrap" Text="300"
            Grid.Column="1" Margin="10,12,0,11"/>
            <Button Name="btnSet" Click="btnSet_Click" Content="设置" Height="24"
VerticalAlignment="Center"
                Width="85" Grid.Column="2" HorizontalAlignment="Center" Margin="20,12,7,12"/>
        <Label Content="光照度(lx)" FontSize="16"  Grid.Row="2" Grid.Column="0"
            VerticalAlignment="Center" HorizontalContentAlignment="Right" />
        <TextBox x:Name="txtIlluminationValue" Text="0"  Grid.Row="2" Grid.
Column="1" Margin="10,12,0,11"/>
        <Button x:Name="btnCollect" Click="btnCollect_Click" Content="开始采集"
            Grid.Row="2"  Grid.Column="2" VerticalAlignment="Center"  HorizontalAlignment=
"Center"
            Margin="20,12,10,18" Width="82" Height="25" />
        <Image x:Name="imgLight1" Tag="0" PreviewMouseLeftButtonDown="imgLight1_
PreviewMouseLeftButtonDown"
            HorizontalAlignment="Right" Height="55" VerticalAlignment="Top" Width="45"
            Source="Images/LampOff.png" Grid.Row="3" Stretch="Fill" />
        <Image x:Name="imgLight2" Tag="0"  PreviewMouseLeftButtonDown="imgLight2_
PreviewMouseLeftButtonDown"
            HorizontalAlignment="Left" Height="55" VerticalAlignment="Top" Width="45"
            Source="Images/LampOff.png "Grid.Row="3" Grid.Column="2" Stretch="Fill"/>
        <Label  Content="路灯1"   Grid.Row="4" Grid.Column="0" HorizontalContentAlignment=
"Right" />
        <Label Content="路灯2"  Grid.Row="4" Grid.Column="2" />
        <Label Content="控制模式:" FontSize="16"  Grid.Row="5" Grid.Column="0"
            HorizontalContentAlignment="Right" VerticalContentAlignment="Center" />
        <RadioButton x:Name="rbtnNoAuto" Content="手动" Grid.Column="1" HorizontalAlignment="Left"
            Grid.Row="5" VerticalContentAlignment="Center" Height="14" Width="43"/>
        <RadioButton x:Name="rbtnAuto" Content="自动" IsChecked="True" Grid.Column="2" Grid.
Row="5"
            HorizontalAlignment="Left"  VerticalContentAlignment="Center" Height="14"
Width="43"/>
    </Grid>
</Window>
```

代码开发实现 ◀

在这个综合案例中，自动控制模式需定时采集光照度实时值，将实现灯光的开启、关闭功能和灯光图片的切换功能定义为函数的形式并使用。下面就一起进入程序代码的编写。

为MainWindow窗体中添加Loaded、Closing事件；而后切换到代码编辑窗口，补充、修改、完善后，完整的代码如下：

```
namespace Csharp_5
{
    // <summary> MainWindow.xaml 的交互逻辑</summary>
    public partial class MainWindow : Window
    {
        public MainWindow()
        {
            InitializeComponent();
        }
        //实例化Adam4150帮助类，命名空间：NewlandLibraryHelper
        NewlandLibraryHelper.Adam4150 adam4150 = new NewlandLibraryHelper.Adam4150();
        //实例化四输入模拟量帮助类，命名空间：NewlandLibraryHelper
        NewlandLibraryHelper.inPut_4 input4 = new NewlandLibraryHelper.inPut_4();
        //光照度采集和自动控制线程
        NewlandLibrary.ThreadHelp timer_;
        double IlluminationLimit = 0; //温度界限值
        bool isCollecting = false; //是否正在采集数据，当单击"开始采集"按钮时，该值为true
        private void Window_Loaded(object sender, RoutedEventArgs e)
        {
            //连接ADAM-4150,设备连接COM2,设备地址01,不进行DO初始化
            adam4150.Open("COM2", 1, false);
            //连接四输入模拟量,设备连接COM4
            input4.Open("COM4");

            //获取界面默认界限值
            double ILineValue = 0.0;
            if (double.TryParse(txtIlluminationLimit.Text, out ILineValue))
            {
                IlluminationLimit = ILineValue;
            }
            else
            {
                MessageBox.Show("输入光照度临界值不正确!");
            }
        }
        private void Window_Closing(object sender, System.ComponentModel.CancelEventArgs e)
        {
            //断开连接
            adam4150.Close();
```

```
        adam4150 = null;
        input4.Close();
        input4 = null;
    }


    //设置光照度界限值
    private void btnSet_Click(object sender, RoutedEventArgs e)
    {
        double lLineValue = 0.0;
        if (double.TryParse(txtIlluminationLimit.Text, out lLineValue))
        {
            IlluminationLimit = lLineValue;
        }
        else
        {
            MessageBox.Show("输入光照度临界值不正确!");
        }
    }


    //开始采集数据
    private void btnCollect_Click(object sender, RoutedEventArgs e)
    {
        //实现单击界面上的 "开始采集" 按钮, "开始采集" 按钮文本提示变为 "停止采集"
        if (btnCollect.Content.ToString() == "开始采集")
        {
            isCollecting = true; //开始采集
            btnCollect.Content = "停止采集";
            collect_data(); //调用循环采集数据的函数
        }
         //单击 "停止采集" 按钮，按钮文本重新显示为 "开始采集"
        else
        {
            isCollecting = false; //停止采集
            btnCollect.Content = "开始采集";
        }
    }


    //控制模式为 "手动" 时，单击了图片1切换开/关灯
    private void imgLight1_PreviewMouseLeftButtonDown(object sender, MouseButtonEventArgs e)
    {
        if (rbtnAuto.IsChecked == true)  //自动有效
```

```
        {
            return;
        }
        Image img = (Image)sender;
        //Tag保存灯的状态，0：当前是关闭的，1：当前是打开的
        if (img.Tag.ToString() == "0")
        {//开灯
            ControlLightOpen(img, 1);
        }
        else
        {//关灯
            ControlLightClose(img, 1);
        }
    }


    //控制模式为 "手动" 时，单击了图片2切换开/关灯
    private void imgLight2_PreviewMouseLeftButtonDown(object sender, MouseButtonEventArgs e)
    {
        if (rbtnAuto.IsChecked == true)  //自动有效
        {
            return;
        }
        Image img = (Image)sender;
        //Tag保存灯的状态，0：当前是关闭的，1：当前是打开的
        if (img.Tag.ToString() == "0")
        {//开灯
            ControlLightOpen(img, 2);
        }
        else
        {//关灯
            ControlLightClose(img, 2);
        }
    }


    //===============================
    //在这个灯光智能控制案例中，灯光的开启、关闭功能和灯光图片的切换功能都
    //定义为函数的形式来使用
    //===============================
    // <summary> 控制灯打开</summary>
    // <param name= "img">灯的图片控件</param>
    // <param name= "LightID">灯的编号(1～8)</param>
```

```csharp
private bool ControlLightOpen(Image img, int LightID)
{
    //返回结果
    bool result = false;
    try
    {
        //**********若没有设备，请注释掉如下1条操作语句******
        if (adam4150.ControlDO((LightID - 1), true)) //控制设备灯打开
        //**********控制设备灯打开语句结束********************************/
        {
            //更改界面灯的图片, 实例化BitmapImage，传入uri 路径为相对路径
            img.Source = new BitmapImage(new Uri("Images/lamp_on.png", UriKind.Relative));
            //Tag保存灯的状态，0：当前是关闭的；1：当前是打开的
            img.Tag = "1";
        }
        result = true;

    }
    catch (Exception)
    {
        return false;
    }
    return result;
}

// <summary> 控制灯关闭 </summary>
// <param name="img">灯的图片控件</param>
// <param name="LightID">灯的编号(1～8)</param>
private bool ControlLightClose(Image img, int LightID)
{
    //返回结果
    bool result = false;
    try
    {
        //**********若没有设备，请注释掉如下1条操作语句******
        if (adam4150.ControlDO((LightID - 1), false)) //控制设备灯关闭
        //**********控制设备灯关闭语句结束********************************/
        {
            //更改界面灯的图片, 实例化BitmapImage，传入uri 路径为相对路径
            img.Source = new BitmapImage(new Uri ("Images/lamp_off.png", UriKind.Relative));
            //Tag保存灯的状态，0：当前是关闭的；1：当前是打开的
```

```
            img.Tag = "0";
        }
        result = true;

    }
    catch (Exception)
    {
        return false;
    }
    return result;
}


// <summary>循环采集温度、光照度、湿度数据 </summary>
// <param>无</param>
// <returns>无</returns>
// bool isCollecting = false; 是否正在采集数据，当单击"开始采集"按钮时，该值为true
void collect_data()
{
    int count = 0; //循环计数，用于没有设备时模拟数据变化
    //循环进行获取数据并且处理，isCollecting为true表示不断循环采集数据
    while (isCollecting)
    {
        //**********若没有设备，请注释掉如下1条操作语句******
        double? dblIllumination = input4.getInPut4_Illumination();//光照度值
        //**********获取四输入模拟量值语句结束*****************************/

        //**********若没有设备，请使用以下两条操作语句模拟数据变化******
        count++;
        double dblIllumination =double.Parse(txtIlluminationValue.Text) + count;//光照度值
        //**********获取四输入模拟量值语句结束*****************************/

        if (dblIllumination != null)
        {
            txtIlluminationValue.Text = ((double)dblIllumination).ToString("0.00");
            if (rbtnAuto.IsChecked == true)
            {//自动控制模式
                if (dblIllumination > IlluminationLimit)
                {//暗
                    ControlLightClose(imgLight1, 1);
                    ControlLightClose(imgLight2, 2);
                }
```

```
                    else
                    {//亮
                        ControlLightOpen(imgLight1, 1);
                        ControlLightOpen(imgLight2, 2);
                    }
                }
                //处理当前在消息队列中的所有 Windows 消息
                System.Windows.Forms.Application.DoEvents();
                //线程休眠500ms，即间隔0.5s采集一次数据
                System.Threading.Thread.Sleep(1000);
            }
        }
    }
}
```

案例演示 ◀

本案例的实现要基于实训平台，所以在测试之前，请读者务必仔细阅读实训设备配套的用户使用手册。

操作步骤 ◀

1）参照实训平台使用手册，连接好模拟量四输入模块、开关量ADAM4150模块的线路，并正确供电。

2）运行该程序，该程序控制模式初始为"自动"，系统会自动采集光照度实时值并显示在界面中，与光照度临界值设置值进行比较，系统将开启或关闭实训设备的路灯，同时界面中的路灯图片随之变化。

3）用手遮挡或用光源照射光照传感器，仔细观察界面中的光照值变化。当大于或小于光照度临界值时，观察灯光开启与关闭效果。

4）在光照度临界值文本框中，输入不同的数据，重新观察系统运行效果。

5）切换控制模式为"手动"，单击系统界面中的路灯1、2图片，观察实训设备中路灯的开启情况。

本章小结

本章以浅显易懂的例子讲解了函数定义、调用、参数、返回值及变量作用域等基础知

识。在案例上先从一个基于路灯智能控制的案例入手，创建了"Csharp_5"和"Csharp_5_函数基本应用"两个WPF项目。

● "Csharp_5"项目用于实现本章开篇针对路灯智能控制的案例。

● "Csharp_5_函数基本应用"项目分为3个子案例，分别演示了函数的定义、调用、参数传递、变量作用域等函数的基本应用。

学习本章应先理解使用函数的作用，重点掌握用于函数与调用程序间数据交互的参数、返回值定义及使用，使函数定义更具灵活性和通用性，培养合理规划程序结构层次的能力。

习题

1．理解题

1）简述函数、参数及返回值的作用。

2）指出下面函数定义中的错误。

①
```
static int  write( )
    {
      Console.WriteLine("output from function .");
    }
```
②
```
static void compare( ref int x, int y)
    {
      if (x > y)
      {
        s = x ;
      }
      else
      {
        s= y ;
        return s;
      }
    }
    static void Main(string[] args)
    {
      double a = 10, b=15,c;
      c=compare(a,b);
```

```
        Console.WriteLine("c={0}",c);
        Console.ReadKey();
    }
```

3）写出以下程序的运行结果。

```
class Program
    {
        static void test( int a, ref int b)
        {
            int x = a;
            a = b ;
            b = x;
            Console.WriteLine ("a={0},b={1}",a,b);
        }
        static void Main ()
        {
            int x=10, y=25;
            test( x, ref y);
            Console.WriteLine("x={0},y={1}",x,y);
        }
    }
```

2．实践操作题

1）编一个程序，从键盘上输入3个double类型的数，定义函数，以从小到大的顺序排序，以引用型参数调用函数，然后返回主函数输出结果。

2）编写一个函数，实现在给定的字符串中查找子字符串的功能，统计子字符串出现的次数及位置。

3）创建一个WPF程序，利用温度传感器及风扇，模拟简单空调智能控制系统，实现根据界面温度设定值，自动控制实训平台中风扇的开启及关闭功能，同时也提供风扇的手动控制功能。

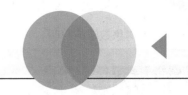

Chapter 6

第 6 章
面向对象编程——类和对象

李李：已经学完了C#的基本语法，如何能成为一个编程高手呢？

杨杨：要想成为编程高手，不仅要掌握基本语法，更重要的是掌握编程思想。编程思想是程序的灵魂，正是由于有了完善的编程方法，编程才不再是少数人的"专利"，现在普通人也可以完成在过去天才才能完成的任务。

李李：那么C#中有哪些重要的编程思想呢？这些编程思想又是如何实现的呢？

杨杨：记得第4章，当执行"adam4150.ControlDO（0，false）;"语句时就能控制1#风扇停，执行"adam4150.ControlDO（0，true）;"语句就能控制1#风扇开。这两条语句神奇吧！其实这两条语句只不过是执行了adam4150对象的ControlDO方法，这里就运用到了面向对象的编程思想。

↘ 本章重点

● 了解面向对象的基本概念。

● 掌握类的定义和对象的声明。

● 掌握类的属性和构造函数。

● 掌握类的静态成员、常量成员、重载等基本应用。

- 掌握this关键字、索引、值类型和引用类型的使用。
- 掌握对象数组的声明。

案例展现　　　风扇开关控制——类的使用

基于C#开发平台，创建一个WPF项目应用程序，利用给定的ADAM-4150的协议指令集，实现对多个风扇的控制，具体功能如下：

1）单击界面左侧的"on/off"图片，实现1#风扇开关。

2）单击界面右侧的"on/off"按钮，实现2#风扇开关。

3）单击界面上的"同时开"按钮，界面上按钮文本变为"同时关"，实现1#、2#风扇开；单击"同时关"按钮，返回图6-1所示的状态，实现1#、2#风扇关。

案例结果

图6-1和图6-2是"风扇控制"的运行初始界面和单击了"同时开"按钮后的运行界面。

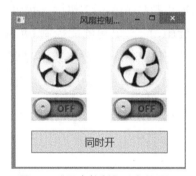

图6-1　"风扇控制"运行界面1　　　　图6-2　"风扇控制"运行界面2

在图6-1中，单击界面上的 图片，该图片显示为 ，实现1#风扇开；同理，单击界面右侧的开关图片，实现2#风扇开关；单击界面上的"同时开"按钮，实现1#、2#风扇开关。

案例准备

创建一个名为"Csharp_6"的WPF应用程序项目，用于实现本案例的功能。

1）新建一个名为"Csharp_6"的WPF应用程序项目。

2）为创建后的"Csharp_6"项目，添加"dll库"目录下的风扇控件类文件"WinFormControl.dll"。

3）参照实训平台使用手册，连接好风扇的线路。

注意：在本例中，实现的功能与本书第4章的功能类似，而第4章实现实训工位的风扇开关是通过调用"dll库"中的类实现的，在本章将通过面向对象的思想让读者掌握类与对象的基本思想。

6.1 面向对象的基本概念

在软件编程技术的发展过程中，逐步形成了多种不同的编程思想。C语言函数的应用，让程序员能够把较大的任务分解成若干小任务，并由函数实现每个小任务，这种分而治之的编程思想称为结构化编程。程序包含两类基本元素——数据和函数。结构化编程注重函数的实现过程，数据的存在只不过是为函数提供支持，所以这种编程方式是面向过程的。结构化编程思想曾经对软件业的发展起了巨大的作用。随着软件复杂度的提高，其程序规模也不断扩大，利用函数在进行模块分解时很难保持各模块的独立性，程序员要记住的函数细节也越来越多，使得他们难以控制软件的开发周期与成本，甚至无法实现交付软件产品。

那么更大规模的软件是如何编写的呢？这时，程序员们意识到可以参照工程化的方法来组织软件开发。于是面向对象技术就应运而生了，面向对象编程（Object-Oriented Programming，OOP）是一种有利于编写大型项目的软件开发方法，在这种方法中，其数据和对数据的操作被封装成"零件"，程序员可以用这些零件组装大规模的项目程序。这种面向对象的编程思想，大大减轻了程序员的开发负担；同时，它有助于控制软件的复杂性，提高软件的开发效率。所以面向对象方法在软件开发中得到了广泛应用，已成为目前最流行的软件开发方法之一。目前，C++语言、Java语言、C#语言都支持面向对象的编程思想。

面向对象的基本概念主要有类、封装、接口、对象，下面逐一介绍。

1. 类（Class）

在第1章里已经非正式化地给出过类的说明，这里再详细介绍下，面向对象思想来源于对现实世界的认知。例如，由各式各样的汽车抽象出汽车的概念，由形形色色的人抽象出人的概念，由品种差异的水果抽象出水果的概念等。汽车、人、水果都代表着一类事物。每一类事物都有特定的属性，如汽车的品牌、马力、耗油量，人的姓名、年龄、肤色，水果的品种、形状和味道，都是事物的属性。每类事物也都有一定的行为，如汽车起动、制动、停车，人会走路、讲话，水果会成熟。这些不同的属性和行为将各类事物区分开来。

面向对象编程也采用了类的概念，它把事物编写成一个一个的"类"。在类中，用数据表示事物的属性，用函数实现事物的行为，数据和事物是一个统一的整体，这就使编程方式和人的思维方式保持一致，极大地降低了思维难度。

2．封装（Encapsulation）

当人们开车时，需要知道汽车的运行原理吗？答案显然是不需要。汽车的运行原理已经被厂商工程师封装在汽车内部了，提供给司机的只是一个简单的使用接口，司机操纵方向盘和各种按钮就可以灵活自如地开动汽车了。

与制造汽车相似，面向对象技术把事物的属性和行为的实现细节封装在类中，形成一个可以重复使用的"零件"。类一旦被设计好，就可以像工业零件一样，被成千上万的对其内部原理毫不知情的程序员使用。类的设计者相当于汽车工程师，类的使用者相当于司机。这样程序员就可以充分利用他人已经编写好的"零件"，而将主要精力集中在自己的专业领域。例如，本书中的Adam4150类，使用者无须知道为什么风扇会开关，只需给出指令让它开或关即可。

3．接口（Interface）

例如，要打开一盏白炽灯与节能灯，虽然白炽灯与节能灯的发光原理不同，但它们的功能却是一样的——照明。由于这两种灯具有相同的接口，因此只需拧下白炽灯，然后换上节能灯即可轻易地实现"零件"的更新换代。

同样，在面向对象编程中，只要保持接口不变，便可任意更改类的实现细节，用一个设计更好的类替换原来的类，实现类的升级换代。现在软件维护和修改的成本已经占到了整个软件开发成本的80%，类的这一编程思想极大地方便了程序的维护和修改，降低了软件成本。

4．对象（Object）

类和对象是初学者比较易混淆的两个概念。类是一个抽象的概念，对象则是类的具体实例。例如，人是一个类，张三、李四都是对象，我们可以说张三的肤色是黄色，而不能说人类的肤色都是黄色。

现实生活中到处充实着对象，一个人、一辆汽车、一种水果都可以称为对象。

6.2 类的定义和使用

6.2.1 类的定义

C#语言如何编写类呢？本节以一个简单的关于"人"的一个类为例进行说明。在这个类中，每个人都有姓名、年龄、肤色3个属性，并且有走路、说话两个行为。

【例6.1】在本章"Csharp_6"解决方案中，添加一个名为"Csharp_6_类应用"的WPF应用程序项目，并在该项目中添加一个类，用以定义"人"这个类，使得"人"类具有姓名、年龄、肤色3个属性，并且有走路、自我介绍两个行为方法。

1）在本章的"Csharp_6"解决方案中，添加一个名为
"Csharp_6_类应用"的WPF应用程序项目，并参照图6-3设
计好界面布局文件"MainWindow. xaml"。

2）右键单击"Csharp_6_类应用"WPF应用程序项目，
在弹出的快捷菜单中选择"添加"→"类"命令，在弹出的
"添加新项"对话框中，输入名称为"Person. cs"，并单击"添加"按钮，如图6-4所示。

图6-3 界面布局效果

图6-4 添加类操作

此时，在代码编辑窗口中就会出现名为"Person. cs"的文件，然后向文件里添加如下代码：

```csharp
namespace Csharp_6_类应用
{
    class Person
    {
        /********下面是成员变量（属性）的定义***************/
        public string name;  //姓名
        private int age;      //年龄
        string color;  //肤色

        /********下面是成员函数（方法）的定义***************/
        // <summary>走路行为</summary>
        // <param name="speed">走路速度</param>
```

```
// <returns>根据速度，返回快、慢、适中</returns>
private string Walk(double speed)
{
    if (speed > 4)
        return "快";
    else if(speed > 2)
        return "慢";
    return "适中";
}


// <summary>自我介绍</summary>
public void Introduce()
{
    Console.WriteLine("*********嗨，下面是我的信息*********"
    Console.WriteLine("姓名:{0}———年龄:{1}———肤色:{2}", name, age,color);
}
}
}
```

这里类用关键字class定义，类的名称紧跟在关键字class后面，类的实现细节则定义在大括号中，其一般格式如下：

```
class  类名
{ //类的成员
  ……
}
```

在Person类中，共声明了3个成员变量（也称为字段）和两个成员函数（也称为方法）。成员由可见性修饰符、数据类型和名称3部分组成。成员变量可在其定义时给出初始值。展示如下：

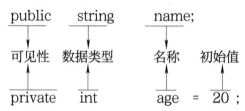

1. 成员变量和成员函数

在Person类中，人具有姓名、年龄、肤色3个属性，分别用变name、age和color表示，它们是类的成员变量。展示如下：

```
public string name; //姓名

private int age=20; //年龄                    成员变量

internal string color;        //肤色
```

在C#中，通常还称类的成员变量为"字段"（Field）。

除了3个属性外，Person类还具有走路、自我介绍两个行为，分别用函数Walk()和Introduce()实现，它们是类的成员函数。在C#中，通常称成员函数为"方法"（Method）。展示如下：

$$\left.\begin{array}{l} \text{private string Walk(double speed)} \\ \text{public void Introduce()} \end{array}\right\} \text{成员函数}$$

类的功能由类的成员实现，一般情况下类的属性用成员变量表示，类的行为用成员函数实现。

2．可见性修饰符

类具有封装和接口两个基本特征。类将它的实现细节封装在内部，不为使用者所知，但它要提供接口，让使用者使用它的功能。类通过其公有成员来实现接口，公有成员用关键字public声明。展示如下：

$$\left.\begin{array}{l} \text{public string name; //姓名} \\ \text{public void Introduce()} \end{array}\right\} \text{公有成员}$$

类通过私有成员实现封装，私有成员用关键字private声明。展示如下：

$$\left.\begin{array}{l} \text{private int age=20;} \\ \text{private string Walk(double speed)} \end{array}\right\} \text{私有成员}$$

关键字public和private常常被统称为类成员可见性的修饰符（Modifiers）。除了public和private可见性修饰符外，还有protected和internal两种修饰符。public、protected、 private、internal形成了以下4种访问权限：

1）private将成员封装在类的内部，只有在类的内部可见。类成员前如果没写任何修饰符，则默认为private。

2）internal修饰的成员，仅为同项目（这里的项目是指单独的项目，而不是整个解决方案）调用。

3）protected修饰的成员除了在同一命名空间内具有可见性外，在其他命名空间中，只有在这个类的子类内才能访问这些成员。

4）public修饰的公有成员能够被所有类访问。

在Person类中，公有变量name和公有函数Introduce()可以被外界调用（供其他类使用），而私有变量age和私有函数Walk()不能被外界调用（只能在类的定义代码中使用）。

把成员变量或成员函数标记为private，可以有效确保它们只在类内部工作，编译器不允许类以外的任何代码访问它们，从而确保这些数据不被外界所修改，大大增强了程序的健壮性。另外，只要保持公有成员（接口）不变，对类内部进行任何优化都不会对外界产生影响，所以，一般尽可能把类的成员设计为私有，以利于类的升级改造。

6.2.2 声明对象

类是封装数据和函数的基本单元，是用户根据实际问题自己抽象的一种类型。类是抽象的概念，对象是用类名作为一种数据类型定义的"变量"，称为类的实例，是真实的个体。属性是描述具体对象的，行为是由具体对象发出的。例如，只能让张三做自我介绍，而不是让概念层次上的"人类"做自我介绍。所有的人都会自我介绍，但自我介绍这个动作是由一个具体的人做出来的，并且张三和李四的自我介绍是不同的事件。因此要使用类，必须先声明一个该类的对象，通过对象执行类的行为。

在"MainWindow.xaml.cs"代码类中，添加"执行"按钮的事件代码如下：

```csharp
private void btnRun_Click(object sender, RoutedEventArgs e)
    {
        do_Object1();  //声明对象案例1
    }


//声明对象案例1
void do_Object1()
    {
            //声明对象
            Person p1 = new Person();
            //**********访问数据成员********
            p1.name = "张三";  //public修饰符可访问
            p1.color = "黄色";  //internal在同一项目中可访问
            //p1.age = 3; 私有成员访问出错

            //***********调用函数成员****
            p1.Introduce();
            //p1.Walk();          私有成员访问出错
    }
```

运行结果如图6-5所示。

图6-5　使用Person类的对象

在程序中，要使用double、int等基本数据，就要先定义该类型的变量。同理，Person类相当于定义了一种新的数据类型，要使用该类型，就要先定义该类型的变量——对象。声明对象的语法如下：

Person p1 = new Person();

类　　　　对象名称　　新建运算符　　　构造函数

在面向对象编程中，通过new运算符创建对象，执行该语句后系统为对象分配内存空间，并通过类的构造函数初始化类的成员变量（每个类都有一个与类同名的默认构造函数）。创建类的过程叫作类的实例化。

在上面的实例化过程中，对象p1的name、age、color 3个成员变量都被默认的构造函数Person()初始化，字符串变量name被初始化为null（空）、color被初始化为"黄色"，整型变量age被初始化为20（若不给出值，则初始化为0）。

对象p1拥有Person类的所有变量成员和函数成员，那么如何使用这些成员呢？C#通过点运算符调用Person的公有成员。

下面的语句通过点运算符调用了对象p1的公有成员变量name：

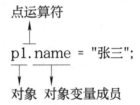

点运算符

p1.name = "张三";

对象　对象变量成员

需要强调的是，类外的对象只能调用类的公有成员，不能调用类的私有成员。例如，"p1.age = 3"这条语句在编译时就会出错，提示其不可访问。

下面的语句通过点运算符调用了对象p1的公有成员函数Introduce：

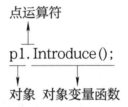

点运算符

p1.Introduce();

对象　对象变量函数

当创建了同一个类的多个对象时，多个对象共享函数成员的代码，但其数据成员不共享，每个对象都会在内存中开辟各自的新空间以存储自己的数据成员。假如程序同时创建了p1和p2两个对象，则它们在内存中的数据是相互独立的，创建几个对象，就创建了几份数据。

仔细观察分别访问两个对象变量的运行结果。代码如下：

```
private void btnRun_Click(object sender, RoutedEventArgs e)
    {
        do_Object2();  //声明对象案例2
    }
```

```
//声明对象案例2
 void do_Object2()
    {
          //声明对象
          Person p1 = new Person();
          Person p2 = new Person();
          p1.name = "张三";
          p2.name = "李四";
          Console.WriteLine("p1姓名:{0}", p1.name);
          Console.WriteLine("p2姓名:{0}", p2.name);
    }
```

运行结果如图6-6所示。从运行结果可知，"张三"的name和"李四"的name是两个不同的数据。

图6-6　两个对象的name是不同的变量

6.2.3　属性

类中的公有成员变量，理论上可以被类外对象直接访问，但有时这种不加限制的访问可能会造成问题，例如，"p1.age=-5"，该语句可以通过编译，但年龄显然不应该为负数。因此，必须寻找一种办法对赋值进行合法性检查，该方法就是把变量age声明为私有，并定义一个属性来访问它。

在Person类中，变量age为私有成员，为了使整个私有的变量能够被类外对象访问，C#设计了一种特殊的语法——属性（Property），在属性定义中可以对数据进行合法性检查，从而提高了类的封装性。

为私有变量成员添加属性的步骤如下：

1）在Person类代码中，选中"age"，然后单击鼠标右键，在弹出的快捷菜单中选择"重构"→"封装字段"命令，如图6-7所示。

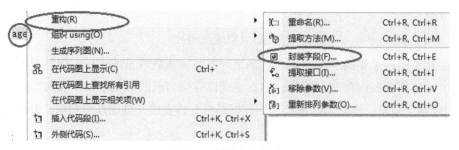

图6-7　封装字段操作

2）然后进入如下所示的属性代码段：

```
public int Age
    {
        get { return age; }
        set { age = value; }
```

```
    }
```

在属性中，定义了get和set两个访问器，get访问器用来读取变量的值，set访问器用来设置变量的值。合法性检查的代码定义在两个访问器中。需要注意的是，访问器没有声明显式的参数，但它有一个名为value的隐式参数。

修改set访问器的代码，使之能对age的参数进行合法性检查。

```
public int Age
{
    get { return age; }
    set {
        if (value <= 0)
            age = 0;
        else
            age = value;
    }
}
```

属性可以看作特殊的函数，其运行方式和函数相似，但属性的使用方式和变量完全相同。

```
Person p1 = new Person();
p1.Age =18;  //设置
Console.WriteLine("p1年龄:{0}", p1.Age); //读取
```

无论何时使用属性，都会在后台隐式地调用get访问器或set访问器，并执行访问器中的代码。

属性既有封装性，又可进行合法性检查，还符合变量的使用习惯，达到了"一箭三雕"的效果。

每个属性背后都对应着一个变量，一般让属性和它所对应的变量同名，只是将首字母大写，以示区别。例如，与变量age相对应的属性为Age。当然也可以给属性起一个毫不相关的名字，但这样做显然不利于阅读。

请读者试着将Person类中的name、color变量定义为私有，然后为其定义属性。

6.2.4 构造函数

在系统创建对象时，系统为对象的成员变量分配内存以后，通过构造函数（Constructor）初始化对象的成员变量。

1．默认构造函数

每个类都有与类同名的默认构造函数，如Person类的默认构造函数就是Person()。 在创建对象时，系统自动调用默认的构造函数，当成员变量未给出初始值时，系统以默认值初始化所有成员变量。例如，整型变量初始化为0，实型变量初始化为0.0，布尔型变量初始化为false，字符串变量初始化为null（空），等。

运行代码，查看其输出结果：

```
Person p1 = new Person();
p1.Introduce();
```

在创建p1对象时，系统先通过new运算符为每个成员变量分配内存空间，然后通过默认的构造函数Person()初始化变量成员，变量name被初始化为null，变量age和color采用初始给定值。

构造函数总是存在的，即使没有显式定义，编译器也会为类分配一个默认构造函数。

2．带参数的构造函数

除默认构造函数外，还可以定义带参数的构造函数，带参数的构造函数可以用指定的值初始化类的成员变量。

下面为Person类定义一个带参数的构造函数，修改类Person类的代码如下：

```
class Person
{
   //在类中添加构造函数
   public Person(string strName, int intAge, string strColor)
      {
           //初始化变量
           name = strName;
           age = intAge;
           color = strColor;
           //测试语句，作为构造函数被调用的证据
           Console.WriteLine("调用带参数的构造函数，定义了一个人");
       }
     //其他成员
      ……;
      ……;

   }
```

构造函数是一种特殊的函数，它必须和类同名，并且没有返回类型（连void也没有）。下面的语句是用带参数的构造函数创建了一个对象：

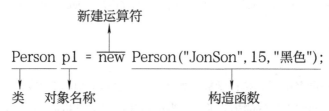

用上面的代码创建对象时，构造函数把成员变量name初始化为"JonSon"，把成员变量age初始化为"15"，把color 初始化为"黑色"。

用如下语句验证构造函数的应用：

Person p1 = new Person("JonSon",15,"黑色");
p1.Introduce();

执行结果如图6-8所示。

输出结果的第1句话表明构造函数被执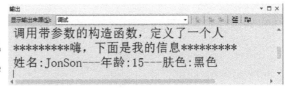
行了，第3句话表明p1的变量name、age
和color被相应的参数初始化了。

图6-8　用带参数的构造函数初始化对象

3．无参数构造函数

当在Person类中自定义了构造函数后，可以发现在"MainWindow.xaml.cs"类中，
原来调用"Person p1 = new Person();"的命令语句出错了，这是因为在Person类中定
义了一个带参数的构造函数后，默认构造函数Person()就失效了，要想继续使用无参数的构
造函数，必须显式定义无参数的构造函数Person()。代码如下：

```
class Person
{
    //在类中添加构造函数
    //无参数的构造函数
        public Person()
        {
            name = "Mike";
            age = 20;
            color = "白人";
            //测试语句，作为无参数的构造函数被调用的证据
            Console.WriteLine("无参数的构造函数被调用了");
        }
    //带参数的构造函数
    public Person(string strName, int intAge, string strColor)
        {
            //初始化变量
            name = strName;
            age = intAge;
            color = strColor;
            //测试语句，作为构造函数被调用的证据
            Console.WriteLine("调用带参数的构造函数，定义了一个人");
        }
        //其他成员
         ……;
```

```
    ……;
  }
```

当自定义了无参数的构造函数后，系统会用自定义的无参数构造函数代替默认的构造函数，用自定义的无参数构造函数中的代码初始化变量。

请运行如下代码，观察执行结果：

```
Person p1 = new Person();
  p1.Introduce();
```

执行结果如图6-9所示。

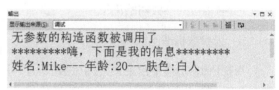

请将结果与默认构造函数作比较，分析原因。

自定义构造函数的函数体也可以为空，这时系统会用默认值初始化类的变量成员。

图6-9　用自定义的无参数构造函数初始化对象

6.2.5　析构函数和垃圾回收

程序中对不再使用的对象要及时销毁以释放内存空间，在面向对象设计中可以使用类的析构函数（Destructor）销毁对象。

下面是析构函数的定义。定义Person类的析构函数如下：

```
class Person
{
    //无参数的构造函数
    public Person()
      {
        //测试语句，作为构造函数被调用的证据
          Console.WriteLine("调用了构造函数，定义了一个人");
      }
    //析构函数
      ~Person()
      {
          Console.WriteLine("析构函数被调用——对象就销毁了");
      }
    //其他成员
      ……;
      ……;
}
```

析构函数也与类同名，只是要在函数名前加符号"～"，它不能带任何参数，也没有返回值。函数前面也不带可见性修饰符public，析构函数用来销毁对象，释放对象所占用的内存空间，但由于定义类时编译器会自动生成一个默认的析构函数，所以一般情况下没有必要编写析构函数，而且由于C#设计了非常完善的垃圾回收机制，一般也不用向析构函数里添加代码。析构函数通常用来释放对象使用的非托管资源。

程序中每个变量都有作用域（生命周期），一般情况下，变量的作用域从声明处开始，到它所在的程序块末尾为止。示例代码如下：

```csharp
private void btnRun_Click(object sender, RoutedEventArgs e)
    {
        do_Collect();   //析构函数和垃圾回收
    }


//***********析构函数和垃圾回收***********
    void do_Collect()
        {    //作用域从声明处开始
            Person p1 = new Person();
            p1.Age = 18;  //设置
            Console.WriteLine("p1年龄:{0}", p1.Age); //读取

            //其他语句
            ……;
            p1 = null;
            GC.Collect();

        //作用域到程序块末尾结束

        }
```

> 对象p1的作用域

C#中提供了垃圾回收机制来自动回收不再使用的对象；但若要销毁对象，则必须显式地调用GC．Collect()来处理这个事件，当执行GC．Collect()时，系统自动调用对象的析构函数，释放对象所占的资源。运行结果如图6-10所示。

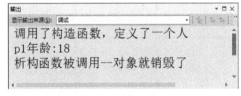

图6-10　对象的作用域

然而在实际工程应用开发中，有时虽然不用某对象了，但离作用域结束还有相当长的时间，在这期间，对象仍然占用内存，浪费资源。

在C++中，程序员需要显式地用delete语句删除垃圾对象，如果程序员忘记了及时删除，则这些垃圾对象有可能占用大量的内存空间，造成"内存泄露"。

为了解决这个问题，C#专门设计了一套回收资源的机制——垃圾回收器。当垃圾回收器确定某个对象不再使用时，就会自动销毁该对象，释放内存空间。在这套机制下，内存自动回收，无须人工干预，解决了常常困扰C++程序员的"内存泄露"问题。总之，在C#中删除对

象的工作由垃圾回收器完成，析构函数通常用来释放对象使用的非托管资源。

需要指出的是，垃圾回收器的运行时间具有不确定性，无法预计垃圾回收器什么时候运行，因此也无法预测什么时候会销毁无用对象，有可能立即销毁，也可能要过一段时间才销毁，必要时可以通过调用System.GC.Collect()方法强迫垃圾回收器在某个时间运行，但这对性能会有一定的影响。

6.2.6 实例演练——Adam4150类

为了加深对类的理解，下面设计一个关于数字量采集模块Adam4150的类。

【例6.2】在本章的"Csharp_6"WPF应用程序项目中添加一个名为"Csharp_6_Adam4150类应用"的WPF应用程序项目，并在该项目中添加一个Adam4150类，用以定义"数字量采集模块Adam4150"这个类。具体要求如下：

1）Adam4150类的属性与方法见表6-1。

表6-1　Adam4150类中的成员

访 问 权 限	数据类型	成 员	说 明
private	SerialPort	com	串口对象
private	byte	address	模块地址，初始值为1
public	byte	Address	Address的属性，取值范围为1～255
public	int	BaudRate	波特率
public		Adam4150()	构造函数，无参数
public		Adam4150(byte pAddress, int pBaudRate = 9600)	构造函数，两个参数；功能：给对象的模块地址和波特率赋值；波特率默认值：9600
public	bool	Open(string portName= "COM2")	串口名称默认值：COM2；返回：串口打开成功返回true，否则返回false
public	void	Close( )	关闭串口

2）MainWindow.xaml主界面要求见表6-2。

表6-2　窗体属性

控 件 类 型	Name属性	属 性	属 性 值	说 明
Window	MainWindow	Title	Adam4150类应用	窗口标题
		Loaded事件	Window_Loaded	窗体加载事件
Lebel		Content	请输入串口：	

（续）

控 件 类 型	Name属性	属 性	属 性 值	说 明
TextBox	txtCom	Text	COM2	串口名称，默认为COM2
Button	btnOpenCLose	Content	打开	打开操作：打开串口，按钮文本显示为"关闭"，图片状态为红色；关闭操作：关闭串口，按钮文本显示为"打开"，图片状态为灰色
		Click事件	btnOpenCLose_Click	
Image	imgOpenCLose	Image	Images/Close.png	图片资源，初始为灰色，表示关闭

操作步骤

1）在"Csharp_6"解决方案中，添加一个名为"Csharp_6_Adam4150类应用"的WPF应用程序项目，并参照图6-11设计好界面布局文件"MainWindow.xaml"。

图6-11　界面布局效果

2）参照【例6.1】为该项目添加Adam4150类，参照如下代码设计该类：

```
using System.IO.Ports; //串口的命名空间
namespace NewlandLibraryHelper
{
    public class Adam4150
    {
        private SerialPort com; //串口
        public int BaudRate; //模块的波特率
        private byte address = 0x01; //开关量模块地址

        //address的属性地址取值为1~255
        public byte Address
        {
            get { return address; }
            set
            {
                if (value < 1 | value > 255)
                    address = 1;
                else
                    address = value;
            }
        }
```

```
    }

    // <summary>默认构造函数</summary>
    public Adam4150()
    { }

    // <summary>带参数的构造函数</summary>
    // <param name="address">模块地址（0x01，0x02,...）</param>
    // <param name="baudRate">设备波特率</param>
    public Adam4150( byte address,int baudRate = 9600)
    {
        this.address = address;
        this.BaudRate = baudRate;
    }

    // <summary>打开端口</summary>
    // <param name="portName">串口（COM1，COM2）</param>
    // <returns>true-执行成功，false-执行失败</returns>
    public bool Open(string portName="COM2")
    {
        try
        {   com = new SerialPort(portName, BaudRate); //声明串口
            com.Open();  //打开串口
            return true;
        }
        catch
        { return false; }
    }
    // <summary>关闭端口</summary>
    // <returns>无</returns>
    public void Close()
    {
        if (com != null && com.IsOpen)
        {
            com.Close();
            com = null;
        }
    }
}
```

在此例子中，细心的读者是否发现，在Adam4150类中，在其定义语句

"public class Adam4150" 前面加了public修饰符，而原先的Person类前面是默认的，为何在这里要加public修饰符呢？这是因为这里的Adam4150类其命名空间为"NewlandLibraryHelper"，而其调用类"MainWindow.xaml.cs"的命名空间为"Csharp_6_Adam4150类应用"，因类与其调用类不在同一命名空间，因此要将该类的可见性定义为公有的。类的可见性修饰符与成员变量的修饰符一样，有public、protected、private、internal 4种。当类缺少修饰符时默认为private权限，在不同命名空间下的外部类不可以进行访问。

此外，类中用属性实现对私有变量address的访问，其好处如下：

1）可以对赋值进行合法性检查。

2）增强封装性，当数据的存储形式发生改变时，只需改动属性中的代码，其他代码不受影响。

例如，类中用私有变量address，其所代表的模块地址取值为1～255，为了能够输入合法的值。类中用属性Address的set访问器来设置其值。

这里类文件还应用到一个SerialPort串口类，更多关于串口类的介绍请读者参阅相关文档，本书不再过多介绍。

3）返回类文件"MainWindow.xaml.cs"中，添加窗体加载和按钮的打开与关闭事件，以验证类的使用。代码如下：

```
namespace Csharp_6_Adam4150类应用
{
    // <summary>
    // MainWindow.xaml 的交互逻辑
    // </summary>
    public partial class MainWindow : Window
    {
        public MainWindow()
        {
            InitializeComponent();
        }

        //定义一个Adam4150 对象,对象名为adam4150
        NewlandLibraryHelper.Adam4150 myAdam4150;

        //窗体加载事件
        private void Window_Loaded(object sender, RoutedEventArgs e)
        {
            //调用默认构造函数
```

```
        myAdam4150 = new NewlandLibraryHelper.Adam4150();
        myAdam4150.BaudRate = 9600; //设置模块的波特率属性值为9600
        myAdam4150.Address = 0x01; //  设置设备地址为0x01
        //带参数的构造函数
        //myAdam4150 = new NewlandLibraryHelper.Adam4150( 0x01,9600);
    }

    //打开/关闭设备
    private void btnOpenClose_Click(object sender, RoutedEventArgs e)
    {
        if (btnOpenClose.Content.ToString() == "打开")
        {
            //打开ADAM-4150设备，adam4150连接COM2口
            if (myAdam4150.Open(txtCom .Text)) //如果打开成功
            {
                btnOpenClose.Content = "关闭";
                BitmapImage imagetemp = new BitmapImage(new Uri("Images\\Open.png", UriKind.
Relative));
                imgOpenClose.Source = imagetemp; //设置图片为打开状态
            }
        }
        else //关闭
        {
            myAdam4150.Close();
            btnOpenClose.Content = "打开";
            BitmapImage imagetemp = new BitmapImage(new Uri("Images\\Close.png", UriKind.
Relative));
            imgOpenClose.Source = imagetemp; //设置图片为关闭状态
        }
    }
}
```

程序执行的初始界面如图6-12所示，单击"开始"按钮，连接设备的串口状态图片显示为红色，表示连接设备的串口已打开，按钮文本显示为"关闭"，界面如图6-13所示。单击"关闭"按钮，连接设备的串口关闭，界面返回图6-12所示的状态。

图6-12 关闭设备的初始运行界面

图6-13 打开设备的运行界面

6.3　类的高级应用

在【例6.2】中的Adam4150类定义中，使用了一个SerialPort类作为成员变量，那么在类中还有哪些高级应用呢？下面探究面向对象中类的其他特性。

6.3.1　静态成员

1．静态变量

一般情况下成员变量是描述具体对象的，如张三的年龄不会影响李四的年龄，张三的肤色不会影响李四的肤色。每个对象都会在内存中存储属于自己的数据，创建几个对象，就会有几份数据，它们独立存在，互不相关，一个对象不能访问另一个对象的数据。

假设现在需要统计进入实验室的人数，为了统计人的数量，可在Person类中声明一个personCount变量，用来记录进入实验室的总人数。由于每个人都拥有独立的personCount变量，因此当人的数量增加时，就必须通知所有其他人改变personCount的值，操作起来相当麻烦。

personCount变量是描述"人"这个整体特征的量，表示目前已有多少个"人"对象，这种描述类的整体特征的量可以用静态变量实现。静态变量在内存中只有一份，为类的所有对象共享。

下面修改一下"人"类，先声明静态变量，代码如下：

```
class Person
    {
        /********下面是成员变量（属性）的定义*****************/
        public string name; //姓名
        private int age = 20; //年龄
        internal string color = "黄色";      //肤色
        //声明静态变量
        public static int personCount = 0;

        //************下面是构造函数定义*********************
        //带参数的构造函数
        public Person(string strName, int intAge, string strColor)
        {
            //初始化变量
            name = strName;
            age = intAge;
            color = strColor;
            personCount++; //人数增加
        }
        //无参数的构造函数
```

```
public Person()
{
    personCount++;  //人数增加
}

//析构造函数
~Person()
{
    personCount--;  //人数减少
}
}
```

在Person类中声明了一个静态变量，所有的人都可以访问这个变量，从而得知人的数量。当创建对象时，通过构造函数使personCount自增；当销毁对象时，通过析构函数使personCount自减。

静态变量用关键字static声明：

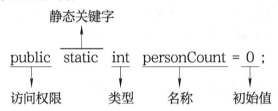

静态变量是描述整个类的，不管实例化多少个对象，在内存中只存在一份数据，所有的对象都可以使用它。

下面返回【例6.1】中的应用项目，在"MainWindow.xaml.cs"中添加如下代码：

```
private void btnRun_Click(object sender, RoutedEventArgs e)
{
    do_StaticVariable();  //静态变量
}
//*************静态变量***************/
void do_StaticVariable()
{
    Person p1 = new Person("张三", 18, "黄色");
    Console.WriteLine("{0}是第{1}个人", p1.name, Person.personCount);
    Person p2 = new Person("李四", 20, "黄色");
    Console.WriteLine("{0}是第{1}个人", p2.name, Person.personCount);
    Person p3= new Person("Mike", 17, "白色");
    Console.WriteLine("{0}是第{1}个人", p3.name, Person.personCount);
}
```

运行结果如图6-14所示。

若把语句"public static int personCount = 0;"中的static去掉，则该变量即为实例变量，请读者把static去掉，然后再运行程序，查看是否遇到了图6-15所示的编译错误。

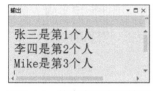

图6-14　静态变量应用结果　　　　　　　　图6-15　试图引用非静态变量

该错误的原因是：没有用static关键字修饰的变量称为实例变量，在C#中，实例变量通过对象名引用，而静态变量通过类名引用。展示如下：

在图6-15中，提示需用对象名进行引用，代码修改如下：

```
//*************静态变量***************/
void do_StaticVariable()
{
    Person p1 = new Person("张三",18, "黄色");
    Console.WriteLine("{0}是第{1}个人", p1.name, p1.personCount);
    Person p2 = new Person("李四", 20, "黄色");
    Console.WriteLine("{0}是第{1}个人", p2.name, p2.personCount);
    Person p3= new Person("Mike", 17, "白色");
    Console.WriteLine("{0}是第{1}个人", p3.name, p3.personCount);
}
```

执行结果如图6-16所示。

在图6-16所示的运行结果中，为什么personCount不会自动增加呢？请读者自行分析。

图6-16　示例变量的运行结果

使用静态成员不需要声明对象，只需使用类名，这常常和程序员的思维保持一致，使用非常方便。例如，Math类的成员基本上均为静态成员，不必声明Math类的对象就可以使用各种数学常量和函数。例如：

```
double alpha = Math.PI / 3;
double cosValue = Math.Cos(alpha);
```

　　静态变量只能在创建类时初始化一次，如果静态变量比较复杂，则可以定义一个静态构造函数，专门用来初始化静态变量。静态构造函数也需用关键字static声明。

　　2．静态函数

　　一般认为行为是由具体对象发出的，而不是由抽象的类发出，因此使用类的成员函数时，要先创建一个对象，然后通过对象调用函数。但是在某些情况下，对象的概念非常模糊（如Math类），直接通过类名调用函数反而更符合人们的思维。

　　请观察下面的程序：

```
double alpha = Math.PI / 3;
double cosValue = Math.Cos(alpha);
```

　　在上面的程序中，没有创建Math类对象，直接通过类名调用了方法Cos()，为什么可以这样呢？这因为Cos()是Math类的静态函数，调用静态函数时不必事先创建对象，直接用类名调用即可。

　　下面来编写一个静态HexConvert类，它的静态函数可用来实现将一个"十六进制文本"与"十六进制数组"相互转换。下面先定义静态函数，代码如下：

```
//定义 HexConvert 类
 public class HexConvert
   {
      // <summary>把十六进制格式的字符串转换成字节数组</summary>
      // <param name="pString">要转换的十六进制格式的字符串,十六进制数之间以空格隔开</param>
      // <returns>返回字节数组</returns>
      public static byte[] getBytesFromString(string pString)
      {
         //把十六进制格式的字符串按空格转换为字符串数组
         string[] str = pString.Split(' ');
         //定义字节数组并初始化，长度为字符串数组的长度
         byte[] bytes = new byte[str.Length];
         //遍历字符串数组，把每个字符串转换成字节类型赋值给每个字节变量
         for (int i = 0; i < str.Length; i++)
            bytes[i] = Convert.ToByte(Convert.ToInt32(str[i], 16));
         return bytes;    //返回字节数组
      }

      // <summary>把字节数组转换为十六进制格式的字符串</summary>
      // <param name="pByte">要转换的字节数组</param>
      // <returns>返回十六进制格式的字符串</returns>
      public static string getStringFromBytes(byte[] pByte)
```

```
        {
            string str = " ";    //定义字符串类型的临时变量
            /*****遍历字节数组，把每个字节转换成十六进制字符串，
                  不足两位前面添"0"，以空格分隔，累加到字符串变量中********/
            for (int i = 0; i < pByte.Length; i++)
                str += (pByte[i].ToString("X").PadLeft(2, '0') + " ");
            str = str.TrimEnd(' ');    //去掉字符串末尾的空格
            return str;    //返回字符串临时变量
        }
    }
```

在主界面中调用函数如下:

```
private void btnRun_Click(object sender, RoutedEventArgs e)
{
    do_StaticFunction(); //静态函数
}
//************静态函数**************/
void do_StaticFunction()
{
    //double alpha = Math.PI / 3;
    //double cosValue = Math.Cos(alpha);
    string strHex = "10 08 0B 13 0A";
    byte[] byteArrayHex = HexConvert.getBytesFromString(strHex);
    for (int i = 0; i < byteArrayHex.Length; i++)
    {
        Console.Write("{0} ", byteArrayHex[i]);
    }
}
```

运行结果如图6-17所示。

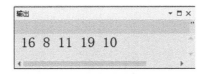

图6-17 静态函数的运行结果

静态函数用static关键字声明，调用静态函数时不必事先创建对象，可直接通过类名调用。展示如下:

public static byte[] getBytesFromString(string pString)

静态关键字

没有用static关键字修饰的函数称为实例函数，实例函数必须通过对象来引用。请读者分析程序中经常使用的函数WriteLine()是Console类的静态函数吗？

请读者自行将Person类中的静态变量personCount改为私有，然后建立一个公有静态函数 GetPersonCount()来访问私有变量personCount。

6.3.2 常量成员

1．const 常量

在第2章的学习过程中，已经知道常量使用了有意义的名称，和数字相比，const常量更易于阅读和修改。此外，常量由于编译器能保证它的值在程序运行过程中保持不变，和变量相比，const常量更健壮。那么，在类中如何创建const常量呢？

为了说明问题，下面建立一个"Circle"类，其中圆周率用const常量PI表示。声明const常量的代码如下：

```
//定义Circle类
class Circle
    {
        //公有变量
        public double r; //半径
        public const double PI = 3.1415926;        //圆周率
        //构造函数
        public Circle(double rValue)
        {
            r = rValue;
        }
        //函数：计算周长
        public double GetCircum()
        {
            return 2 * PI * r;
        }
        //函数：计算面积
        public double GetArea()
        {
         return PI * r * r;
        }
    }
```

声明const常量的语法如下：

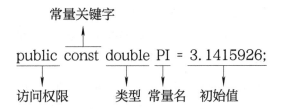

常量关键字

public const double PI = 3.1415926;

访问权限　　　类型 常量名 初始值

　　const常量只能在声明的时候初始化，不能在其他地方赋值，运行过程中它的值保持不变。特别需要注意的是，类的const常量成员是隐式静态的，为所有Circle对象共有。所以在类外要通过类名来引用变量PI。但需要注意的是，虽然const常量默认是静态的，但不能用static关键字显式声明。

　　实际上，const的静态性是代码层面的，因为编译器会在生成PI时把对const常量的引用直接代替成对应的值，这将割裂const常量和所属类型之间的从属关系，从这点来看，不能用static关键字来声明是合理的。

　　类外通过类名来引用const常量的示例代码如下：

```
private void btnRun_Click(object sender, RoutedEventArgs e)
    {
        do_Const() ; //静态函数
    }


//*************Const常量***************/
    void do_Const()
    {
    Circle myCircle = new Circle(10);
    Console.WriteLine("圆周率：{0}",Circle.PI);
    Console.WriteLine("直径：{0}", myCircle.r);
    Console.WriteLine("周长：{0}", myCircle.GetCircum());
    Console.WriteLine("面积：{0}", myCircle.GetArea());
    }
```

运行结果如图6-18所示。

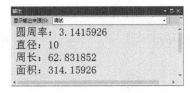

图6-18　const常量的运行结果

2．readonly 常量

　　const常量是隐式静态的，为同一个类的全部对象所共有，所有对象具有相同的值。如果c1和c2是Circle类的两个对象，那么它们的const常量PI具有相同的大小，都是3.1415926。

一个人的肤色是固定不变的，是个常数，但是不同的人可能有不同的肤色。为了表示每个人的肤色，这时需要这样一种常量，它在类的具体对象中是固定的常数，但在不同对象中可以有不同的值。这种常量可以用readonly常量实现。

下面修改Person类，用readonly常量color表示人的肤色。声明readonly常量的代码如下：

```
class Person
  {
      /********下面是成员变量（属性）的定义***************/
      public string name; //姓名
      private int age = 20; //年龄
      // internal string color = "黄色";      //肤色
      internal readonly string color;      //肤色
      //声明静态变量
      //public static int personCount = 0;
      public int personCount = 0;

      //***********下面是构造函数定义********************
      //带参数的构造函数
      public Person(string strName, int intAge, string strColor)
      {
          //初始化变量
          name = strName;
          age = intAge;
          color = strColor;
      }
      //其他成员
  }
```

在这里的Person类中，声明了一个名为color的readonly常量，用来表示人的肤色。声明readonly常量的语法如下：

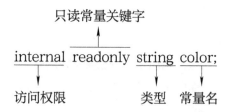

与const常量不同，readonly常量是非静态常量，实际上是只读的变量，每个对象可以有不同的值。

在"MainWindow. xaml. cs"类中添加的按钮代码如下：

```
private void btnRun_Click(object sender, RoutedEventArgs e)
```

```
{
do_Readonly() ; //静态函数
}
//*************readonly常量***************/
void do_Readonly()
{
    Person p1 = new Person("张三", 18, "黄色");
    //p1.color = "黑色"; 出现"无法对只读的字段赋值"错误提示信息
    Console.WriteLine("{0}的肤色是：{1}", p1.name, p1.color);
}
```

在上述代码中，若执行"p1.color ="黑色";"语句，就会给出"无法对只读的字段赋值"错误提示信息。这是因为readonly常量只能在以下两种情况下进行赋值：一是在定义时进行初始化，二是在构造函数里进行初始化赋值，不可以在其他地方对其进行赋值。

程序运行结果如图6-19所示。

图6-19 使用readonly常量的运行结果

6.3.3 重载（Overload）

1. 函数重载

下面创建一个MathCalc类实现简单计算器功能，并为其添加一个静态的函数Divide()，用来求两个数相除的商。代码如下：

```
//定义 MathCalc 类
class MathCalc
{
    //函数：求两整数之商
    static public int Divide(int x, int y)
    {
        return x / y;
    }
    //其他成员
}
```

在"MainWindow.xaml.cs"类中，通过MathCalc类的函数Divide()计算两个整数相除的商，代码如下：

```
private void btnRun_Click(object sender, RoutedEventArgs e)
{
    do_Devide(); //函数重载:两个整数的商
}
//*************函数:两个整数的商***************/
```

```
void do_Devide()
{
    int x=5;
    int y=2;
    int q = MathCalc.Divide(x, y);
    Console.WriteLine("{0}/{1}={2}", x, y,q);
}
```

运行结果如图6-20所示。

由于两个int型数据相除的结果仍为int型，小数部分被舍去，因此5/2的结果为2。如果传入两个int型参数，函数Divide()将很好地工作，如果传入两个double型参数，函数Divide()就不能工作了，因为参数类型不匹配。一种解决办法是分别为int型和double型参数定义函数。代码如下：

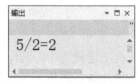

图6-20　两个int型数据相除

```
//定义 MathCalc 类
class MathCalc
{
    //函数：求两整数之商
    static public int DivideInt(int x, int y)
    {
        return x / y;
    }

    //函数：求两实数之商
    static public double DivideDouble(double x, double y)
    {
        return x / y;
    }
}
```

当参数类型为int型时，调用函数DivideInt()；当参数类型为double型时，调用函数DivideDouble()。用这种方法虽然解决了问题，但类似的功能定义了两个不同名称的函数，使用起来不方便，作为一个面向对象的语言，C#提供了一个完美的解决方案——函数重载（Overload）。

重载函数的代码如下：

```
//定义 MathCalc 类
class MathCalc
{
    //函数重载：求两整数之商
    static public int Divide(int x, int y)
```

```
        {
            return x / y;   //两个整数相除的结果仍为整数
        }

            //函数重载：求两实数之商
        static public double Divide(double x, double y)
        {
            return x / y;          //两个实数相除的结果仍为实数
        }
    }
```

类中定义了两个名为Divide的函数，这种现象称为函数重载。函数重载的调用原则是参数"最佳匹配"，即系统调用参数类型最匹配的那个函数。在本例中，如果参数类型为int型，则会调用int版的函数Divide()；如果参数类型为double型，则会调用double版的函数Divide()。

在"MainWindow.xaml.cs"类中分别调用两个重载函数，代码如下：

```
private void btnRun_Click(object sender, RoutedEventArgs e)
 {
     do_OverLoadDevide(); //函数重载
 }

//*************函数重载***************/
void do_OverLoadDevide()
    {
        int x = 5;
        int y = 2;
        int q1 = MathCalc.Divide(x, y); //调用 int 版的Divide函数
        Console.WriteLine("{0}/{1}={2}", x, y, q1);

        double d1=5.0;
        double d2=2.0;
        double q2 = MathCalc.Divide(d1, d2); //调用 double 版的Divide函数
        Console.WriteLine("{0}/{1}={2}", d1,d2, q2);
    }
```

运行结果如图6-21所示。第一次调用int版的Divide函数，结果为2；第二次调用 double 版的Divide函数，结果为2.5。

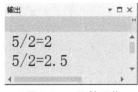

图6-21　函数重载

以前读者可能不理解如下语句：

```
Console.WriteLine(n);
```

```
Console.WriteLine("Hello");
```

不管参数为哪种类型的都能输出结果，因为用了函数的重载。.NET类库总共为函数WriteLine()设计了19个重载函数，用来应对各种情况的输出。

需要说明的是，C#在类中声明重载函数时，其形式参数的个数、类型或者顺序必须不同，如果形参个数相同，仅函数的返回值不同，则不会构成函数重载。

2. 构造函数的重载

一个类中，可以有多个重载的构造函数。此前的默认无参数的构造函数和带参数的构造函数就是函数重载的应用。

例如，重载构造函数，代码如下：

```
class Person
 {
    //带参数的构造函数
    public Person(string strName, int intAge, string strColor)
    {
        //初始化变量
        name = strName;
        age = intAge;
        color = strColor;
        personCount++;
        Console.WriteLine("调用3个参数的构造函数");
    }
    //1个参数的构造函数
    public Person(string strName)
    {
        //初始化变量
        name = strName;
        personCount++;
        Console.WriteLine("调用1个参数的构造函数");
    }

    //无参数的构造函数
    public Person()
    {
        name = "Mike";
        age = 20;
        color = "白人";
        personCount++;
```

```
        Console.WriteLine("调用了无参数的构造函数");

    }
}
```

所有构造函数均和类同名，但参数类型不同，系统自动调用参数完全匹配的那个构造函数。例如：

```
Person p1 = new Person("张三", 18, "黄色");      //调用3个参数的构造函数
Person p2 = new Person("李四");          //调用1个参数的构造函数
Person p3 = new Person();          //调用无参数的构造函数
```

请读者验证上面的语句，分析3条语句各调用了哪个构造函数，有哪些语句被执行。

3．运算符重载

在数学中，复数的定义如下：

$$z = a + bi$$

式中，i叫作虚数单位；实数a叫作实部；实数b叫作虚部。只要确定了实部和虚部，复数就已经确定了。

复数的加、减运算法则为：设$z_1 = a_1 + b_1 i$，$z_2 = a_2 + b_2 i$，其中a_1、b_1、a_2、$b_2 \in R$，则：

加法：$z_1 + z_2 = (a_1 + a_2) + (b_1 + b_2)i$

减法：$z_1 - z_2 = (a_1 - a_2) + (b_1 - b_2)i$

乘法：$z_1 \times z_2 = (a_1 a_2 - b_1 b_2) + (b_1 b_2 + a_1 a_2)i$

除法：$z_1 \div z_2 = \dfrac{(a_1 a_2 + b_1 b_2)}{a_2^2 + b_2^2} + \dfrac{(b_1 a_2 - a_1 b_2)}{a_2^2 + b_2^2}i$

下面定义一个复数类Complex：

```
class Complex
{
    public double a,b;
    //构造函数
    public Complex(double real, double imagi)
    {
        a =real;
        b = imagi;
    }
```

```
    //加法
    public static Complex Add(Complex zl,Complex z2)
    {
        return new Complex(zl.a + z2.a, zl.b + z2.b);
    }
    //减法
    public static Complex Sub(Complex zl, Complex z2)
    {
        return new Complex(zl.a – z2.a, zl.b – z2.b);
    }
    //乘法
    public static Complex Multiply(Complex zl, Complex z2)
    {
        Complex z = new Complex(0, 0);
        z.a = (zl.a *z2.a –zl.b * z2.b);
        z.b = (zl.b *z2.a +zl.a * z2.b);
        return z;
    }
    //除法
    public static Complex Divide(Complex zl, Complex z2)
    {
        Complex z = new Complex(0, 0);
        double denominator = (z2.a * z2.a + z2.b * z2.b);
        z.a = (zl.a * z2.a + zl.b * z2.b) / denominator;
        z.b = (zl.b * z2.a – zl.a * z2.b) / denominator;
        return z;
    }
}
```

在"MainWindow. xaml. cs"类中分别调用复数运算的函数，代码如下：

```
private void btnRun_Click(object sender, RoutedEventArgs e)
{
    do_ComplexFunction(); //复数运算函数
}

//************复数运算函数**************/
void do_ComplexFunction()
{
    Complex z1 = new Complex(30, 20);
    Complex z2 = new Complex(10, 5);
    Complex z3=Complex.Add(z1,z2);
    Complex z4=Complex.Sub(z1,z2);
```

```
    Complex z5=Complex.Multiply(z1,z2);
    Complex z6=Complex.Divide(z1,z2);

    Console.WriteLine("zl={0}+{1}i", z1.a,z1.b);
    Console.WriteLine("z2={0}+{1}i", z2.a,z2.b);
    Console.WriteLine("z3={0}+{1}i", z3.a,z3.b);
    Console.WriteLine("z4={0}+{1}i", z4.a,z4.b);
    Console.WriteLine("z5={0}+{1}i", z5.a,z5.b);
    Console.WriteLine("z6={0}+{1}i", z6.a,z6.b);
}
```

运行结果如图6-22所示。

对于数学运算来说，调用函数Add（zl，z2）显然没有表达式zl+z2直观，现在就用运算符重载实现复数的"+""-""*""/"运算符。

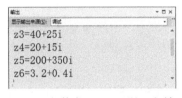

图6-22 复数类Complex的运行结果

重载运算符的代码如下：

```
class Complex
{
    public double a,b;
    //构造函数
    public Complex(double real, double imagi)
    {
        a =real;
        b = imagi;
    }
    //*****运算符重载***********
    //加法
    public static Complex operator +(Complex zl, Complex z2)
    {
        return new Complex(zl.a + z2.a, zl.b + z2.b);
    }
    //减法
    public static Complex operator –(Complex zl, Complex z2)
    {
        return new Complex(zl.a – z2.a, zl.b – z2.b);
    }
    //乘法
    public static Complex operator *(Complex zl, Complex z2)
    {
        Complex z = new Complex(0, 0);
```

```
        z.a = (zl.a * z2.a – zl.b * z2.b);
        z.b = (zl.b * z2.a + zl.a * z2.b);
        return z;
    }
    //除法
    public static Complex operator /(Complex zl, Complex z2)
    {
        Complex z = new Complex(0, 0);
        double denominator = (z2.a * z2.a + z2.b * z2.b);
        z.a = (zl.a * z2.a + zl.b * z2.b) / denominator;
        z.b = (zl.b * z2.a – zl.a * z2.b) / denominator;
        return z;
    }
}
```

重载运算符由关键字operator声明，必须定义为静态。展示如下：

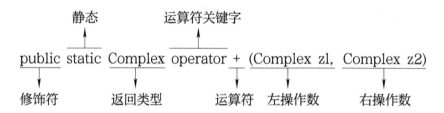

在Complex类中重载了"+""–""*""/"4个运算符，可以非常直观地进行复数计算了。

在"MainWindow.xaml.cs"类中分别调用复数运算的函数，代码如下：

```
private void btnRun_Click(object sender, RoutedEventArgs e)
{
    do_ComplexOperator(); //复数重载运算符
}

//*************复数重载运算符***************/
void do_ComplexOperator()
{
    Complex z1 = new Complex(30, 20);
    Complex z2 = new Complex(10, 5);
    Complex z3 = z1 + z2;
    Complex z4 = z1 – z2;
    Complex z5 = z1 * z2;
    Complex z6 = z1 / z2;
```

```
        Console.WriteLine("zl={0}+{1}i", z1.a, z1.b);
        Console.WriteLine("z2={0}+{1}i", z2.a, z2.b);
        Console.WriteLine("z3={0}+{1}i", z3.a, z3.b);
        Console.WriteLine("z4={0}+{1}i", z4.a, z4.b);
        Console.WriteLine("z5={0}+{1}i", z5.a, z5.b);
        Console.WriteLine("z6={0}+{1}i", z6.a, z6.b);
    }
```

运行结果如图6-23所示，和前面的一样。

编译器是如何识别这些重载运算符的呢？实际上，和函数重载类似，重载运算符的调用原则也是参数的"最佳匹配"，即系统根据左右两个操作数的类型选择调用哪个版本的运算符。如果+运算符两边都是整型数据，则编译器调用默认的加运算，如果+运算符两边是 Complex对象，则调用Complex类中定义的加运算。C#中可以重载的运算符见表6-3。

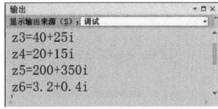

图6-23 使用重载运算符的运行结果

表6-3 C#中可以重载的运算符

运 算 符	可 重 载 性
+、-、!、~、++、--、true、false	可以重载这些一元运算符，true和false运算符必须成对重载
+、-、*、/、%、&、|、^、<<、>>	可以重载这些二元运算符
==、!=、<、>、<=、>=	可以重载比较运算符，必须成对重载
&&、||	不能重载条件逻辑运算符，但可以使用能够重载的&和|进行计算
[]	不能重载数组索引运算符，但可以定义索引器
()	不能重载转换运算符，但可以定义新的转换运算符
+=、-=、*=、/=、%=、&=、|=、^=、<<=、>>=	不能显式重载赋值运算符。在重写单个运算符，如+、-、%时，它们会被隐式重写
=、.、?:、->、new、is、sizeof、typeof	不能重载这些运算符

如果找不到直接匹配的运算符，编译器会尝试通过隐式转化找到匹配的运算符，例如：

```
double x =3 + 1.5;
```

编译器会先把int型的3转换为double型，然后再执行两边操作数均为double型的加运算。

例如，下面的代码段中的运算符==与 !=必须成对重载：

```
class Complex
{
    public double a,b;
```

```
//构造函数
public Complex(double real, double imagi)
{
    a =real;
    b = imagi;
}
//其他函数
//*****运算符== 与 !=必须成对重载**********
public static bool operator ==(Complex zl, Complex z2)
{
    if (zl.a == z2.a && zl.b == z2.b)
    {
        return true;
    }
    return false;
}

public static bool operator !=(Complex zl, Complex z2)
    {
        if (zl.a == z2.a && zl.b == z2.b)
        {
            return false ;
        }
        return true ;
    }
}
```

值得注意的是，不必重载"+="这类复合运算符，因为z+=z1会自动解释为z=z+z1，所以只要重载好+运算符即可。

运算符的重载可以使运算更直观，可读性更高。需要注意的是，虽然可以给+运算符定义任何含义，但是它的功能应和"加"有一定关联，过度或不一致地使用运算符重载，反而可能使程序模糊不清，可读性下降。

6.3.4 this关键字

在类外要通过对象名来访问类的成员，但在类的定义代码中，可以直接使用所有成员。例如，在Person类的内部可以直接使用变量name，在类外则要通过对象名引用，如p1.name。其实每个对象都有一个指向自己的this引用符，一般情况下，在类的内部可以直接使用类的成员，也可以通过this引用符使用变量。

例如，显式使用this引用符，示例代码如下：

```
// Person类中显式使用this关键字
class Person
    {
        public string name; //姓名
        private int age = 20; //年龄
        //其他成员

        //带两个参数的构造函数，this应用
        public Person(string name,int age)
        {
            //显示调用了this
            this.name = name;
            this.age = age;
            Console.WriteLine("构造函数中，this应用");
        }
    }
```

　　此程序重载了一个带两个参数的构造函数，且构造函数Person()的参数name、age 正好和类的成员变量重名。因为函数内部的变量会屏蔽掉外部的同名变量，所以为了在函数Person()内部使用重名的成员变量，必须使用this关键字显式地访问类的成员变量。

6.3.5　索引

　　索引允许程序像数组那样访问类的数据成员。

　　下面定义一个"立方体类"，它有长、宽、高3个属性。

　　定义索引的代码如下：

```
//定义立方体类 Cube
class Cube
    {
        //私有变量成员
        private double length;
        private double width;
        private double height;

        //构造函数
        public Cube(double lengthValue, double widthValue, double heightValue)
        {
            length = lengthValue;
            width = widthValue;
            height = heightValue;
```

```
        }

        //索引
        public double this[int index]
        {
            get{
                switch (index){
                    case 0: return length;
                    case 1: return width;
                    case 2: return height;
                    default:
                        //当下标出界时，抛出一段异常
                        throw new IndexOutOfRangeException("下标出界");
                        }
                }//get

            set{
                switch (index){
                    case 0: length = value; break;
                    case 1: width = value; break;
                    case 2: height = value; break;
                    default:
                        //当下标出界时，抛出一段异常
                        throw new IndexOutOfRangeException("下标出界！");
                        }
                }//set
            }//索引
    }
```

索引的定义方式如下：

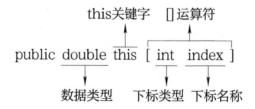

索引的函数体与属性类似，也是用get和set访问器。get访问器用于获取成员变量的值，set访问器用于为成员变量赋值。

索引的使用方法和数组完全一样，如果创建了一个名为box的Cube对象，则可以用box[0]、box[1]、box[2]分别表示立方体的长、宽、高。

使用索引，在"MainWindow.xaml.cs"类中修改代码如下：

```
private void btnRun_Click(object sender, RoutedEventArgs e)
{
   do_IndexInt();  //索引:下标为整数
}


//*************索引:下标为整数*************/
 void do_IndexInt()
 {
    Cube box = new Cube(7,8,9);
    Console.WriteLine("长：{0}", box[0]);
    Console.WriteLine("宽：{0}", box[1]);
    Console.WriteLine("高：{0}", box[2]);
    //计算面积
    double area = 2 * (box[0] * box[1] + box[1] * box[2] + box[2] * box[0]);
    Console.WriteLine("面积：{0}", area);
    //计算体积
    double volume =box[0] * box[1]* box[2];
    Console.WriteLine("体积：{0}", volume);
 }
```

运行结果如图6-24所示。

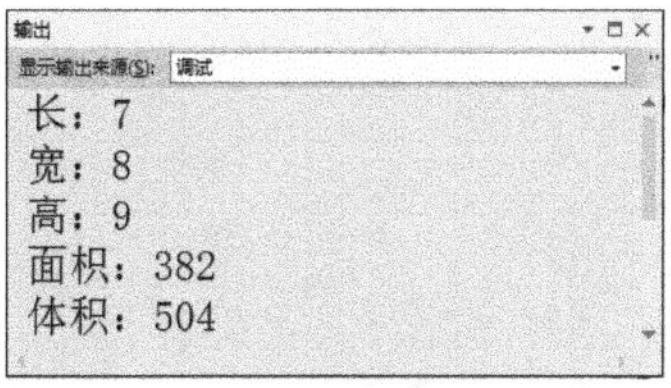

在数组中，下标只能为整数，在索引中，有了更灵活的选择，既可以为int型，也可以为double、string等类型。

以字符串为下标的索引，代码如下：

图6-24　定义索引的运算结果

```
//以字符串为下标的索引
class Cube
{
   //私有变量成员
   private double length;
   private double width;
   private double height;

   //构造函数
   public Cube(double lengthValue, double widthValue, double heightValue)
   {
       length = lengthValue;
       width = widthValue;
```

```
            height = heightValue;
        }


        //其他成员

        //索引——字符型
        public double this[string strIndex]
        {
            get{
                switch (strIndex){
                    case "length": return length;
                    case "width": return width;
                    case "height": return height;
                    default:
                        //当下标出界时，抛出一段异常
                        throw new IndexOutOfRangeException("下标出界");
                        }
                }//get

        set{
            switch (strIndex){
                case "length": length = value; break;
                case "width": width = value; break;
                case "height": height = value; break;
                default:
                //当下标出界时，抛出一段异常
                throw new IndexOutOfRangeException("下标出界！");
                        }
                }//set
            }//索引——字符型
}
```

在"MainWindow.xaml.cs"类中修改下标引用即可，代码如下：

```
private void btnRun_Click(object sender, RoutedEventArgs e)
{
 do_IndexString();  //索引:下标为字符型
}

//*************索引:下标为字符型*************/
 void do_IndexString()
```

```
    {
        Cube box = new Cube(7, 8, 9);
        Console.WriteLine("长：{0}", box["length"]);
        Console.WriteLine("宽：{0}", box["width"]);
        Console.WriteLine("高：{0}", box["height"]);
        //计算面积
        double area = 2 * (box["length"] * box["width"] +
            box["width"] * box["height"] + box["length"] * box["height"]);
        Console.WriteLine("面积：{0}", area);
        //计算体积
        double volume = box["length"] * box["width"] * box["width"];
        Console.WriteLine("体积：{0}", volume);
    }
```

运行结果同图6-24所示。

C#还提供了多维索引，只需提供多个下标即可，如矩阵Matrix类中的多维索引：

```
public double this[int rowIndex,int columnIndex]
```

这需要嵌套的switch语句才能实现。

6.3.6 值类型和引用类型

　　C#的一个优点是程序员不需要为内存管理操心，垃圾回收器会自动执行内存管理工作。这使得程序可以得到像C++那样的效率，而免去C++的复杂性。但是对于程序员而言，有必要了解不同数据在内存中的存储方式，以便针对不同情况做出最优选择。

　　1. 值类型变量

　　变量的作用域（生存周期）一般从定义之处开始，到代码块末尾结束，一旦作用域结束束，变量就从内存中清除。展示如下：

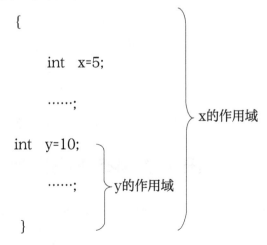

```
    {

        int  x=5;

        ……;                              ⎤
                                          ⎬ x的作用域
        int  y=10;  ⎤                     ⎥
                    ⎬ y的作用域            ⎥
        ……;         ⎦                     ⎦

    }
```

上述示例中，x、y的作用域都到代码块末尾结束，但到底谁先结束呢?

内存中有一块区域称为栈（Stack），用来存储整型、实型、布尔型、字符型等基本类型数据。栈的工作方式很像一个米缸，向米缸中加米和取米的动作都发生在米缸的顶部，取出来的总是上面的米。栈与此类似，压入和弹出数据的操作总是发生在栈的顶部，展示如下:

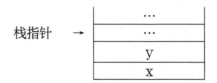

操作系统通过栈指针中存储的地址读写栈中的数据，当栈为空时，栈指针指向栈的底部，随着数据的不断入栈，栈指针不断向栈顶部移动，始终指向栈中下一块自由空间。

假设栈底的内存地址为10000（由于栈中的地址由高向低排列，下一字节的地址为9999）。当程序执行到语句"int x=5"时，将变量x的值压入栈中，同时栈指针向顶部移动4个字节，指向地址9996（因为一个int型变量占用4个字节的空间）。然后程序遇到语句"int y=10"，将变量y的值压入栈中，同时栈指针向顶部移动4个字节，指向地址9992。

当退出代码块时，程序依次将变量从栈顶部中移出。首先把变量y移出，栈指针指回9996，然后把变量x移出，栈指针指回栈底。

栈对数据的操作总发生在栈的顶部，最后入栈的变量最先弹出，最先入栈的数据最后弹出，因此先入栈数据的作用域总比后入栈的要长，后入栈数据的作用域嵌套在先入栈数据之中。栈的这种工作方式称为后入先出（Last In First Out，LIFO)。

整型、实型、布尔型和字符型等简单数据和结构体存储在栈中，称为值类型变量（Value type）。

与C和C++不同，C#不能使用未赋值的变量，例如:

```
int x;
Console.WriteLine(x); //不能使用未赋值的变量
```

运行该语句会导致编译错误，如图6-25所示。

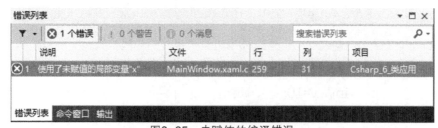

图6-25 未赋值的编译错误

只有经过赋值的语句才能被使用，这种严格的语法能防止出现因忘记赋值而出现的错误。

2．引用型变量

在C#中，系统如何通过地址找到对象呢?

栈有非常高的性能，但栈中变量的生存周期都是嵌套的，有时这种要求过分苛刻。在类中，为使构造函数创建成员变量后，即使退出构造函数，这些变量仍然存在，其他函数仍然可以使用这些变量，为此C#把类的成员变量存储在堆（Heap)上。

堆的工作方式和栈截然不同，请看如下示例代码:

```
{
[1]  Cube box1 = new Cube(7, 8, 9);
[2]  Cube box2 = new Cube(3, 4, 5);
     ……;
     ……;

}
```

语句[1]创建了一个名为box1的Cube类对象，这个过程分为两步:

1）系统在堆中划分一块12字节的空间用于存储Cube对象的成员变量，并调用构造函数初始化对象的成员变量。

2）系统在栈中分配4字节的空间，存储box1对象在堆中的首地址。

栈中存储的指向堆中对象的地址称为引用符（Reference），系统通过引用符找到堆中的对象。

创建box2对象的过程与box1类似，先在堆中创建box2对象，然后在栈中创建一个指向堆中对象的引用符。

其存储示意图如图6-26所示。

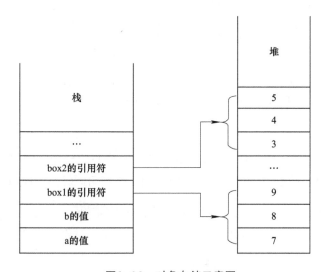

图6-26　对象存储示意图

所有的对象都存储在堆中，数组也存储在堆中，它们都称为引用型变量（Reference type）。从上面的例子可以看出，创建引用型变量比创建值类型变量要复杂得多，虽然它会造成一点点性能上的损失，但可以对数据的生存周期进行非常强大的控制。

3．引用型变量和垃圾回收器

在实际程序中，可能会有多个引用符指向同一个对象，当一个引用符退出作用域时，系统就会从栈中删除该引用符。当指向对象的所有引用符都被删除时，该对象就被加入垃圾回收的候选名单，垃圾回收器会在适当的时候清除该对象。只要有引用符指向对象，对象就不会被清除。

在传统的堆中，因为会不停地创建和删除对象，所以导致堆中的自由内存空间不连续。当创建新对象时，系统只好在堆中搜索，直到找到一块足够的自由空间。这个搜索过程会花费一定的时间。

在.NET中使用的是托管堆，托管堆和传统堆不同，当垃圾回收器清除一个对象后，垃圾回收器会移动堆中的其他对象，使它们连续地排列在堆的底部，并用一个堆指针指向空闲空间。当创建新对象时，系统根据堆指针可以直接找到自由的内存空间。

垃圾回收器的整理工作是托管堆与传统堆的区别所在，使用托管堆时创建对象要快很多。当然，删除对象时整理操作会浪费一定的时间，但其损失在其他方面得到了很好的补偿。

6.3.7 引用符和对象的区别

为了了解引用符和对象的区别，请运行下面的语句并观察结果。

```
Person p1;
p1.name = "John";
```
运行后出现了错误，运行结果如图6-27所示。

为什么会出现这样的结果呢？原来语句"Person p1;"只是声明了一个对象的名称，仅在栈上创建了一个引用符而已，并没有真地在堆中创建对象，对象的各个成员是不存在的。只有使用new运算符后，对象才真正被创建于堆中，才能使用它的成员。即：

图6-27　使用了未赋值的局部变量p1

```
p1 = new Person ( );
```

当对象没有实例化时，引用符的值为null（空）；当对象已经实例化时，引用符的值就是该对象在堆中的地址。通过在引用符中存储的地址，系统可以轻易地找到所要的对象。

一般情况下，程序没有必要区分引用符和对象，如提到的Kitty，就是指Kitty所指向的对象。当一个引用符先后指向不同的对象时，就有必要把引用和对象区分清楚。

引用符指向不同对象的示例代码如下：

```
Person someone;       //声明类型为Person的引用符
Person john= new Person("John", 15);   //创建对象 john
Person mike= new Person("Mike", 22);   //创建对象 mike
//让引用符someone指向对象john
someone=john;
Console .WriteLine("hello，我是{0},我{1}岁", someone.name, someone.Age);
//让引用符someone指向对象mike
someone = mike;
Console.WriteLine("hello，我是{0},我{1}岁", someone.name, someone.Age);
```

运行结果如图6-28所示。

从结果可以看出，引用符someone指向不同的对象，输出结果也不同。

引用符是对象在内存中的地址，这一点在多态性中有非常明显的体现，在下一章读者将会学到多态性。

图6-28　同一个引用符指向不同对象的运算结果

6.3.8　声明对象数组

声明对象数组的方式和声明普通数组的方式相同：

```
Person[] persons = new Person[3];
```

但这只是声明了一组"引用符"而已，并没有真正创建对象。下面的语句让每个引用符指向一个对象。

```
Person[] persons = new Person[3];
for (int i= 0; i < persons.Length; i++)
    {
      persons[i] = new Person();
    }
 //在内存中创建对象后，就可以使用了
 for(int i = 0; i < persons.Length;i++) {
    persons[i].name = "person" + i;
    persons[i].Introduce();
 }
```

运行结果如图6-29所示。

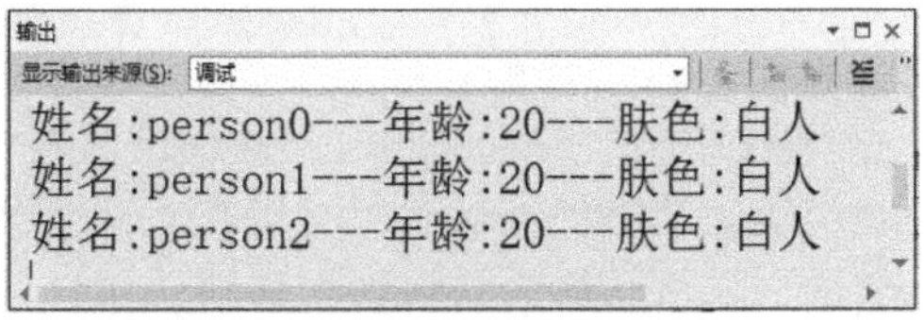

图6-29　对象数组的运行结果

6.3.9 类视图

在本章"Csharp_6_类应用"项目中，除了项目自动生成的"App"和"MainWindow"类外，还创建了"Person""Circle""Complex""Cube""HexConvert""MathCalc"6个类。Visual Studio提供了一个非常方便的管理类的工具——类视图（Class Veiw）。单击"视图"菜单，选择"类视图"选项，会在解决方案资源管理器的位置出现类视图窗口，如图6-30所示。该窗口分为两部分，上半部分显示所有的类，当选中某个类时，下半部分即显示类的成员。

如果想查看类的方法，只需双击该函数，就会转到它的定义代码。通过类视图窗口，可以非常方便地查看或修改每一个类。

图6-30 类视图窗口

案例实现 风扇开关控制——类的使用

学习了本章的知识后，读者可以实现本章开始处案例展现给出的案例功能了，下面先来完成该案例的界面布局文件。

界面布局文件

参照图6-1设计好界面布局文件"MainWindow. xaml"，设计好的界面布局文件完整代码如下：

```
<Window
    xmlns="http://schemas.microsoft.com/winfx/2006/xaml/presentation"
    xmlns:x="http://schemas.microsoft.com/winfx/2006/xaml"
    xmlns:WinFormControl="clr-namespace:WinFormControl;assembly=WinFormControl" x:Class="
Csharp_6.MainWindow"
    Title="风扇控制..." Height="275" Width="318" Loaded="Window_Loaded">
    <Grid>
        <WinFormControl:Fan x:Name="fan1"  HorizontalAlignment="Left" VerticalAlignment="Top"
            Height="100" Width="100" Margin="28,12,0,0"  />
        <WinFormControl:Fan x:Name="fan2"  HorizontalAlignment="Left" VerticalAlignment="Top"
            Height="100" Width="100" Margin="172,12,0,0" />
        <Image x:Name="imgFan1" HorizontalAlignment="Left" Height="40" Margin="28,117,0,0"
            VerticalAlignment="Top" Width="100" Source="Images/off.png" MouseDown="
```

```
imgFan1_MouseDown"/>
        <Image x:Name="imgFan2" HorizontalAlignment="Left" Height="40" Margin="172,117,0,0"
                VerticalAlignment="Top" Width="100" Source="Images/off.png" MouseDown="
imgFan2_MouseDown"/>
        <Button x:Name="btnOnOff" Content="同时开" HorizontalAlignment="Left" Height="
38" Margin="28,174,0,0"
                VerticalAlignment="Top" Width="244" FontSize="18" Foreground="Blue"
Click="btnOnOff_Click"/>
    </Grid>
</Window>
```

代码开发实现 ◀

在这个综合案例中，单击"开/关"（ON/OFF）图片实现风扇的开启与关闭功能，对设备的操作不再使用"dll库"目录下的设备操作文件，对Adam4150设备的输出通道的开关将通过自定义的类完成，下面开始程序代码的编写。

1. Adam4150类的实现

参照附录B中的ADAM-4150协议指令集，完成Adam4150类的实现，代码如下：

```
using System.Threading.Tasks;
using System.IO.Ports; //串口的命名空间

namespace NewlandLibraryHelper
{
    public class Adam4150
    {
        private SerialPort com;
        private byte address = 0x01; //开关量模块地址
        public int BaudRate { get; set; } //模块的波特率

        // <summary>默认构造函数</summary>
        public Adam4150()
        { }

        // <summary>带参数的构造函数</summary>
        // <param name="address">模块地址（0x01，0x02…）</param>
        // <param name="baudRate">设备波特率</param>
        public Adam4150( byte address,int baudRate = 9600)
        {
            this.address = address;
            this.BaudRate = baudRate;
```

```csharp
        }

        // <summary>打开端口</summary>
        // <param name="portName">串口（COM1，COM2）</param>
        // <returns>true—执行成功，false—执行失败</returns>
        public bool Open(string portName="COM2")
        {
            try
            {
                com = new SerialPort(portName, BaudRate);
                com.Open();
                return true;
            }
            catch
            { return false; }
        }

        // <summary>打开端口</summary>
        // <param name="portName">串口（COM1，COM2）</param>
        // <param name="Address">模块地址（0x01，0x01）</param>
        // <param name="IsCloseAllDos">是否进行初始化（关闭所有DO通道），true为关闭，false
为不关闭</param>
        // <returns>true—执行成功，false—执行失败</returns>
        public bool Open(string portName = "COM2", byte address = 0x01, bool IsCloseAllDo = true)
        {
            try
            {
                this.address = address; //设置模块地址
                com = new SerialPort(portName, BaudRate); //声明串口对象
                com.Open(); //打开窗口
                if (IsCloseAllDo) //如果全部关闭
                {
                    //初始化，将所有DO通道关闭
                    for (int i = 0; i < 8; i++)
                    {
                        ControlDO(i, false); //关闭所有通道
                    }
                }
                return true; //正确
            }
            catch
```

```
        { return false; }  //错误
    }


    // <summary>关闭端口</summary>
    // <returns>无</returns>
    public void Close()
    {
        if (com != null && com.IsOpen)
        {
            com.Close();
            com = null;
        }
    }


    // <summary>
    // 设置指定开关量输出通道的开与关
    // </summary>
    // <param name="chNo">开关量通道号,取值为0 ~ 7</param>
    // <param name="isOpen">开关动作,true—表示"开"，false—表示"关"</param>
    // <returns>执行状态，true—执行成功，false—执行失败</returns>
    public bool ControlDO(int chNo, bool isOpen)
    {
        if (com != null && com.IsOpen)
        {
            byte[] data = {address, 0x05, 0x00,
                    (byte)(0x10+chNo), 0x00, 0x00,0x00,0x00};  //添加CRC算法
            if (isOpen)
            {
                data[4] = 0xFF;
            }
            byte[] charCRC =getByteCRC(data);
            data[6] = charCRC[0];
            data[7] = charCRC[1];
            com.DiscardInBuffer(); //清除缓冲区
            com.Write(data, 0, data.Length);  //发送命令
            System.Threading.Thread.Sleep(10); // 等待10ms,让设备DO通道开启或关闭稳定
            return true;
        }
        return false;
    }
```

```
//**********CRC算法**********************
public uint getIntCRC(byte[] bytes)
{
    uint crc16 = 0xffff;
    int len = bytes.Length-2;
    for (int i = 0; i < len; ++i)
    {
        crc16 ^= bytes[i];
        for (int j = 0; j < 8; j++)
        {
            if ((crc16 & 0x01) == 1)
                crc16 = (uint)((crc16 >> 1) ^ 0xA001);
            else
                crc16 = crc16 >> 1;
        }
    }
    return crc16;
}
public byte[] getByteCRC(byte[] bytes)
{
    uint crc16 = getIntCRC(bytes);
    byte[] byteCRC = new byte[2];
    byteCRC[0] = (byte)(crc16 & 0xFF);  //低位
    byteCRC[1] = (byte)((crc16 >> 8) & 0xFF);  //高位
    return byteCRC;
}
}
}
```

2．功能代码的实现

```
using NewlandLibraryHelper; //应用Adam4150所在的命名空间

namespace Csharp_6
{
    // <summary>
    // MainWindow.xaml 的交互逻辑
    // </summary>
    public partial class MainWindow : Window
    {
        bool fan1_flag = false;
        bool fan2_flag = false;
        //定义一个Adam4150 对象,对象名为adam4150
```

```
Adam4150 adam4150;
public MainWindow()
{
    InitializeComponent();
}
//窗体加载事件
private void Window_Loaded(object sender, RoutedEventArgs e)
{
    //实例化adam4150对象
    adam4150 = new Adam4150();  //调用默认构造函数
    adam4150.BaudRate = 9600;  //设置模块的波特率属性值为9600
    //打开ADAM-4150设备，adam4150连接COM2、设备地址 1、进行DO口初始化
    adam4150.Open("COM2", 0x01, true );
    //实例化adam4150对象
}


//图片按钮1实现风扇1的开与关
private void imgFan1_MouseDown(object sender, MouseButtonEventArgs e)
{
    fan1_flag = !fan1_flag;
    //控制界面风扇开与关
    fan1.Control(fan1_flag);
    adam4150.ControlDO(0, fan1_flag);   //控制Do0开关

    //设置图片按钮的背景
    BitmapImage imagetemp;
    if (fan1_flag)
    {
        imagetemp = new BitmapImage(new Uri("Images\\on.png", UriKind.Relative));
    }
    else
    {
        imagetemp = new BitmapImage(new Uri("Images\\off.png", UriKind.Relative));
    }
    imgFan1.Source = imagetemp; //设置图片

}


//图片按钮2实现风扇2的开与关
private void imgFan2_MouseDown(object sender, MouseButtonEventArgs e)
{
```

```
            fan2_flag = !fan2_flag;
            //控制界面风扇开与关
            fan2.Control(fan2_flag);
            //调用对象adam4150的ControlDO方法
            adam4150.ControlDO(1, fan2_flag);   //控制Do0开关
            //设置图片按钮的背景
            BitmapImage imagetemp;
            if (fan2_flag) {
                imagetemp = new BitmapImage(new Uri("Images\\on.png", UriKind.Relative));
            }
            else {
                imagetemp = new BitmapImage(new Uri("Images\\off.png", UriKind.Relative));
            }
            imgFan2.Source = imagetemp; //设置图片
        }


        //"同时开"按钮实现风扇1、风扇2的开与关
        private void btnOnOff_Click(object sender, RoutedEventArgs e)
        {
            bool flag ;
            BitmapImage imagetemp;
            if (btnOnOff.Content.ToString() == "同时开"){
              flag = true ;  //开
              btnOnOff.Content = "同时关";
              imagetemp = new BitmapImage(new Uri("Images\\on.png", UriKind.Relative));
            }
            else {
                flag = false; //关
                btnOnOff.Content = "同时开";
                imagetemp = new BitmapImage(new Uri("Images\\off.png", UriKind.Relative));
            }
            //控制界面风扇开与关
            fan1.Control(flag);
            fan2.Control(flag);
            adam4150.ControlDO(0, flag);//控制Do0开关
            Thread.Sleep(100);
            adam4150.ControlDO(1, flag); //控制Do1开关
            imgFan1.Source = imagetemp; //设置图片
            imgFan2.Source = imagetemp; //设置图片
        }
    }
}
```

本章小结

本章先从一个风扇开关控制案例入手，创建了"Csharp_6""Csharp_6_类应用""Csharp_6_Adam4150类应用"3个WPF项目。

- "Csharp_6"项目用于实现本章开篇针对风扇开关控制的案例。

- "Csharp_6_类应用"项目主要用于演示类和对象的定义、构造函数、析构函数、静态成员、常量成员、函数重载、索引、引用、对象数组等知识点。

- "Csharp_6_Adam4150类应用"项目演示了如何编写Adam4150数字量采集模块的"串口""模块地址""波特率"属性和"打开/关闭设备串口"方法的基本程序。

本章重点要求掌握面向对象的机制和相应的代码实现，从而理解面向对象设计程序的优缺点，进而能够在不同的场合灵活应用。

习题

1. 理解题

1）定义一个rectangle类，有两个属性—— length和width，其默认值均为1，完成以下内容：

① 定义两个成员函数，分别计算长方形的周长和面积。

② 为length，width属性定义设置set函数和get函数。

③ 使用set函数验证两个属性值均在0～20之间。

④ 输出给定长度和宽度后长方形的周长和面积。

2）修改第1题的类，完成以下内容：

① 只保存4个角的直角坐标系。

② 构造一个函数，接收4组坐标，并验证是否均在第一象限内且小于20。

③ 使用成员函数验证该图形是否为正方形。

3）生成一个"存款"类，完成以下内容：

① 定义静态数据成员，包括当前存款额、年利率、对象个数。

② 定义一个成员函数，以计算月利息。月利息 ＝（存款×年利率）/12，并将此月利息加

入到当前存款额中。

③ 定义一个静态成员函数，改变并输出当前的存款额。

④ 定义带参数和不带参数两种构造函数，增加并显示对象个数。

⑤ 定义一个析构函数，减少并显示对象个数。

⑥ 在主函数中实例化对象，并输出不同年利率对应的月利息及当前的存款额。

2．实践操作题

按下列要求编程:

1）编写一个类Student，包括:

① 数据成员有学生姓名（name）、某门功课的成绩(score)；

② 静态数据成员计算该门课的总成绩（total）及学生人数count；

③ 一个带参数的构造函数，用来初始化姓名、成绩，并统计课程总成绩、学生总人数；

④ 在控制台输出学生姓名、成绩的方法Print()；

2）在main()函数中，做如下操作:

① 构造3个学生的对象,分别调用Print方法输出3个学生的姓名和成绩；

② 在控制台输出该门课的总成绩和平均分；

③ 运行结果示例如图6-31所示。

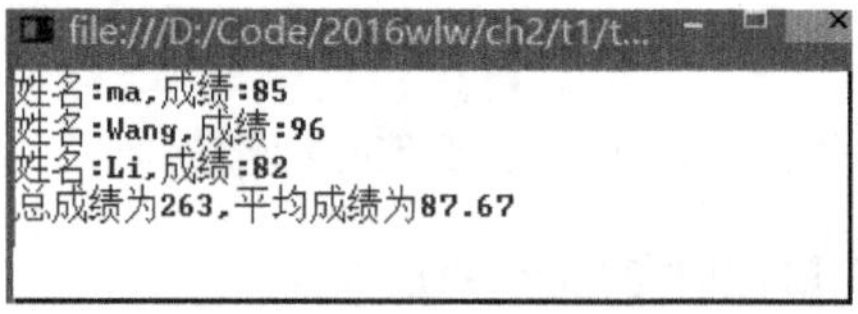

图6-31 运行结果示例

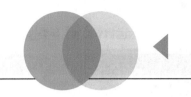

Chapter 7

第 7 章
面向对象编程——继承和多态

李李：在面向对象的编程中，经常会看到"继承"和"多态"这两个概念，到底什么是"继承"和"多态"呢？

杨杨："一生二，二生三，三生万物"，世间万物往往具有衍生关系。面向对象编程吸取了这种思想，可以从现有的类衍生出新的类，类类相生，生生不息，这就是面向对象继承的思想基源。达尔文的进化论也指出，生物在继承先辈的基础上进化出新的特征；而在面向对象技术中，一个类能派生出多个派生类，这些派生类自然各有特色，但都继承了基类的特征，这就是所谓的多态性。

李李：那么如何由一个类衍生出新类呢？能否用一段通用程序处理形形色色的派生类呢？它们在程序开发中又具有哪些功能特性呢？

杨杨：年轻人，别着急！现在就来学习继承和多态。

↳ 本章重点

- 了解继承、多态、接口的基本概念。

- 掌握如何由基类创建派生类、虚函数的重写、普通函数的隐藏。

- 掌握protected成员和base关键字的应用。

- 掌握抽象类和抽象函数、密封类和密封函数、派生类构造函数的应用。

- 领会派生类的对象和基类的关系。

● 掌握多态性、接口的应用

● 掌握is运算符、向下类型转换的应用

案例展现　　　实验室路灯控制——类的继承、多态

案例描述

基于C#开发平台，创建一个WPF项目应用程序，利用给定的ADAM-4150的协议指令集，实现对实验室的路灯控制，具体功能如下：

1）程序运行初始界面包括"参数设置""自动控制""手动开关"3项功能。

2）参数设置：实现对ADAM-4150设备的串口名称、波特率以及系统是否能"自动控制"等功能进行设置。

3）自动控制：实时采集"人体传感器"，查看是否有人入侵，若有人则1#风扇转动（代表路灯亮）；若无人则1#风扇停止转动（代表路灯灭）。

4）手动开关：2#风扇可以实现手动转动（代表人为开关）。

案例结果

图7-1～图7-4分别是系统运行的4个界面。

图7-1　系统运行主界面

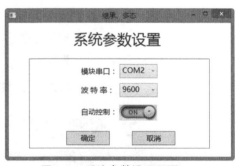

图7-2　系统参数设置界面

图7-3　自动控制

图7-4　手动开关

在本例中，其知识点不仅涉及面向对象的继承和多态，还涉及如何进行只有一个窗口的多页面WPF应用程序开发。

案例准备

创建一个名为"Csharp_7"的WPF应用程序项目，用于实现本案例的功能。

操作步骤

1）新建一个名为"Csharp_7"的WPF应用程序项目。

2）为创建后的"Csharp_7"项目添加"dll库"目录下的风扇控件类文件"WinFormControl.dll"。

3）参照实训平台使用手册，连接好风扇的线路。

在本例中，将继续通过面向对象的思想让读者领会继承和多态的应用。

7.1 继承

人按其职业可分为教师、工人、学生等，但不管是什么人种，都有姓名、年龄、肤色和体重等状态，具有说话、进食、睡眠等行为。

教师、工人、学生都具有人类所共有的状态和行为，另外，还具有相互区别的新特征，如教师具有教龄特征，会授课；学生具有就读学校特征，会学习等，如图7-5所示。

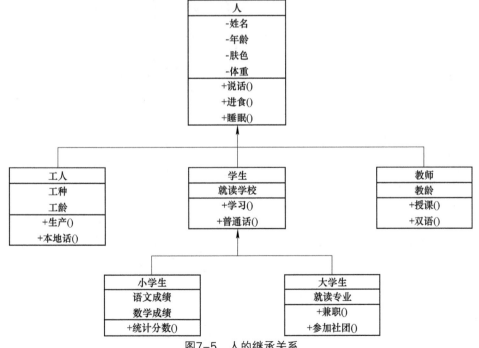

图7-5　人的继承关系

当创建了"人"类之后，在创建"教师"类时，不必从头编写所有数据成员和函数成员，可以让新类直接继承（Inherit)"人"。这时已有的"人"类称为基类（Base class)，新的"教师"称为派生类（Derived class)。派生类自动拥有基类中定义的变量和函数，而无须重新定义，从而实现了代码的重复利用。由于派生类是在基类的基础上添加新成员的，因此一般比基类复杂，表示比基类更具体的事物。

每个派生类也可以成为新派生类的基类，如学生类是人的派生类，同时是小学生、大学生的基类。人是学生的直接基类，是小学生、大学生的间接基类。

继承（Inheritance)是面向对象的一个重要特性，是软件重用的一种形式；这种形式的采用，可以在原有类的基础上增加新的功能，从而派生出新的类。软件重用鼓励人们重用久经考验和调试的高质量软件，不但节省开发时间，而且可提高软件质量。

7.1.1 基类与派生类

C#中基类如何派生出新的类呢？首先创建一个"人"类（Person)，然后由它派生出"学生"类（Student)，再后再由"学生"类派生"大学生"类（Undergraduate)。

【例7.1】在本章"Csharp_7"解决方案中，添加一个名为"Csharp_7_继承应用"的WPF应用程序项目，并参照图7-6设计好界面布局文件"MainWindow.xaml"。然后为"执行"按钮添加示例代码，验证下面的示例功能。

图7-6　界面布局效果

定义Person基类的代码如下：

```
class Person
{
    private string name;            //姓名
    private int age;                //年龄
    private string color;           //肤色
    private double weight;          //体重

    // <summary>说话</summary>
    // <param name="language">语言</param>
    public void Speak(string language)
    {
        Console.WriteLine("讲"{0}"", language);
    }
}
```

```
// <summary>进食</summary>
 public void Eat()
{
    Console.WriteLine("吃饭");
}


// <summary>进食</summary>
// <param >无</param>
public void Sleep()
{
    Console.WriteLine("睡觉");
}
}
```

在Person类中，有每个人name、age、color、weight 4个私有数据，有Speak()、Eat()和Sleep() 3个行为。

由Person类派生Student类的代码如下：

```
class Student:Person
{
    private string school;  // 就读学校

    // <summary>就读学校属性</summary>
    public string School
    {
        get { return school; }
        set { school = value; }
    }

    public Student()
    {
        school = "就读学校";
    }

    // <summary> 学习 </summary>
    public void Learn()
    {
        Console.WriteLine("学习",school);
    }
}
```
继承的语法如下：

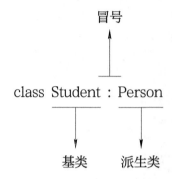

这里，Student类由Person类派生而出，Student类不仅具有自己的成员，而且继承了Person类的所有非私有成员。

通过下面的示例代码看看Student类具有哪些成员。

```
// "执行" 按钮
private void btnRun_Click(object sender, RoutedEventArgs e)
{
    do_BaseCreateDerived(); // 由基类创建派生类
}

// 由基类创建派生类
 void do_BaseCreateDerived()
 {
    Student st = new Student();

    Console.WriteLine("我有：");
    Console.WriteLine(st.School);

    Console.WriteLine("我会：");
    //基类的函数
    st.Eat();
    st.Sleep();
    st.Speak("英语");

    //派生类自己的函数
    st.Learn();
 }
```

单击"执行"按钮，程序运行结果如图7-7所示。

结果证实Student类继承了基类Person的非私有成员。

7.1.2　protected成员

派生类Student可以继承基类Person的成员，但出于封装性

图7-7　Student类运行结果

的考虑，基类的私有成员不能在派生类中使用，即对私有成员实行隐式继承。

下面在Student类的构造函数中添加一条"name="张三""的语句。出现错误提示，将鼠标光标置于错误之处，系统提示"不可访问，因为它受保护级限制"，如图7-8所示。

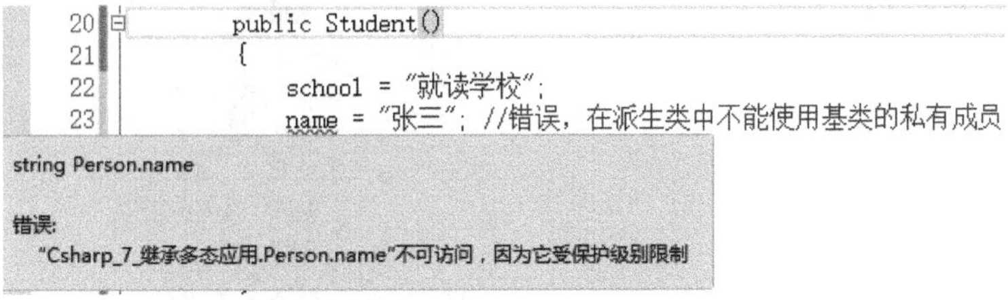

```
20      public Student()
21      {
22          school = "就读学校";
23          name = "张三";  //错误，在派生类中不能使用基类的私有成员

string Person.name

错误：
    "Csharp_7_继承多态应用.Person.name"不可访问，因为它受保护级别限制
```

图7-8　系统提示错误

这表明在派生类中不能使用基类的私有成员。此时，可以将私有变量改为公有变量，但这样做会使它丧失封装性。如果想让类的成员既保持封装性又可以在派生类中使用，那么可以把它定义为protected成员（受保护成员）。

定义protected成员的代码如下：

```
class Person
{     //受保护成员
    protected string name;            //姓名
        //其他成员
        ……
        ……
}
```

这时protected变量name被派生类显式继承，可以在派生类中使用：

```
class Student:Person
{
    public Student()
    {
        school = "就读学校";
        name = "张三"; //正确，在派生类中可以使用基类的保护成员
    }
        //其他成员
        ……
        ……
}
```

也就是说，private成员只能在定义它的类中使用，既不能被外界使用，也不能被派生类使用；而protected成员虽然不能被外界使用，但可以被派生类使用。

除此之外，还可以为私有变量设计一个公有的属性，通过属性使用私有变量。

定义公有属性的代码如下：

```
class Person
{
    private string name;              //姓名
    private int age = 20;             //年龄
    //公有属性：Age
    public int Age
    {
        get { return age; }
        set
        {
            if (value < 1)
                age =1 ;
            else
                age = value;
        }
    }
//其他成员
……
……
}
```

外界通过属性Age访问人的年龄，这样年龄的数据不但可以在派生类中使用，还可以被外界使用，同时也保持了一定的封装性。

请读者为Person类中的变量color、weight添加公有属性，然后由Person类派生Undergraduate（大学生）类。

由Person类派生Undergraduate类的代码如下：

```
//Person类修改如下
class Person
{
    //受保护成员
    protected string name;               //姓名
    //private string name;               //姓名
    private int age = 20;                //年龄
    private string color = "黄色";        //肤色
    //公有属性：Age
    public int Age
    {
        get { return age; }
```

```
        set
        {
            if (value < 1)
                age = 1;
            else
                age = value;
        }
    }
    //属性：肤色
    public string Color
    {
        get { return color; }
        set { color = value; }
    }
    private double weight;          //体重
    //属性：体重
    public double Weight
    {
        get { return weight; }
        set { weight = value; }
    }
    //其他成员
    ……
    ……
}


// Undergraduate类直接继承Student类
class Undergraduate:Student
{
    private string major; //专业

    // <summary>公有属性：专业</summary>
    public string Major
    {
        get { return major; }
        set { major = value; }
    }

    // <summary>构造函数</summary>
    public Undergraduate(string name,int age ,string color,double weight,string school)
    {
```

```
        //下面4个属性是从间接基类继承的
        this.name = name;           //protected属性
        this.Age = age;             //公有属性
        this.Color = color;         //公有属性
        this.Weight = weight;       //公有属性
        //下面的school从直接基类中继承
        this.School = school;
        major = "计算机专业";
    }


    // <summary>兼职</summary>
    public void PartTimeJob()
    {
        Console.WriteLine("兼职");
    }
    public void JoinClub()
    {
        Console.WriteLine("参与社团");
    }
}
```

Undergraduate类不仅可以继承直接基类Student的所有成员，而且还可以继承间接基类Person中的所有成员。

通过下面的示例代码来看看Student类具有哪些成员。

```
// "执行" 按钮
private void btnRun_Click(object sender, RoutedEventArgs e)
{
    do_DirectIndirect(); //直接继承、间接继承
}

// 直接继承、间接继承
 void do_DirectIndirect()
 {
    Undergraduate john = new Undergraduate("john",22,"白色",52,"牛津大学");

    Console.WriteLine("我是一个大学生，信息如下：");
    //Console.Write("姓名：{0}", john.name); name为protected类型，不可以被外部类使用
    Console.Write("年龄：{0}，", john.Age);
    Console.Write("肤色：{0}，", john.Color);
    Console.WriteLine("体重：{0}", john.Weight);
    Console.Write("学校：{0}，", john.School);
```

```
            Console.WriteLine("专业：{0}", john.Major);

            Console.WriteLine("我会：");
            //从间接基类Person继承的函数
            john.Eat();
            john.Sleep();
            john.Speak("英语");

            //从直接基类Student继承的函数
            john.Learn();

            //派生类自己的函数
            john.PartTimeJob();
            john.JoinClub();
        }
```

运行结果如图7-9所示。

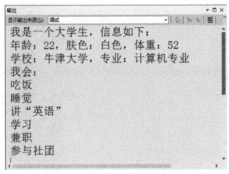

图7-9　直接、间接类继承

7.1.3　虚函数的重写

观察图7-5所示的人的继承关系图，可注意到，同样是说话，每个类是不同的，"人"类是比较抽象的概念，在工人类中是说"本地话"，而在学生类中是说"普通话"。遇到这种情况，可以把基类中的函数设计为虚函数，然后在派生类中重写（Override）该函数。在基类中，用关键字virtual声明虚函数。

定义虚函数的代码如下：

```
//基类:Person,修改Speak函数为虚函数
 class Person
 {
    //*********** 虚函数的定义********
    // <summary>说话</summary>
    // <param name="language">语言</param>
```

```
public virtual void Speak(string language)
{
    Console.WriteLine("讲"{0}"", language);
}
//其他成员
......
......
}
```

在派生类中，用关键字override重写基类的虚函数。

重写虚函数的代码如下：

```
//派生类：学生类
class Student:Person
{    // <summary>重写虚函数——说话</summary>
    // <param name="language">语言</param>
    public override void Speak()
    {
        Console.WriteLine("讲普通话");
    }
    //其他成员
    ......
    ......
}


//派生类：工人类
class Worker
{
    /// <summary>重写虚函数——说话</summary>
    /// <param name="language">语言</param>
    public override void Speak()
    {
        Console.WriteLine("讲本地话");
    }
    //其他成员
    ......
    ......
}
```

这时有3个版本的Speak函数，当对象属于Person类时，会调用Person类中的Speak函数；当对象属于Student类时，会调用Student类中的Speak函数；当对象属于Worker类时，会调用Worker类中的Breathe函数。

下面分别创建3种类的对象，看一看它们调用Speak函数的结果。

```
private void btnRun_Click(object sender, RoutedEventArgs e)
{
    do_VirtualFunction() ; //虚函数
}


  // 虚函数
void do_VirtualFunction()
{
  Person p = new Person();
  Student  s= new Student ();
  Worker w=new Worker();
  Console.Write ("人： "); p.Speak();
  Console.Write ("学生： "); s.Speak();
  Console.Write ("工人： "); w.Speak();
}
```

运行结果如图7-10所示，这说明了分析是正确的。

需要注意的是，属性也可以重写，但静态函数不能重写。

图7-10　虚函数的结果

那么重写和重载的区别是什么呢？许多读者一直不清楚函数重载和函数重写的区别，其实重载和重写的区别在于：

重载是指同一个类中有若干个名称相同但参数不同的函数，调用函数时，系统会根据实参情况，调用参数完全匹配的那个函数。

重写是指在继承关系中，在派生类中重写由基类继承来的函数，这时基类和派生类中就有两个同名的函数，系统根据对象的实际类型调用相应版本的函数。当对象类型为基类时，系统调用基类中的函数，当对象类型为派生类时，系统调用派生类中被重写的函数。

因此，重载函数发生在同一个类中的同名函数之间，重写函数发生在基类和派生类之间。

7.1.4　普通函数的隐藏

需要注意的是，只能重写基类中的虚函数，普通函数不能重写。要想在派生类中修改基类的普通函数，需要用new关键字隐藏基类中的函数。

例如，函数Sleep ()在Person类中是非虚函数，为了达到重写该函数的目的，可在派生类中用关键字new声明一个新的Sleep函数，从而隐藏基类Person中的Sleep函数。

定义隐藏函数的代码如下：

```
//派生类：Student
class Student:Person
{
    // <summary>new关键字，隐藏基类中的普通函数——睡眠</summary>
    public new void Sleep()
    {
        Console.WriteLine("学生睡觉需充足！");
    }
//其他成员
    ……
    ……
}
```

这样就有两个版本的Sleep函数，系统会根据对象的实际类型选择调用哪个版本的Sleep函数，当对象属于Person类时，会调用Person类中的Sleep函数；当对象属于Student类时，会调用Student类中的Sleep函数。

new关键字可以省略，但最好不要这样做，因为严格的语法可以减少错误的发生。

下面分别调用两个不同版本的Sleep函数，观察运行结果。

```
private void btnRun_Click(object sender, RoutedEventArgs e)
{
    do_HideFunction();// 隐藏普通函数
}
// 隐藏普通函数
void do_HideFunction()
{
    Person p = new Person();
    Student s = new Student();
    Console.Write("人："); p.Sleep();
    Console.Write("学生："); s.Sleep();
}
```

结果如图7-11所示，可以看出Person类中的Sleep函数和Student类中的Sleep函数已经是两个不同的函数了。

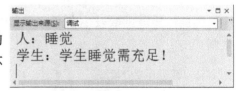

图7-11 隐藏Sleep函数的结果

7.1.5 base关键字

如果要在派生类中调用被重写或隐藏的基类函数，那么该如何操作呢？在6.3.4节里已经介绍过，每个对象都有一个指向自身的this引用符，同样，每个对象也有一个指向基类的base

引用符。

下面修改Students类的Learn函数为虚函数，并为派生类Undergraduate添加一个Learn函数，代码如下：

```
//基类：Students类
class Student:Person
{
    //*****虚函数********
    // <summary> 学习 </summary>
    public virtual void Learn()
    {
        Console.WriteLine("学生需学习！");
    }
    //其他成员
     ......
     ......

}

//派生类：人类
class Undergraduate:Student
{
    //*****重写虚函数********
    // <summary> 学习 </summary>
    public override void Learn()
    {
        base.Learn();  //调用父类的版本
        Console.WriteLine("大学生需自学能力强！");
    }
//其他成员
 ......
 ......

}
```

在派生类Undergraduate的Learn函数中，先通过语句"base.Learn()"调用基类Student中的Learn函数，然后输出自身的学习信息。

下面调用Undergraduate类的Learn函数，代码如下：

```
private void btnRun_Click(object sender, RoutedEventArgs e)
{
    do_Base(); // base应用
}
```

```
// base应用
 void do_Base()
 {
     Undergraduate u = new Undergraduate();
     u.Learn();
 }
```

运行结果如图7-12所示。

图7-12　调用基类的Learn函数

7.1.6　密封类和密封函数

密封类（Sealed class）是一种不能被继承的类，用sealed关键字声明，示例代码如下：

```
//密封类
sealed class classA
{
    //类的成员
    ……
    ……
}
class classB
{
    //密封函数
    public sealed override void Fun()
    //其他成员
     ……
     ……
}
```

当重写函数时，如果想保证这是最后一次重写，则可以使用sealed关键字。

7.1.7　派生类的构造函数

派生类继承了基类的所有非私有变量成员，那么这些继承来的变量是如何初始化的？是先初始化基类的变量还是先初始化派生类的变量？这些初始化工作是通过怎样的机制进行的呢？又是如何进行析构的呢？

下面探究派生类中构造函数的执行过程。请读者为Person、Student、Undergraduate类添加其构造函数和析构函数，代码如下：

```
//基类：Person类 (人)
class Person
{
    //构造函数
    public Person()
    {
        name = "李方";
        Console.WriteLine("Person类中的构造函数");
    }
    //析构函数
    ~Person()
    {
        Console.WriteLine("Person类中的析构函数");
    }
    //其他成员
    ......
    ......
}


//派生类：Student类(学生)
class Student:Person
{
//构造函数
    public Student()
    {

        school = "北京大学";
        Console.WriteLine("Student类中的构造函数");
    }
    //析构函数
    ~Student()
    {
        Console.WriteLine("Student类中的析构函数");

    }
    //其他成员
    ......
    ......
}
```

```
//派生类：Undergraduate类(大学生)
class Undergraduate:Student
{
    // <summary> 无参构造函数</summary>
    public Undergraduate()
    {

        Console.WriteLine("Undergraduate类中的构造函数");
    }
    //析构函数
    ~Undergraduate()
    {
            Console.WriteLine("Undergraduate类中的析构函数");
    }
//其他成员
……
……

}
```

下面创建一个"大学生"对象，探究构造函数和析构函数的执行过程，代码如下：

```
private void btnRun_Click(object sender, RoutedEventArgs e)
{
    do_StructureFunction (); //基类—派生类的构造函数
}


//基类—派生类的构造函数
void do_StructureFunction()
{
    Undergraduate obj = new Undergraduate();
    Console.WriteLine("我是一个大学生！");
    obj = null;   // 销毁对象
    GC.Collect(); //垃圾回收
}
```

运行结果如图7-13所示。

从结果可以看出，创建对象时，系统先调用基类的构造函数，初始化基类的变量，然后调用派生类的构造函数，初始化派生类的变量，这是一个由基类向派生类逐步构建的过程。删除对象时，先调用派生类的析构函数，销毁派生类的变量，然后调用基类的析构函数，销毁基类的变量，这是一个由派生类

图7-13　派生类的构造函数

向基类逐步销毁的过程。

1. 带参数的构造函数

在派生类的构造函数中，可以显式地初始化从基类继承来的public成员和protected成员，也可以通过基类的public属性初始化基类的私有成员。

下面在Undergraduate类中添加一个带参数的构造函数，代码如下：

```
//派生类：Undergraduate类(大学生)
 class Undergraduate:Student
{
    // <summary> 带参数的构造函数</summary>
    public Undergraduate(int age,string major)
     {
         Age = age; //通过public 属性初始化父类的成员
         this.major = major; // 直接初始化本地成员
         Console.WriteLine("Undergraduate类中"带参数"的构造函数");
         Console.WriteLine("我是："+name); // 调用protected成员：name
     }
    //其他成员
    ……
    ……
}
```

下面创建一个"大学生"对象，探究带参数的构造函数变量的初始化情况，代码如下：

```
private void btnRun_Click(object sender, RoutedEventArgs e)
{
    do_StructureInherit ();  //带参数的构造函数继承
}

//带参数的构造函数继承
void do_StructureInherit()
{
    Undergraduate obj = new Undergraduate(20,"电子技术");
    Console.WriteLine("年龄：{0}", obj.Age);
    Console.WriteLine("学校：{0}", obj.School);
    Console.WriteLine("专业：{0}",obj.Major);
}
```

运行结果如图7-14所示。

系统首先调用Person类的构造函数，变量name被初始化为"李方"；然后系统调用

Student类的构造函数，变量school被初始化为"北京大学";最后调用Undergraduate类的构造函数，变量age被初始化为20、变量major 被初始化为"电子技术"。

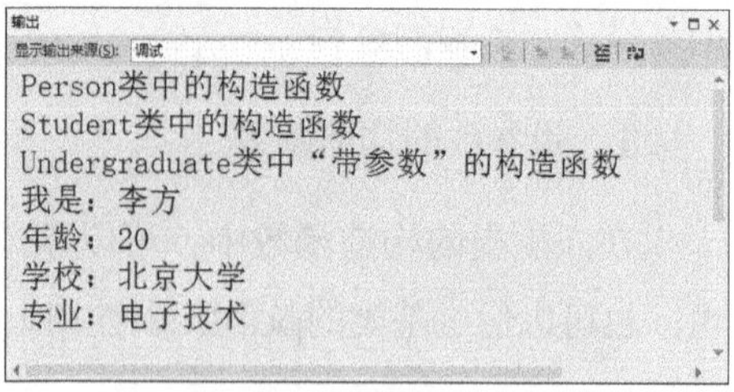

图7-14 带参数的构造函数变量的初始化

2. 显式调用基类的构造函数

因为派生类不能使用基类的私有变量，所以不能通过派生类的构造函数初始化基类的私有变量。但可以通过显式调用基类的构造函数来实现，当然，也可以通过显式调用基类的构造函数来初始化基类的公有变量和受保护变量。

下面解析显式调用基类的构造函数。请读者为Person、Student、Undergraduate类添加其构造函数和析构函数，代码如下:

```
//基类：Person类 (人)
class Person
{
  //带1个参数的构造函数
    public Person(string name)
    {
        this.name = name;
    }
  //其他成员
    ......
    ......
}


//派生类：Student类(学生)
class Student:Person
{
    //带两个参数的构造函数,显示调用基类构造函数
    public Student(string name ,string school):base(name)
    {
        this.school = school;
    }
    //其他成员
    ......
    ......
}
```

```
//派生类：Undergraduate类(大学生)
class Undergraduate:Student
{
    //带3个参数的构造函数,显式调用基类构造函数
    public Undergraduate(string name, string school, string major) : base(name, school)
        {
            this.major = major;
            Console.WriteLine("我是：" + name); // 调用protected成员：name
        }
    //其他成员
    ……
    ……
}
```

显式调用基类构造函数的语法如下：

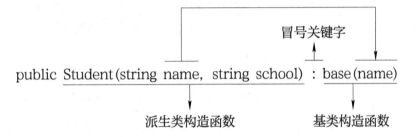

冒号后的base（name）显式地调用基类的构造函数Person（string name），在派生类的构造函数中已不需要初始化name的语句。一般情况下，尽量用基类的构造函数初始化基类的成员。

下面创建一个"大学生"对象，探究显式调用基类的构造函数的应用，代码如下：

```
private void btnRun_Click(object sender, RoutedEventArgs e)
{
    do_BaseStructure(); //显式调用基类的构造函数
}

//显式调用基类的构造函数
void do_BaseStructure()
{
    Undergraduate obj = new Undergraduate("李云", "福建信息","物联网技术");
    Console.WriteLine("学校：{0}", obj.School);
    Console.WriteLine("专业：{0}", obj.Major);
}
```

运行结果如图7-15所示。

请读者分析，当创建一个Undergraduate类时，哪些构造函数被执行了？执行顺序如何？每个构造函数被执行完后，变量如何变化？

图7-15　显式调用基类的构造函数

7.1.8　万类之源——Object类

C#中所有的类都直接或间接继承于Object类，在定义类时如果没有指定基类，则编译器就会自动使它继承于Object类。C#专门设计了object关键字，用来声明Object类，语法如下：

```
object obj = new object();
```

Object类中定义了8个公有虚函数，提供了一些基础功能，具体见表7-1。

表7-1　Object类的函数成员

访问修饰符	返回类型	函数名称	说　明
public virtual	string	ToString()	返回对象的字符串表示
public virtual	int	GetHashCode()	实现散列表时使用
public virtual	bool	Equals(object obj)	比较两个对象是否相等
public static	bool	Equals(object a, object b)	比较两个对象是否相等
public static	bool	ReferenceEquals(object a, object b)	比较两个引用符是否指向同一个对象
public	Type	GetType()	返回对象类型的详细信息
protected	object	MemberwiseClone()	进行对象的浅表复制
protected virtual	void	Finalize()	相当于析构函数

由于所有类都继承于Object类，因此所有类都直接或间接地继承了这8个函数。在今后逐步接触到这些函数，现在着重讲一下ToString函数。

ToString函数是Object类中的虚函数，所有的类都继承了该函数，其功能设定为"返回与类相关的字符串"，对于具体的类，需要重写它的ToString函数来实现。例如，int类重写了 ToString函数，能将整数转化为字符串，示例代码如下：

```
int n = 12345;
string s = n.ToString();
```

```
Console.WriteLine("字符串为: " + s);
```

结果如图7-16所示。这里系统先用变量n的ToString
函数把n的值转化为字符串"12345"，然后与字符串"字
符串为："连接，形成新的字符串"字符串为：12345"
而输出。

图7-16　ToString函数的运行结果

实际上还可以这样表示：

```
int n = 12345;
Console.WriteLine("字符串为: " + n);
```

系统会自动寻找int型的ToString函数，把n转化为相应的字符串。

一般通过重写ToString函数得到和对象相关的字符串。下面重写Undergraduate类　中
的ToString函数，代码如下：

```
//派生类: Undergraduate类(大学生)
 class Undergraduate:Student
{
    // Undergraduate类重写 ToString函数
    public override string ToString()
    {
        return "我是大学生";
    }
    //其他成员
    ……
    ……
}
```

"执行"按钮的单击事件代码如下：

```
// "执行" 按钮
private void btnRun_Click(object sender, RoutedEventArgs e)
{
    Undergraduate obj = new Undergraduate();
    Console.WriteLine(obj.ToString());
}
```

结果如图7-17所示。

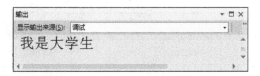

图7-17　调用重写后的ToString函数

与int型一样，可以隐式调用任何类的ToString函数，语法如下：

Console. WriteLine (obj);

系统会自动寻找Undergraduate类的ToString函数，返回相应的字符串。理论上可以在ToString函数中实现其他功能，但这样做显然违背常规，不利于他人理解。

请读者自行重写Person类中的ToString函数。

7.1.9 实例演练——由设备串口类派生出Adam4150类

为了加深对类的理解，下面来设计一个设备串口类（DevicePort），实现串口的打开和关闭操作，并由此类派生出数字量采集模块Adam4150类。具体要求如下：

1）DevicePort类的属性与方法见表7-2。

表7-2　DevicePort类的成员

访 问 权 限	数 据 类 型	成　　员	说　　明
private	SerialPort	com	串口对象
public	SerialPort	Com	设备所连接的串口对象
private	string	portName	串口名称，默认值为"COM2"
private	int	BaudRate	波特率，默认值为9600
public		DevicePort()	构造函数，无参数
public		DevicePort(string portName, int baudRate=9600)	构造函数：两个参数； 功能：给对象的串口名称和波特率赋值； 波特率默认值：9600
public	bool	Open()	功能：声明一个串口，赋值给com并打开 返回：串口打开成功返回true，否则返回false
public	void	Close()	关闭串口

2）Adam4150类继承自DevicePort类，其属性与方法见表7-3。

表7-3　Adam4150类的成员

访 问 权 限	数 据 类 型	成　　员	说　　明
private	byte	address	模块地址，初始值为1
public		Adam4150()	构造函数：无参数

（续）

访 问 权 限	数 据 类 型	成 员	说 明
public		Adam4150(string portName, int baudRate = 9600, byte address=0x01)	构造函数：2～3个参数；功能：串口名称、波特率、模块地址赋值；波特率默认值：9600bit/s；地址默认值：1
public	bool	ControlDO(int chNo, bool isOpen)	功能：设置Adam 450模块指定通道的开与关；参数：chNo——通道号，1#风扇通道号为0，2#风扇通道号为1，isOpen——通道的开与关，开为true，关为false；返回：开关与否，成功返回true，否则返回false
public	void	getAdam4150_HumanBodyValue()	返回：false——有人；true——无人；null——错误

3）主界面MainWindow.xaml的具体要求见表7-4。

表7-4 设置窗体属性

控 件 类 型	Name属性	属 性	属 性 值	说 明
Window	MainWindow	Title	Adam4150类继承应用	窗口标题
		Loaded事件	Window_Loaded	窗体加载事件
Lebel		Content	请输入串口:	
	blHuman	Content	人体	根据人体感应传感器的值设置为："NULL、有人、无人"三者之一，当人体传感器通信失败时，其值显示为"NULL"
		Content	1#灯	
		Content	2#灯	
TextBox	txtPortName	Text	COM2	串口名称，默认为COM2

（续）

控件类型	Name属性	属　　性	属　性　值	说　　明
Button	btnOpenCLose	Content	设备关闭中…	打开操作：打开串口，按钮文本显示为"设备关闭中…"； 关闭操作：关闭串口，按钮文本显示为"设备打开中…"
		Click事件	btnOpenCLose_Click	
Image	imgLamp1	Image	Images/LampOff.png	图片资源，初始为灰色表示关闭
	imgLamp2	Image	Images/LampOff.png	
	imgOnOff2	Image	Images/off.png	初始为OFF表示关闭
		MouseDown	imgOnOff2_MouseDown	图片的鼠标单击事件

操作步骤

1）在本章的"Csharp_7"解决方案中，添加一个名为"Csharp_7_Adam4150类继承应用"的WPF应用程序项目。

2）为该项目创建一个"Iamges"目录，并将"Images"目录下的图形文件"LampOff.png""LampOn.png""Off.png、On.png"复制至该应用程序的"Images"目录下。

3）参照图7-18设计好界面布局文件"MainWindow.xaml"。

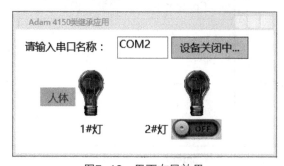
图7-18　界面布局效果

4）为该项目添加DevicePort类，用于描述设备的端口，参照代码如下：

```
using System.IO.Ports;              //串口的命名空间
```

```
namespace NewlandLibraryHelper
{
    class DevicePort
    {
        private SerialPort com;                 //设备的串口
        private string portName="COM2";   //串口名称
        private int baudRate = 9600;            //模块的波特率

        public SerialPort Com  //设备串口属性
        {
            get { return com; }
            set { com = value; }
        }

        // <summary>默认构带参数造函数</summary>
        // <param name="portName">串口名称</param>
        // <param name="baudRate">波特率</param>
        public DevicePort(string portName, int baudRate=9600)
        {
            this.portName = portName;
            this.baudRate=baudRate;
        }
        // <summary>默认构造函数</summary>
        public DevicePort()
        {
        }

        // <summary>打开端口</summary>
        // <param name="portName">串口（COM1，COM2）</param>
        // <returns>true——执行成功，false——执行失败</returns>
        public bool Open()
        {
            try
            {
                com = new SerialPort(portName,baudRate);
                com.Open();
                return true;
            }
            catch
            { return false; }
        }
```

```
// <summary>关闭端口</summary>
// <returns>无</returns>
public void Close()
{
    if (com != null && com.IsOpen)
    {
        com.Close();
        com = null;  // 销毁对象
        GC.Collect();  //垃圾回收
    }
}
```

5）为该项目添加Adam4150类，用于ADAM-4150 数字量采集设备，参照代码如下：

```
using System.Threading.Tasks;

namespace NewlandLibraryHelper
{
    class Adam4150:DevicePort
    {
        private byte address = 0x01;
        // <summary>默认构造函数</summary>
        public Adam4150()
        {}
        // <summary>带参数的构造函数，调用基类的构造函数</summary>
        // <param name="portName">串口名称（"COM1"，"COM2",…）</param>
        // <param name="baudRate">设备波特率</param>
        // <param name="address">模块地址</param>
        public Adam4150(string portName, int baudRate = 9600,byte address=0x01)
            : base(portName, baudRate)
        {
            this.address=address;
        }

        // <summary>
        // 设置指定开关量输出通道的开与关
        // </summary>
        // <param name="chNo">开关通道号，1#风扇开关量通道号为0，2#风扇开关量通道号为
1</param>
```

```
// <param name="isOpen">开关动作,true表示"开",false表示"关"</param>
// <returns>执行状态，true——成功执行，false——执行错误</returns>
public bool ControlDO(int chNo, bool isOpen)
{
    if (Com != null && Com.IsOpen)
    {
        byte[] data = {0x01, 0x05, 0x00,0x10, 0x00, 0x00,0xCC,0x0F};  //1#风扇关

        if (chNo==0 && isOpen)
        {
            data[4] = 0xFF;
            data[6] = 0x8D;
            data[7] = 0xFF;
        }
        else if (chNo == 1 && isOpen)
        {
            data[3] = 0x11;
            data[4] = 0xFF;
            data[6] = 0xDC;
            data[7] = 0x3F;
        }
        else if (chNo == 1)
        {
            data[3] = 0x11;
            data[6] = 0x9D;
            data[7] = 0xCF;
        }

        Com.DiscardInBuffer(); //清空缓冲区
        Com.Write(data, 0, data.Length); //发送命令
        System.Threading.Thread.Sleep(10); // 等待10ms,让设备DO通道开启或关闭稳定
        return true;
    }
    return false;
}

// <summary>
// 获取人体值
// </summary>
// <returns>false为有人，true为无人，null为错误</returns>
public bool? getAdam4150_HumanBodyValue()
```

```
            {
                try
                {
                    byte[] data = {0x01, 0x01, 0x00,0x00, 0x00, 0x07,0x7D,0xC8};
                        Com.DiscardInBuffer(); //清空缓冲区
                        Com.Write(data, 0, data.Length);  //发送命令
                        System.Threading.Thread.Sleep(40); // 等待40ms后再接收
                        if (Com.BytesToRead > 0)  //如果接收缓冲区中有字符
                          {
                                byte[] recData = new byte[Com.BytesToRead];
                                int len=recData.Length;
                                Com.Read(recData, 0, len);
                                if (len >= 6 && data[0] == recData[0] && data[1] == recData[1])
                                {
                                    return ((recData[3]&0x01)==1) ? true:false ;
                                }
                          }
                }
                catch (Exception)
                {
                }
                return null;
            }
        }
    }
```

类中关于"设置开关量输出通道的开与关、获取人体感应传感器"的协议命令请参考附录B。

6）返回"MainWindow. xaml. cs"类文件中，添加窗体加载和按钮的打开与关闭事件，以验证类的使用。具体代码如下：

```
using NewlandLibraryHelper; //Adam4150类命名空间
using System.Windows.Threading; //定时器类的命名空间

namespace Csharp_7_Adam4150应用
{
    // <summary>
    // MainWindow.xaml 的交互逻辑
    // </summary>
    public partial class MainWindow : Window
    {
```

```
public MainWindow()
{
    InitializeComponent();
}

//定义一个Adam4150 对象,对象名为adam4150
NewlandLibraryHelper.Adam4150 myAdam4150;
//WPF的定时器使用DispatcherTimer类对象，用于定时采集人体感应状态
private DispatcherTimer dTimer ;
bool isLamp1_CurrentStatus; //1#灯当前的状态
bool Lamp2_flag = false; // 2#灯的开与关标志

//窗体加载事件
private void Window_Loaded(object sender, RoutedEventArgs e)
{
    //调用构造函数
    myAdam4150 = new NewlandLibraryHelper.Adam4150(txtPortName.Text);
    dTimer = new DispatcherTimer();
    //定时器使用委托（代理）对象调用相关函数（方法）dTimer_Tick
    //注：此处 Tick 为 dTimer 对象的事件（ 超过计时器间隔时发生）
    dTimer.Tick += new EventHandler(dTimer_Tick); //定时器到时执行的事件
    //设置时间：TimeSpan（时，分，秒）
    dTimer.Interval = new TimeSpan(0, 0, 1);

}

private void btnOpenClose_Click(object sender, RoutedEventArgs e)
{
    if (btnOpenClose.Content.ToString() == "设备关闭中...") //即将开启
    {
        /*******************若没有设备，请注释掉如下语句*************
        if (myAdam4150.Open()) //如果打开成功
        //*******************注释结束*****************************/
        {
            btnOpenClose.Content = "设备打开中...";
            dTimer.Start(); //启动 DispatcherTimer对象dTime
        }
    }
    else //关闭
    {
        myAdam4150.Close();
```

```
            btnOpenClose.Content = "设备关闭中...";
        }
    }


    int count = 0;
    private void dTimer_Tick(object sender, EventArgs e)
    {

        dTimer.Stop();//先停止定时器的作用

        //******下面语句模拟有人/无人状态，若有设备，请注释掉如下语句************
        bool? HumanBodyValue = null;
        count++;
        if (count > 3 && count <= 6)
            HumanBodyValue = false; //模拟有人
        else
            HumanBodyValue = true; //模拟有人
        if(count>6) count=0; //3s有人，3s无人
        //******************注释结束*****************************/

        /******************若没有设备，请注释掉如下语句************
        bool? HumanBodyValue = myAdam4150.getAdam4150_HumanBodyValue();//人体传感
```

器状态

```
        //******************注释结束*****************************/

        if (HumanBodyValue == null) //设备未连接上，设置为关
        {
            lblHuman.Content = "NULL";
            dTimer.Start(); //定时器重新启动
            return;
        }
        //人体感应器有人时返回fasle，无人时返回true
        //为了顺应习惯而取反，即有人时为true，无人时为false
        HumanBodyValue = !HumanBodyValue;

        //设置图片按钮的背景
        BitmapImage imageLamp;
        if (isLamp1_CurrentStatus != HumanBodyValue) //状态改变了
        {
            if (HumanBodyValue == true) //有人
            {
                imageLamp = new BitmapImage(new Uri("Images\\LampOn.png",
```

```
                            UriKind.Relative));
            lblHuman.Content = "有人";


        }
        else
        {
            imageLamp = new BitmapImage(new Uri("Images\\LampOff.png",
                        UriKind.Relative));
            lblHuman.Content = "无人";
        }
        /*****************若没有设备，请注释掉如下语句************
        if(!myAdam4150.ControlDO(0, Lamp2_flag)) return;  //控制DO0未成功，返回
        //*****************注释结束*****************************/
        imgLamp1.Source = imageLamp; //灯状态发生改变
        isLamp1_CurrentStatus = (bool)HumanBodyValue; //当前状态更新
    }
    dTimer.Start(); //定时器重新启动
}


private void imgOnOff2_MouseDown(object sender, MouseButtonEventArgs e)
{
    if (btnOpenClose.Content.ToString() == "设备关闭中...")
    {   MessageBox.Show("请先打开设备！");
        return;
    }
    Lamp2_flag = !Lamp2_flag;
    /*****************若没有设备，请注释掉如下语句************
    if (!myAdam4150.ControlDO(1, Lamp2_flag))
    {
        Lamp2_flag = !Lamp2_flag; //操作失败
        return;   //控制DO0未成功，返回
    }
    //*****************注释结束*****************************/


    //设置图片按钮的背景
    BitmapImage imageOnOff, imageLamp;
    if (Lamp2_flag)
    {
        imageOnOff = new BitmapImage(new Uri("Images\\on.png", UriKind.Relative));
        imageLamp = new BitmapImage(new Uri("Images\\LampOn.png", UriKind.Relative));
```

```
        }
        else
        {
          imageOnOff = new BitmapImage(new Uri("Images\\off.png", UriKind.Relative));
          imageLamp = new BitmapImage(new Uri("Images\\LampOff.png", UriKind.Relative));
        }
        imgOnOff2.Source = imageOnOff; //设置开关图片
        imgLamp2.Source = imageLamp; //设置灯图片
      }

    }
  }
```

程序中涉及了一个DispatcherTimer类，该类是WPF提供的一个定时器，用于按指定时间间隔执行指定的任务。其命名空间为：System.Windows.Threading。在程序中，事件处理程序dTimer_Tick被添加到定时器dTimer对象的Tick事件中。使用TimeSpan对象将Interval设置为1s，并启动了计时器。此后，每间隔1s就执行一次dTimer_Tick事件。

7）运行程序，其初始界面如图7-19所示，单击"设备关闭中…"按钮，若设备正常打开，则表示设备已打开，按钮文本显示为"设备打开中…"，如图7-20所示。单击"设备打开中…"按钮，连接设备的串口关闭，界面返回图7-19所示的状态。

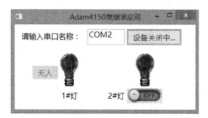

图7-19 设备关闭时的运行界面（初始界面）　　图7-20 设备打开时的运行界面

7.2 多态性

在面向对象技术中，一个基类能派生出多个派生类，这些派生类虽然各有特色，但都继承了基类的特征。那么能否用一段通用程序处理形形色色的派生类呢？下面就来看一看多态性是如何解决这个问题的。

7.2.1 派生类的对象和基类的关系

事物之间有两种基本关系，一种是整体和局部之间的"has a"关系（包含关系），如Person has a mouth（人包含一张嘴巴）、Dog has a Tail（狗包含一条尾巴）。在程序中，"has a"关系比比皆是，如数组和它的元素之间、类和它的成员之间都是"has a"关系。

另一种是个体和种类之间的"is a"关系（属于关系），如Mike is a student（迈克是个学生）、ShangHai is a City（上海属于城市）。在程序中，对象和类之间就是属于关系，如Mike is a Person（迈克属于"人"类）。

在类的继承中，派生类对象和基类之间也是"is a"关系，如Mike is a student（迈克是个学生），同时Mike is a Person（迈克属于"人"类）。正因为派生类的对象和基类之间具有这种特殊关系，所以可以进行一些非常有趣的操作。

7.2.2 多态性的概念

在学习多态性之前，先来复习一下引用符（Reference）和对象（Object）的区别。对象存储在堆中，引用符存储在栈中，引用符的值是对象在堆中的地址，因此通过引用符可以轻松地找到对象。所以我们经常形象地说"某引用符"指向"某对象"。一般情况下，引用符和对象属于同一类型，基类的引用指向基类的对象，派生类的引用指向派生类的对象。例如：

```
Person p = new Person();        //基类引用符指向基类对象
Student  s=new Student();       //派生类引用符指向派生类对象
```

在上面的语句中，引用符p指向了一个Person类的对象，引用符s指向了一个Student类的对象，引用符和对象的类型相同。

引用符和对象的类型能不同吗？从"is a"关系的论述中可知，派生类对象也属于基类，所以基类引用符可以指向派生类对象。例如：

```
Person p;
p= new Student();
p=new Worker();
```

一个基类的引用符可以指向多种派生类对象，具有多种不同的形态，这种现象叫作类的多态性（Polymorphism）。

7.2.3 抽象类和抽象函数

现实中，"人"类其实只是一个抽象的概念，一个人可能是工人、学生，也可能是教师。在编程中，可以将这种类设计成抽象类（Abstract class），起着派生其他类的作用，作为其他类的基类而存在，但不能将抽象类实例化为对象。

抽象类用关键字abstract声明，示例代码如下：

```
//抽象类：人类
abstract class  Person
    { //类的成员
    ……
    }
```

不仅类可以声明成抽象的，函数也可以声明成抽象的，此时该函数称为抽象函数（Abstract function）。示例代码如下：

```
abstract class  Person
{
    //抽象函数：讲话
    public abstract void Speak();
    //其他成员
}
```

若在类中将一个函数声明成了抽象函数，则该类就必须声明成抽象的类；换句话说，抽象函数只能定义在抽象类中，是一种特殊的虚函数。在上述示例代码中，Person类的Speak函数被声明为抽象函数，那么该抽象函数就不可以有任何代码，此时需要在派生类中重写抽象函数（若在派生类中没有重写抽象函数，则会出现编译错误）。

除了抽象函数，在抽象类中还要定义抽象属性（Abstract property）。抽象属性也没有具体实现代码，必须在派生类中重写。示例代码如下：

```
//抽象属性
public abstract double Weight
    {
        get ;
        set ;
    }
```

7.2.4 多态性的应用

【例7.2】在本章"Csharp_7"解决方案中，添加一个名为"Csharp_7_多态应用"的WPF应用程序项目，并参照图7-21设计好界面布局文件"MainWindow.xaml"。为"执行"按钮添加单击事件代码，并在案例中添加抽象基类：Person类（人）；以及派生类：Worker类（工人）、Student类（学生）、Teacher类（教师）。所有人都会讲话，但讲话语种可能各不相同。这里，通过在Person类中设计一个抽象函数——Speak函数，然后Worker类、Student类、Teacher类都从Person类那里继承并重写Speak函数，用来介绍自己的语种。既然这些人的Speak函数都是从基类继承来的，那么能否用一段通用程序介绍自己的语种呢？

图7-21　界面布局效果

下面创建出这些类，并在各派生类中重写Speak函数。

//抽象"人"类

```
abstract class  Person
    {
        //抽象函数：说话
        public abstract void Speak();
        //其他成员
    }


//工人类
class Worker : Person
    {
        // <summary>重写抽象函数——说话</summary>
        public override void Speak()
        {
            Console.WriteLine("我是工人，我讲本地话");
        }
    }
//学生类
class Student : Person
    {
        //重写抽象函数：说话
        public override void Speak()
        {
            Console.WriteLine("我是学生，我讲普通话");
        }
    }
    //教师类
    class Teacher : Person
    {
        // <summary>重写抽象函数——说话</summary>
        public override void Speak()
        {
            Console.WriteLine("我是教师，我讲普通话和本地话");
        }
    }
```

尽管每种人的方言语种不同，但多态性可以通过使用一段"通用程序"调用所有人的
Speak函数进行自我介绍。

下面调用Person类的Speak函数，代码如下：

```
private void btnRun_Click(object sender, RoutedEventArgs e)
{
    do_PolymorphismApp(); //多态性应用
```

```
    }

    //多态性应用
    void do_PolymorphismApp()
    {
        Person[] persons = new Person[3]; //让每个引用符指向一个派生类对象
        persons[0] = new Worker();
        persons[1] = new Student();
        persons[2] = new Teacher();
        //通用处理
        foreach (Person someone in persons)
        {
            someone.Speak(); //不论对象是什么类都使用相同的语句进行处理
        }
    }
```

运行结果如图7-22所示。

程序中利用多态性实现了"通用编程"。程序中的foreach语句是通用部分，Person型引用符someone依次指向数组Person派生类中的对象，不管对象是谁，都使用语句"someone.Speak()"进行介绍。系统根据someone指向的各种人调用对应版本的Speak函数。当添加一种新物种时，只需往数组里添加一个对象即可，程序的通用部分不需要修改。

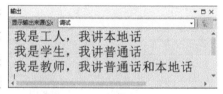

图7-22 调用基类的Speak函数

继承和多态性是开发复杂软件的关键技术，特别适合于分层软件系统。物联网实训系统中要处理各种各样的设备，如ADAM-4150数字量采集器、模拟量四输入采集模块等，这些硬件的具体工作原理显然是不同的，但它们都有端口打开和关闭两个操作。因此设备端口可以设计一个抽象基类，提供Open()和 Close()两个抽象函数，相应设备的驱动程序等被编写为该抽象基类的派生类，具体实现Open()和Close()操作。设备端口只需通过基类的引用符调用Open函数和Close函数即可，不用关心是打开或关闭哪种设备，更不用关心它们是怎么实现的。当生产出新设备后，设备生产厂家只需编写继承于抽象基类的驱动程序即可，不用更改设备端口本身。

7.2.5 is运算符

有时候，需要确定基类的引用符到底指向了哪种派生类对象，此时就需要用is运算符，is运算符用于判断对象是不是某种类型。

下面先举一个简单的例子，代码如下：

```
int x = 100;
if (x is int)
    Console.WriteLine("yes");
else
    Console.WriteLine("No");
```

上面的语句用来检验变量x是否为int型。

再来看一个复杂一些的例子，代码如下：

```
Student mike = new Student ();
Person someone = mike;
if(someone is Student)
    Console.WriteLine("someone is Student");
if(someone is Worker )
    Console.WriteLine("someone is Worker");
if(someone is Teacher)
    Console.WriteLine("someone is Teacher");
```

上面的语句验证了：所有派生类的对象都可以看作基类的对象，其运行结果如图7-23所示。

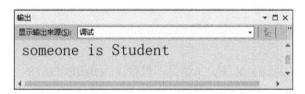

图7-23　is运算符判断对象类型例子的运行结果

7.2.6　向下类型转换

由低一级的类（如派生类）转换为高一级的类（如基类）称为向上类型转换。而向下类型转换是自动进行的，如把int型变量赋给long型变量、把long型变量赋给double型变量，这些转换都是自动进行的。由派生类转换为基类也是向上提升，是自动进行的，但转换后，基类的引用符不能引用派生类对象特有的函数和属性，如下面的Person类和Student类：

```
//抽象"人"类
abstract class  Person
{
    //自有的属性和成员
    ……
}
//学生类
class Student : Person
```

```
    {
        /**** Student类特有的函数和属性*****/
        private string school;  // 就读学校
        // <summary>就读学校属性</summary>
        public string School
        {
            get { return school; }
            set { school = value; }
        }
        // <summary> 学习 </summary>
        public void Learn()
        {
            Console.WriteLine("我是学生，我爱学习");
        }
        //其他成员
        ……
    }
```

执行如下语句：

```
[1]  Student mike = new Student ();
[2]  Person someone = mike;
[3]  someone.Learn();   //该语句编译时出错
```

上面的语句 [3]，系统提示"Person类不包含Learn函数的定义"。虽然someone指向了一个Student类的对象，但它仍然不能调用Learn函数，因为someone的类型为Person，而基类Person中没有对函数Learn()进行定义。要想通过基类引用符someone调用派生类特有的函数，必须将someone的类型强制转换为派生类。这种由基类向派生类转换的过程称为向下类型转换。示例代码如下：

```
private void btnRun_Click(object sender, RoutedEventArgs e)
{
    do_ToDownConvert();    //向下类型转换
}

//向下类型转换
void do_ToDownConvert()
{
    Student mike = new Student();
    Person someone = mike;  //基类引用符指向了派生类对象

    //在另一个地方引用
    if (someone is Student)
```

```
        {
            Student stu= (Student) someone;          //强制向下转换
                stu.Learn();
            }
        }
```

只有由基类向派生类转换时才能强制向下转换，否则程序会抛出异常，所以转换前必须用is运算符进行检查。

上面的转换也以通过as运算符实现，代码如下：

```
Student mike = new Student();
Person someone = mike;  //基类引用符指向了派生类对象

Student stu2 = someone as Student;     //as 运算符
if (stu2!= null)
{
 stu2.Learn();
}
```

as运算符用于执行两个引用类型之间的显式转换，它是一种安全的转换，使用前不需要用is运算符测试类型。在类型不兼容的时候，转换的结果是null，不会抛出异常。

7.2.7　接口

在计算机编程领域中，许多软件都要实现标准化，这就需要一种方法来制订统一的接口（Interface）。例如，不同的图形有不同的计算其面积和周长的公式，每个使用者都希望其实现相同的接口，而不必关心它们是如何计算的。接口只规定了这些图形具有哪些成员以及每个成员的功能，至于具体如何实现，由各种图形的不同方法实现，也就是说接口为图形制订了一个规范，然后由各种图形具体实现这个规范。

1．接口定义

下面的示例涉及一个简单的图形IGraph接口，它有一个成员变量用来说明图形形状的shape字符型变量，成员方法有计算面积的方法getArea()和计算周长的方法getPerimeter()。

右键单击"Csharp_7_多态应用"项目，在弹出的快捷菜单中选择"添加"→"新建项"命令，在弹出的"添加新项"对话框中选择"接口"模板，然后在名称栏中填入接口的名称"IGraph"。

接口定义的代码如下：

```
//接口：图形
interface IGraph
```

```
{
    //属性：形状说明
    string Shape { get; set; }

    //函数：求面积
    double GetArea();
    //函数：求周长
    double GetPerimeter();
}
```

接口用关键字interface定义，接口的名称习惯以字母I开头。定义接口的格式如下：

```
interface 接口名
{
    数据类型1 变量1;
    数据类型2 变量2;
    ……
    返回值类型1 方法名1 (形式参数列表1);
    返回值类型2 方法名2 (形式参数列表2);
    ……
}
```

一般情况下，接口中只能包含成员的声明，不能有任何实现代码。接口的成员总是公有的，不需要也不能添加public等修饰符，也不能声明为虚函数或静态函数。

下面编写一个继承于接口IGraph的矩形（Rectangle）类，并在该类中实现IGraph接口中的所有成员。

定义实现接口的类，代码如下：

```
class Rectangle:IGraph
{
    double width;
    double height;
    string shape = "图形";
    //属性：形状
    public string Shape
    {
        get { return shape; }
        set { shape = value; }
    }
    //构造函数
    public Rectangle(double width, double height)
    {
```

```
                this.width = width;
                this.height = height;
        }
        //函数：面积
        public double GetArea()
        {
            return width * height;
        }

        //函数:周长
        public double GetPerimeter()
        {
            return 2 * (width + height);
        }
    }
```

在Rectangle类中，程序实现了IGraph接口的所有成员。注意，Rectangle类的所有相应成员必须添加public修饰，并且可以声明为虚函数。实际上，Rectangle类可以看作继承于IGraph接口。

应用Rectangle类，代码如下：

```
private void btnRun_Click(object sender, RoutedEventArgs e)
{
    do_Interface();   //接口应用
}

//接口应用
void do_Interface()
{
    IGraph  rec = new Rectangle(6.6,9.4);
    rec.Shape = "矩形";
    Console.WriteLine("我是：" + rec.Shape);
    Console.WriteLine("面积："+rec.GetArea());
    Console.WriteLine("周长："+rec.GetPerimeter());
}
```

在如上代码中，用IGraph接口的引用符rec指向了Rectangle类的对象。实际上，如果有多个类派生于IGraph接口，则接口引用符rec可以指向所有派生类的对象，这体现了接口的多态性。

2．接口的继承

新接口也可以继承旧接口，继承方式与类相间。

下面定义一个新的接口——三维图形（IThreeDimSharp），它继承于IGraph接口，增加了一个用于求体积的函数成员。

接口的继承，代码如下：

```
interface IThreeDimSharp:IGraph
{
    //函数：求体积
    double GetVolume(double height);
}
```

IThreeDimSharp接口继承了IGraph接口的所有成员，且定义了一个新成员函数GetVolume()。

下面设计一个立方体（Cuboid）类，实现IThreeDimSharp接口，代码如下：

```
class Cuboid:IThreeDimSharp
{
    double width;
    double height;
    string shape = "图形";
    //属性：形状
    public string Shape
    {
        get { return shape; }
        set { shape = value; }
    }
    //构造函数
    public Cuboid(double width, double height)
    {
            this.width = width;
            this.height = height;
    }
    //实现IGraph接口中的函数：面积
    public double GetArea()
    {
        return width * height;
    }

    //实现IGraph接口中的函数：周长
    public double GetPerimeter()
    {
        return 2 * (width + height);
```

```
    }

    //实现IThreeDimSharp接口中的函数
    public double GetVolume(double height)
    {
        return GetArea() * height;
    }
 }
```

应用Cuboid类，代码如下：

```
private void btnRun_Click(object sender, RoutedEventArgs e)
{
  do_Cuboid();    //接口继承类的应用
}
//接口继承类的应用
void do_Cuboid()
{
    IThreeDimSharp cuboid = new Cuboid(6.6, 9.4);
    cuboid.Shape = "立方体";
    Console.WriteLine("我是：" + cuboid.Shape);
    Console.WriteLine("面积：" + cuboid.GetArea());
    Console.WriteLine("周长：" + cuboid.GetPerimeter());
    Console.WriteLine("体积：" + cuboid.GetVolume(3));
}
```

程序运行结果如图7-24所示。

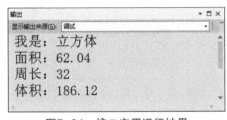

图7-24　接口应用运行结果

7.2.8　类关系图

到现在为止，在"Csharp_7"解决方案的各应用程序项目中都创建了很多类，这么多的类，它们之间的关系如何呢？在Visual Studio 2012中，提供了一种强大的工具帮助查看这些类之间的关系。查看类关系图的操作步骤如下：

1）在解决方案资源管理器中，右键单击"Csharp_7_继承应用"应用项目中的Person类，单击"查看类图"按钮，进入类的关系图窗口。

2）在类的关系图窗口中，出现 Person类的图标，右键单击该图标，在弹出的快捷菜单中选择"显式派生类"命令,如图7-25所示。

3)之后出现该Person类的两个派生类的图标,使用相同的方法显示Student类的派生类,结果如图7-26所示。

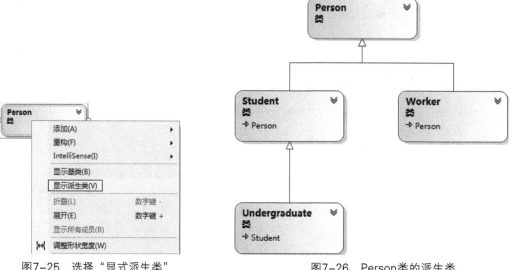

图7-25 选择"显式派生类"   图7-26 Person类的派生类

右键单击"Csharp_7_多态应用"应用项目中的IGraph接口,使用相同的方法可以显示接口关系图,如图7-27所示。

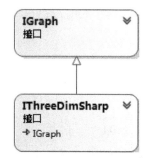

图7-27 显示接口之间的派生关系

案例实现   实验室路灯控制——类的继承、多态

学习了本章的知识后,读者可以实现本章开始给出的案例功能了,下面先来完成该案例的界面布局文件。

界面布局文件

创建"Images"目录,添加界面开发所需要的图形文件;创建"Pages"目录,用来存

放"参数设置""自动控制""手动开关"3个页面,其对应的页面名称分别为"PageSet. xaml""PageAuto. xaml""PageManual. xaml",其添加方法为:右键单击"Pages" 文件夹,在弹出的快捷菜单中选择"添加"→"页"命令,然后在"添加新项"对话框中输入 页面的名称。

参照图7-1~7-4分别设计好"MainWindow. xaml""PageSet. xaml""PageAuto. xaml""PageManual. xaml"4个布局文件。"Csharp_7"应用程序所包含的类、布局文件等结构如图7-28所示。

图7-28 "Csharp_7"应用程序

下面给出各布局文件的代码:

(1)MainWindow. xaml窗口布局文件

```xml
<Window x:Class="Csharp_7.MainWindow"
        xmlns="http://schemas.microsoft.com/winfx/2006/xaml/presentation"
        xmlns:x="http://schemas.microsoft.com/winfx/2006/xaml"
        WindowStartupLocation="CenterScreen"
        Title="继承、多态" Height="329.254" Width="510" Loaded="Window_Loaded">
    <Grid>
        <Image x:Name="imgManual" HorizontalAlignment="Left" Height="100" Margin="363,115,0,0" VerticalAlignment="Top" Width="100" Source="Images/ManualTurn.png" MouseDown="imgManual_MouseDown" />
        <Image x:Name="imgAuto" HorizontalAlignment="Left" Height="100" Margin="216,115,0,0" VerticalAlignment="Top" Width="100" Source="Images/AutoTurn.png" MouseDown="imgAuto_MouseDown" />
        <Image x:Name="imgSet" HorizontalAlignment="Left" Height="100" Margin="66,115,0,0" VerticalAlignment="Top" Width="100" Source="Images/set.png" MouseDown="imgSet_MouseDown" />
        <Label x:Name="lblPageTitle" Content="实验室路灯控制" FontSize="32"
```

```
Margin="126,10,137,225" Foreground="Blue" HorizontalContentAlignment="Center" />
        <Frame x:Name="fmShowPage" Content="Frame" Visibility="Hidden" Naviga
tionUIVisibility="Hidden"  HorizontalAlignment="Left" Height="194" Margin="46,78,0,0"
VerticalAlignment="Top" Width="400" BorderThickness="1" BorderBrush="Gray" Background="White"
IsVisibleChanged="fmShowPage_IsVisibleChanged" />
    </Grid>
</Window>
```

在该布局文件中，<Frame x:Name="fmShowPage"…/>这个标签定义了一个框架，用于加载应用程序中"PageSet. xaml""PageAuto. xaml""PageManual. xaml"3个页面。

（2）PageSet. xaml页面布局文件

```
<Page x:Class="Csharp_7.Pages.PageSet"
        xmlns="http://schemas.microsoft.com/winfx/2006/xaml/presentation"
        xmlns:x="http://schemas.microsoft.com/winfx/2006/xaml"
        xmlns:mc="http://schemas.openxmlformats.org/markup-compatibility/2006"
        xmlns:d="http://schemas.microsoft.com/expression/blend/2008"
        mc:Ignorable="d" d:DesignHeight="300"
            Title="PageSet" Width="400" Height="200" Loaded="Page_Loaded">
    <Grid >
        <Label Content="模块串口：" HorizontalAlignment="Left" Height="30" Margin="110,11,0,0"
            VerticalAlignment="Top" Width="85" FontSize="16"/>
        <ComboBox x:Name="cmbPort" HorizontalAlignment="Left" Height="30"
Margin="200,11,0,0"
            VerticalAlignment="Top" Width="83" FontSize="16"/>
        <Label Content="波 特 率：" HorizontalAlignment="Left" Height="30" Margin="110,52,0,0"
            VerticalAlignment="Top" Width="85" FontSize="16"/>
        <ComboBox x:Name="cmbBaudRate" HorizontalAlignment="Left" Height="30"
Margin="200,52,0,0"
            VerticalAlignment="Top" Width="83" FontSize="16"/>
        <Button x:Name="btnOK" Content="确定" HorizontalAlignment="Left" Height="30"
Margin="82,156,0,0"
            VerticalAlignment="Top" Width="96" FontSize="16" Click="btnOK_Click"/>
        <Button x:Name="btnCancel" Content="取消" HorizontalAlignment="Left" Height="30"
Margin="227,156,0,0"
            VerticalAlignment="Top" Width="95" FontSize="16" Click="btnCancel_Click"/>
        <Label Content="自动控制：" HorizontalAlignment="Left" Height="30" Margin="110,99,0,0"
            VerticalAlignment="Top" Width="84" FontSize="16"/>
        <Image x:Name="imgAutoDefend" HorizontalAlignment="Left" Height="34"
Margin="199,99,0,0"
            VerticalAlignment="Top" Width="84" MouseDown="imgAutoDefend_MouseDown"
            Source="/Csharp_7;component/Images/off.png"/>
    </Grid>
</Page>
```

在这个布局代码文件中，<ComboBox…/>是个下拉列表框控件，更多关于该控件的操作请读者参考相关文档。

（3）PageAuto.xaml页面布局文件

```
<Page x:Class="Csharp_7.Pages.PageAuto"
    xmlns="http://schemas.microsoft.com/winfx/2006/xaml/presentation"
    xmlns:x="http://schemas.microsoft.com/winfx/2006/xaml"
    xmlns:mc="http://schemas.openxmlformats.org/markup-compatibility/2006"
    xmlns:d="http://schemas.microsoft.com/expression/blend/2008"
    mc:Ignorable="d"
    xmlns:WinFormControl="clr-namespace:WinFormControl;assembly=WinFormControl"
        Title="PageSecurity" Height="200" Width="400" Loaded="Page_Loaded">
    <Grid >
        <Image x:Name="imgHome" HorizontalAlignment="Left" Height="48" VerticalAlignment="Top"
Width="54"
            Source="/Csharp_7;component/Images/home.png" MouseDown="imgHome_
MouseDown" />
        <Label Content="1#风扇" HorizontalAlignment="Left" Height="28" Margin="128,87,0,0"
            VerticalAlignment="Top" Width="66" FontSize="16"/>
        <WinFormControl:Fan x:Name="fan1"  HorizontalAlignment="Left" VerticalAlignment="Top"
Height="75"
            Width="75" Margin="123,12,0,0"  />
        <Label Content="路灯" HorizontalAlignment="Left" Height="28" Margin="249,87,0,0"
            VerticalAlignment="Top" Width="50" FontSize="16"/>
        <Image x:Name="imgLamp" HorizontalAlignment="Left" Height="75" Margin="249,12,0,0"
            VerticalAlignment="Top" Width="50" Source="/Csharp_7;component/Images/LampOff.
png"/>
        <Label Content="人体感应：" HorizontalAlignment="Left" Height="34" Margin="123,137,0,0"
            VerticalAlignment="Top" Width="93" FontSize="16"/>
        <Label x:Name="lblHuman" Content="NULL" HorizontalAlignment="Left" Height="28"
Margin="216,137,0,0"
            VerticalAlignment="Top" Width="83" FontSize="16" Background="LightGray"
            Foreground="Red" HorizontalContentAlignment="Center"/>
    </Grid>
    </Page>
```

（4）PageManual.xaml页面布局文件

```
<Page x:Class="Csharp_7.Pages.PageManual"
    xmlns="http://schemas.microsoft.com/winfx/2006/xaml/presentation"
    xmlns:x="http://schemas.microsoft.com/winfx/2006/xaml"
    xmlns:mc="http://schemas.openxmlformats.org/markup-compatibility/2006"
    xmlns:d="http://schemas.microsoft.com/expression/blend/2008"
    xmlns:WinFormControl="clr-namespace:WinFormControl;assembly=WinFormControl"
```

```
            mc:Ignorable="d"  Width="400" Height="200"  Title="手动控制">
        <Grid>
            <WinFormControl:Fan x:Name="fan2"   HorizontalAlignment="Left" VerticalAlignment="Top"
                    Height="75" Width="75" Margin="117,11,0,0" />
            <Label Content="2#风扇" HorizontalAlignment="Left" Height="31" Margin="121,86,0,0"
                    VerticalAlignment="Top" Width="77" FontSize="16"/>
            <Image x:Name="imgOnOff" HorizontalAlignment="Left" Height="50" Margin="157,136,0,0"
                    VerticalAlignment="Top" Width="120"  MouseDown="imgOnOff_MouseDown"
                    Source="/Csharp_7;component/Images/off.png"/>
            <Image x:Name="imgLamp" HorizontalAlignment="Left" Height="75" Margin="247,11,0,0"
                    VerticalAlignment="Top" Width="50" Source="/Csharp_7;component/Images/
LampOff.png" />
            <Label Content="路灯" HorizontalAlignment="Left" Height="28" Margin="247,86,0,0"
                    VerticalAlignment="Top" Width="61" FontSize="16"/>
            <Image x:Name="imgHome" HorizontalAlignment="Left" Height="48"
VerticalAlignment="Top"
                    Width="54" Source="/Csharp_7;component/Images/home.png"
MouseDown="imgHome_MouseDown" />
        </Grid>
    </Page>
```

代码开发实现

　　在这个综合案例中，风扇的开启与关闭以及人体感应的读取功能，不再使用"dll库"目录下的设备操作文件，对ADAM-4150设备的输出通道的开关将通过自定义的类予以完成，下面就一起编写程序代码。

1. DevicePort基类的实现

```
class DevicePort
{
    private SerialPort com;  //设备的串口
    private string portName="COM2";  //串口名称
    private int baudRate = 9600;  //模块的波特率

    public SerialPort Com  //设备串口名称属性
    {
        get { return com; }
        set { com = value; }
    }

    // <summary>默认带参数的构造函数</summary>
    // <param name="portName">串口名称</param>
```

```csharp
    // <param name="baudRate">波特率</param>
    public DevicePort(string portName, int baudRate=9600)
    {
        this.portName = portName;
        this.baudRate=baudRate;

    }
    // <summary>默认构造函数</summary>
    public DevicePort()
    {}

    // <summary>打开端口</summary>
    // <param name="portName">串口（COM1，COM2）</param>
    // <returns>true——执行成功，false——执行失败</returns>
    public bool Open()
    {
        try
        {
            com = new SerialPort(portName,baudRate);
            com.Open();
            return true;
        }
        catch
        { return false; }
    }

    // <summary>关闭端口</summary>
    // <returns>无</returns>
    public void Close()
    {
        if (com != null && com.IsOpen)
        {
            com.Close();
            com = null;
        }
    }
}
```

2. Adam4150类的实现

```csharp
class Adam4150:DevicePort
{
    private byte address = 0x01;
```

```csharp
// <summary>默认构造函数</summary>
public Adam4150()
{ }

// <summary>带参数的构造函数，调用基类的构造函数</summary>
// <param name="portName">串口名称（"COM1""COM2",……）</param>
// <param name="baudRate">设备波特率</param>
// <param name="address">模块地址</param>
public Adam4150(string portName, int baudRate = 9600,byte address=0x01)
    : base(portName, baudRate)
{
    this.address=address;
}

// <summary>
// 设置指定开关量输出通道的开与关
// </summary>
// <param name="chNo">开关通道号，1#风扇开关量通道号为0，2#风扇开关量通道号为
1</param>
// <param name="isOpen">开关动作,true表示"开"，false表示"关"</param>
// <returns>执行状态，true——成功执行，false——执行错误</returns>
public bool ControlDO(int chNo, bool isOpen)
{
    if (Com != null && Com.IsOpen) {
        byte[] data = {0x01, 0x05, 0x00,0x10, 0x00, 0x00,0xCC,0x0F};  //1#风扇关
        if (chNo==0 && isOpen) {
            data[4] = 0xFF;
            data[6] = 0x8D;
            data[7] = 0xFF;
        }
        else if (chNo == 1 && isOpen) {
            data[3] = 0x11;
            data[4] = 0xFF;
            data[6] = 0xDC;
            data[7] = 0x3F;
        }
        else if (chNo == 0) {
            data[3] = 0x11;
            data[6] = 0x9D;
            data[7] = 0xCF;
        }
```

```
            Com.DiscardInBuffer(); //清空缓冲区
            Com.Write(data, 0, data.Length); //发送命令
            System.Threading.Thread.Sleep(10); // 等待10ms,让设备DO通道开启或关闭稳定
            return true;
        }
        return false;
    }


    // <summary>
    // 获取人体值
    // </summary>
    // <returns>false为有人，true为无人，null为错误</returns>
    public bool? getAdam4150_HumanBodyValue()
    {
        try
        {
            byte[] data = {0x01, 0x01, 0x00,0x00, 0x00, 0x07,0x7D,0xC8};
            Com.DiscardInBuffer(); //清空缓冲区
            Com.Write(data, 0, data.Length); //发送命令
            System.Threading.Thread.Sleep(40); // 等待40ms再接收
              if (Com.BytesToRead > 0)  //如果接收缓冲区中有字符
              {
                    byte[] recData = new byte[Com.BytesToRead];
                    int len=recData.Length;
                    Com.Read(recData, 0, len);
                    if (len >= 6 && data[0] == recData[0] && data[1] == recData[1])
                    {
                        return ((recData[3]&0x01)==1) ? true:false ;
                    }
              }
        }
        catch (Exception)
        {
        }
        return null;
    }
}
```

3．PublicData类的实现

由于3个页面都会涉及Adam4150对象的操作，因此在程序中设计了一个共享数据的
类，以实现多个页面的数据共享，代码如下：

```csharp
class PublicData
{
    private static Frame mainFrame; //要显示的页面，设置为静态

    private static string portName = "COM2"; //串口名称
    private static int baudRate = 9600; //波特率
    private static bool isAutoDefend; //是否自动布防

    public static Adam4150 adam4150; //Adam4150 对象，多个页面将用到，设置为静态

    public static Frame MainFrame //显示的页面
    {
        get { return PublicData.mainFrame; }
        set { PublicData.mainFrame = value; }
    }

    public static string PortName //窗口名称
    {
        get { return PublicData.portName; }
        set { PublicData.portName = value; }
    }

    public static int BaudRate //波特率
    {
        get { return PublicData.baudRate; }
        set { PublicData.baudRate = value; }
    }

    public static bool IsAutoDefend //是否自动布防
    {
        get { return PublicData.isAutoDefend; }
        set { PublicData.isAutoDefend = value; }
    }
}
```

4. 界面代码的实现

（1）主窗体类"MainWindow. xaml. cs"的代码

```csharp
using NewlandLibraryHelper; //应用Adam4150所在的命名空间
namespace Csharp_7
{
    // <summary>
    // MainWindow.xaml 的交互逻辑
```

```
// </summary>
public partial class MainWindow : Window
{
    public MainWindow()
    {
        InitializeComponent();
    }

    //窗体加载
    private void Window_Loaded(object sender, RoutedEventArgs e)
    {
        PublicData.MainFrame = fmShowPage;  //显示页面的框架
        //实例化adam4150对象,调用带参数的构造函数
        PublicData.adam4150 = new Adam4150(PublicData.PortName, PublicData.BaudRate);
        /*******************若没有设备，请注释掉如下语句*************
        PublicData.adam4150.Open();
        //*******************注释结束*****************************/
    }

    //打开自动布防的页面
    private void imgAuto_MouseDown(object sender, MouseButtonEventArgs e)
    {
        ShowPage(new Pages.PageAuto());
        lblPageTitle.Content = "路灯自动控制";
    }

    //打开手动报警的页面
    private void imgManual_MouseDown(object sender, MouseButtonEventArgs e)
    {
        ShowPage(new Pages.PageManual());
        lblPageTitle.Content = "路灯手动控制";
    }

    //打开参数设置的页面
    private void imgSet_MouseDown(object sender, MouseButtonEventArgs e)
    {
        lblPageTitle.Content = "系统参数设置";
        ShowPage(new Pages.PageSet());

    }
```

```csharp
//显示页面的框架
private void ShowPage(Page pg)
{
    if (fmShowPage.Visibility != Visibility.Visible)
        fmShowPage.Visibility = Visibility.Visible;
    fmShowPage.Navigate(pg);
}


//页面框架的可见性切换事件
private void fmShowPage_IsVisibleChanged(object sender, DependencyPropertyChangedEventArgs e)
{
    if (fmShowPage.Visibility != Visibility.Visible) {
        lblPageTitle.Content = "实验室路灯控制";
    }
}


//关闭按钮
private void imgCLose_MouseDown(object sender, MouseButtonEventArgs e)
{
    Dispose();
}


//析构函数
protected virtual void Dispose()
{
    MainWindow main = (MainWindow)this;
    main = null;
    GC.Collect();
    GC.SuppressFinalize(this);
}
    }
}
```

（2）系统设置类"PageSet. xaml. cs"的代码

```csharp
namespace Csharp_7.Pages
{
  // <summary>
  // PageSet.xaml 的交互逻辑
  // </summary>
  public partial class PageSet : Page
```

```
{
    public PageSet()
    {
        InitializeComponent();
    }

    bool isAutoDefend =false;  //自动布防

    //页面记载
    private void Page_Loaded(object sender, RoutedEventArgs e)
    {
        //添加COM1～COM5的选项
        cmbPort.Items.Add("COM1");
        cmbPort.Items.Add("COM2");
        cmbPort.Items.Add("COM3");
        cmbPort.Items.Add("COM4");
        cmbPort.Items.Add("COM5");
        cmbPort.SelectedIndex = 1;  //默认选中COM2
        //添加9600、19 200、38 400、115 200的波特率
        cmbBaudRate.Items.Add("9600");
        cmbBaudRate.Items.Add("19200");
        cmbBaudRate.Items.Add("38400");
        cmbBaudRate.Items.Add("115200");
        cmbBaudRate.SelectedIndex = 0;  //默认选中9600
    }

    //自动布防图片按钮
    private void imgAutoDefend_MouseDown(object sender, MouseButtonEventArgs e)
    {
        isAutoDefend = !isAutoDefend;
        //设置图片按钮的背景
        BitmapImage imagetemp;
        if (isAutoDefend) {
            imagetemp = new BitmapImage(new Uri
                ("\\Csharp_7;component\\Images\\on.png", UriKind.Relative));
        }
        else {
            imagetemp = new BitmapImage(new Uri
                ("\\Csharp_7;component\\Images\\off.png", UriKind.Relative));
        }
        imgAutoDefend.Source = imagetemp; //设置图片
```

```
        }

        // "确定"按钮的功能
        private void btnOK_Click(object sender, RoutedEventArgs e)
        {
            //保存
            PublicData.PortName = cmbPort.Text;
            PublicData.BaudRate = Convert.ToInt32(cmbBaudRate.Text);
            PublicData.IsAutoDefend = isAutoDefend;
            PublicData.MainFrame.Visibility = Visibility.Hidden;  //隐藏页面
        }
        // "取消"按钮的功能
        private void btnCancel_Click(object sender, RoutedEventArgs e)
        {
            PublicData.MainFrame.Visibility = Visibility.Hidden;  //隐藏页面
        }
    }
}
```

（3）自动控制类"PageAuto. xaml. cs"的代码

```
using System.Windows.Threading; //定时器类的命名空间

namespace Csharp_7.Pages
{
    // <summary>
    // PageSecurity.xaml 的交互逻辑
    // </summary>
    public partial class PageAuto : Page
    {
        public PageAuto()
        {
            InitializeComponent();
        }

        //WPF的定时器使用DispatcherTimer类对象，用于定时采集人体感应状态
        private DispatcherTimer dTimer ;
        bool isFan1_CurrentStatus; //风扇当前的状态

        //返回主界面，框架不可见
        private void imgHome_MouseDown(object sender, MouseButtonEventArgs e)
        {
```

```
        dTimer.Stop();//先停止定时器的作用
        dTimer = null; //释放定时器
        PublicData.MainFrame.Visibility = Visibility.Hidden; //隐藏框架
}

private void Page_Loaded(object sender, RoutedEventArgs e)
{
        dTimer = new DispatcherTimer();
        //定时器使用委托（代理）对象调用相关函数（方法）dTimer_Tick
        //注：此处 Tick 为 dTimer 对象的事件（超过计时器间隔时发生）
        dTimer.Tick += new EventHandler(dTimer_Tick); //定时器到时后执行的事件
        //设置时间：TimeSpan（时，分，秒）
        dTimer.Interval = new TimeSpan(0, 0, 1);
        //启动 DispatcherTimer对象dTime
        dTimer.Start();
}

int count = 0;
private void dTimer_Tick(object sender, EventArgs e)
{

        dTimer.Stop();//先停止定时器的作用

        //******下面语句模拟有人/无人状态，若有设备请注释掉如下语句********
        bool? HumanBodyValue = null;
        count++;
        if (count > 3 && count <= 6)
            HumanBodyValue = false; //模拟有人
        else
            HumanBodyValue = true; //模拟无人
        if (count > 6) count = 0; //其中，3s有人，3s无人
        //*******************注释结束****************************/

        /*******************若没有设备，请注释掉如下语句************
        //获取人体传感器状态
        bool? HumanBodyValue = PublicData.adam4150.getAdam4150_HumanBodyValue();
        //*******************注释结束****************************/
        if (HumanBodyValue == null) //设备未连接上，设置为关
        {
            lblHuman.Content = "NULL";
            dTimer.Start(); //定时器重新启动
```

```
            return;
        }
        //人体感应器有人时返回fasle，无人时返回true
        //为了顺应习惯而取反，即有人时为true，无人时为false
        HumanBodyValue = !HumanBodyValue;

        //设置图片按钮的背景
        BitmapImage imageLamp;
        if (isFan1_CurrentStatus != HumanBodyValue)  //状态改变了
        {
            if (HumanBodyValue == true) //有人
            {
                imageLamp = new BitmapImage(new Uri
                    ("\\Csharp_7;component\\Images\\LampOn.png", UriKind.Relative));
                lblHuman.Content = "有人";

            }
            else
            {
                imageLamp = new BitmapImage(new Uri
                    ("\\Csharp_7;component\\Images\\LampOff.png", UriKind.Relative));
                lblHuman.Content = "无人";
            }
            /*****************若没有设备，请注释掉如下语句*************
            //控制DO0未成功，返回
            if (!PublicData.adam4150.ControlDO(0, (bool)HumanBodyValue)) return;
            //*****************注释结束******************************/
            imgLamp.Source = imageLamp; //灯的状态发生改变
            isFan1_CurrentStatus = (bool)HumanBodyValue; //当前状态更新
            fan1.Control(isFan1_CurrentStatus);  //图片风扇状态改变
        }
        dTimer.Start(); //定时器重新启动
    }
  }
}
```

（4）手动开关类"PageManual. xaml. cs"的代码

```
namespace Csharp_7.Pages
{
    // <summary>
```

```csharp
// PageManual.xaml 的交互逻辑
// </summary>
public partial class PageManual : Page
{
    bool fan2_flag = false; // 2#风扇开与关标志
    //定义一个Adam4150 对象,对象名为adam4150

    public PageManual()
    {
        InitializeComponent();
    }

    //图片按钮的单击事件，控制2#风扇的开与关
    private void imgOnOff_MouseDown(object sender, MouseButtonEventArgs e)
    {
        fan2_flag = !fan2_flag;
        /*****************若没有设备，请注释掉如下语句*************
        if (!PublicData.adam4150.ControlDO(1, fan2_flag)) {
            fan2_flag = !fan2_flag; //操作失败
            return;    //控制DO0未成功，返回
        }
        //*******************注释结束*****************************/

        //控制界面风扇的开关
        fan2.Control(fan2_flag);
        //设置图片按钮的背景
        BitmapImage imageOnOff, imageLamp;
        if (fan2_flag) {
            imageOnOff = new BitmapImage(new Uri
                ("\\Csharp_7;component\\Images\\on.png", UriKind.Relative));
            imageLamp = new BitmapImage(new Uri
                ("\\Csharp_7;component\\Images\\LampOn.png", UriKind.Relative));
        }
        else {
            imageOnOff = new BitmapImage(new Uri
                ("\\Csharp_7;component\\Images\\off.png", UriKind.Relative));
            imageLamp = new BitmapImage(new Uri
                ("\\Csharp_7;component\\Images\\LampOff.png", UriKind.Relative));
        }
        imgOnOff.Source = imageOnOff; //设置开关图片
```

```
            imgLamp.Source = imageLamp; //设置灯图片
        }

        private void imgHome_MouseDown(object sender, MouseButtonEventArgs e)
        {
            PublicData.MainFrame.Visibility = Visibility.Hidden; //返回时，页面框架不可见
        }
    }
}
```

编译并修改错误后，就可以运行本应用程序了。

本章小结

本章从读者容易理解的"人"类入手，讲述了面向对象继承、多态、接口的定义和使用。本章共创建了"Csharp_7""Csharp_7_继承应用""Csharp_7_Adam4150类继承应用""Csharp_7_多态应用"4个WPF项目。

- "Csharp_7"项目用于实现本章开篇的案例。
- "Csharp_7_继承应用"项目用来演示类继承的概念、函数重写、base关键字、派生类的构造函数等基本应用。
- "Csharp_7_Adam4150类继承应用"项目用于演示ADAM-4150设备如何继承串口的示例。
- "Csharp_7_多态应用"项目用来演示类多态性的基本应用。

学习这一章应重点领会如上概念并加以灵活应用。面向对象编程是程序员开发应用程序最基本的知识点，读者要多加上机练习，以熟练掌握。

习题

编程题

1）现有动物类Animal、鱼类Fish、哺乳动物类Mammal 3个类，其关系如图7-29所示。

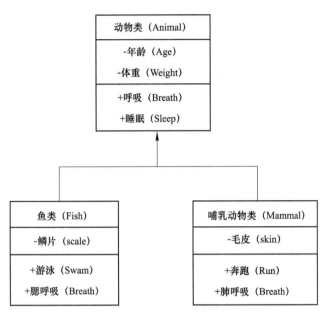

图7-29　动物类关系图

试编写代码实现:

① 定义基类Animal以及派生类Fish和Mammal。

② 将动物类的Breath()定义为虚函数,分别在两个派生类Fish、Mammal中重写函数Breath()。

③ 在Animal类的构造函数中设置Age、Weight两个属性,在Fish类的构造函数中设置Age、Weight、scale 3个属性,在Mammal类的构造函数中设置Age、Weight、skin 3个属性。

④ 将Animal类声明为抽象类,将其Breath()声明为抽象函数;在Fish、Mammal类中重写函数Breath();然后使用如下语句验证多态性:

```
Animal [] ani = new Animal [2];
ani [0] = new Fish ();
ani [1] = new Mammal ();
foreach (Person obj in ani)
{
    obj. Breath();
}
```

2)试编写代码实现一个简单的银行账户系统,具体要求如下:

① 银行账户接口(IbankAccount),它有存款(Deposit)和取款(Withdraw)两个函数,还有一个表示账户余额(Balance)的只读属性。存取款时,可根据参数amount将金额汇总到账户余额中。

② 编写一个SaveAccount类，实现基本存取款的银行账户操作。

③ 带转账功能的银行账户接口（ITransferBankAccount），它继承自IbankAccount，并声明了bool TransferTo（IBankAccount destination, decimal amount）抽象函数来实现向具有IBankAccount接口的目标账户转账。

④ 编写一个TransferAccount类，实现Itransfer Bank Account接口。

⑤ 使用如下语句验证：

```
IBankAccount myAccount = new SaveAccount ();
ITransferBankAccount yourAccount = new TransferAccount(); myAccount.PayIn(1000) ;
yourAccount.PayIn(5000) ;
//我向你转账3000元
myAccount.TransferTo(yourAccount,3000);
Console.WriteLine("我的余额：{0}", myAccount .Balance) ;
Console.WriteLine("你的余额：{0}", yourAccount.Balance);
```

Chapter 8

第⑧章
线程处理

李李：在第4章处理循环采集数据时，用了如下的两条语句实现：

System. Windows. Forms. Application. DoEvents ();

System. Threading. Thread. Sleep (500)；

而在第7章中，则使用了DispatcherTimer类来实现定时操作，这两种操作能实现后台数据采集，但经常听说线程处理后台数据采集任务，那么什么是线程呢？

杨杨：线程是程序中的一个执行流。实际上，主界面是运行在主线程上的，而一些费时的操作（如后台的数据采集、下载网络资源）通常放在辅助线程中处理，这时程序中就涉及了多线程。

李李：多线程听起来很深奥，是否可以理解成在同一时刻有多个任务同时执行呢？

杨杨：可以这么说，但不准确，下面就一起来学习多线程吧！

↘ 本章重点

- 了解线程的概念。

- 掌握Thread类的使用。

- 理解线程的优先级。

- 了解线程的插入、线程的状态、线程的同步。

- 掌握DispatcherTimer（定时器）类的应用。

案例展现 　　　　　温度自动控制——线程处理

案例描述 ◀

基于C#开发平台，创建一个WPF项目应用程序，实现实验室环境参数的监测及相应的智能控制，具体功能如下：

1）初始界面，数据采集按钮文本显示为"采集停止中..."，按钮背景为灰色；界面中能输入温度的界限值，并进行设定。

2）单击"采集停止中..."按钮，按钮文本显示为"采集进行中..."，按钮背景为绿色；并且每隔0.5s显示光照度、温度、湿度的实际物理量值。

3）判断温度是否大于文本中输入的给定温度值，是则1#风扇开，否则显示1#风扇关。

4）单击"采集进行中..."按钮，按钮文本重新显示为"采集停止中..."，按钮背景为灰色。界面上的对应参数保持不变。

案例结果 ◀

图8-1所示是本案例的初始界面，在"温度界限值"文本框中输入其界限值，并单击"设置"按钮。然后单击"采集停止中..."按钮，进入如图8-2所示的环境监控界面。

图8-1　环境监控初始界面　　　　　图8-2　环境监控运行中界面

案例准备 ◀

创建一个名为"Csharp_8"的WPF应用程序项目，用于实现本案例的功能。

操作步骤 ◀

1）新建一个名为"Csharp_8"的WPF应用程序项目。

2）为创建后的"Csharp_8"项目添加"dll库"目录下的设备操作类库文件："NewlandLibrary. dll""Comm. Bus. dll""Comm. Sys. dll""Comm. Utils. dll""Newland. DeviceProviderImpl. dll""Newland. DeviceProviderIntf. dll""NewlandLibrary. dll""log4net. dll"、风扇控件类文件"WinFormControl. dll"。

3）参照实训平台使用手册，连接好模拟量四输入模块及ADAM-4150模块的线路。

在这个综合案例中涉及线程类的具体使用，下面一起进入线程的编程实现。

8.1 线程概述

当人们在计算机前一边听音乐，一边下载文件，一边浏览网页时，试想，计算机的这3项工作是如何同时进行的呢？操作系统用3个应用程序完成这3项工作，每个应用程序都可以被看作一条连续的指令流，CPU一条一条地执行这些指令。然而在单核CPU的计算机中，同一时刻只能执行一条指令，如何实现3项工作同时进行呢？原来操作系统以"时间片轮转"的方式实现这一目标。操作系统以进程（Process）的方式运行应用程序，进程不但包括应用程序的指令流，也包括运行程序所需的内存、寄存器等资源。在本章中，读者只需把进程理解为一条执行路线即可。一般情况下，开启3个应用程序，系统里就创建了3个进程，就增加了3条执行路线。操作系统轮流执行每个进程，每个进程执行一小段时间。例如，先执行几十毫秒播放音乐的进程，接着执行几十毫秒下载文件的进程，然后再执行几十毫秒浏览网页的进程，3个进程就这样循环往复，交替进行。因为交替时间很短（一般只有几十毫秒），人们根本感觉不到如此短暂的停顿，所以从表面上看就像3个工作同时进行似的。因此，进程在宏观上是并发进行的，在微观上是交替进行的。

现在来考虑环境监控的例子，环境监控系统不停地采集环境参数，还有一个等待用户输入温度界限值的文本框。程序必须在采集数据的同时不停地检测有无用户输入，以便及时响应用户的操作。在以往的操作系统中，需要编写非常复杂的一段代码来实现这一功能，而如果利用多线程技术（Multi-threading），此类问题就显得很简单了，程序中通过在一个进程中创建两个线程（Threading）来实现此类功能。线程类似于进程，它相当于在一个进程中创建了若干条并行的路线，如一个线程采集数据，另一个线程检测用户输入，操作系统将自动以"时间片轮转"的方式交替执行这两个线程中的指令，这样就实现了并列执行两个功能的目标。

8.1.1 进程和线程

同一个进程中的所有线程共享进程的资源，所以它们之间的切换就比进程间的切换快得多，因此线程可以看作轻量级进程（Light weight Process）。现在大多数操作系统都是多进程（Multi-pmcess）的操作系统，每个进程中运行一个或多个线程，有多个线程并发执行。

1. 进程

当一个程序开始运行时，它就是一个进程。进程包括运行中的程序和程序使用的内存及系统资源，而一个进程又是由多个线程组成的。

2．线程

线程是程序中的一个执行流，每个线程都有自己的专有寄存器（如栈指针、程序计数器等），但代码区是共享的，即不同的线程可以执行相同的函数。

3．多线程

多线程是指程序中包含多个执行流，即在一个程序中可以同时运行多个不同的线程来执行不同的任务，也就是说，允许单个程序创建多个并行执行的线程来完成各自的任务。多线程程序中，在一个线程必须等待的时候，CPU可以运行其他线程而不是等待，这就大大提高了程序的运行效率。

当然，多线程也有不利的方面，主要有：①线程也是程序，所以线程需要占用内存，线程越多，占用的内存也越多；②多线程需要协调和管理，所以需要占用CPU时间来跟踪线程；③线程之间对共享资源的访问会相互影响，必须解决争用共享资源的问题；④线程太多会导致控制太复杂，最终可能造成很多bug。

8.1.2　应用程序主线程

当每开启一个应用程序时，系统就会创建一个与该程序相关的的进程，紧接着进程就会创建一个主线程（Main Thread），然后从主函数中的代码开始执行。当然，在一个应用程序中可以创建任意多个线程，每个线程完成一项任务。

【例8.1】在本章的"Csharp_8"解决方案中，添加一个名为"Csharp_8_线程应用"的应用程序项目。

在主程序中输入代码如下：

```
//注意添加命名空间 using System.Threading;
static void Main(string[] args)
{
    do_ShowMainThread();//给当前线程起名：主线程
}
//给当前线程起名：主线程
static  void do_ShowMainThread()
{   Thread.CurrentThread.Name = "主线程";
    Console.WriteLine("正在运行的线程是： " + Thread.CurrentThread.Name
        + "，状态为： " + Thread.CurrentThread.ThreadState);
    Console.ReadLine();
}
```

扫描书中二维码观看视频

运行程序，则在控制台输出窗口中显示的结果如图8-3所示。

图8-3　主线程运行状态

　　程序中通过Thread类的静态属性CurrentThread获取了当前执行的线程，对其Name属性赋值"主线程"，最后还输出了它的当前状态（ThreadState）。CurrentThread为什么是静态的？虽然有多个线程同时存在，但在某一时刻，CPU只能执行其中的一个。

8.1.3　子线程的实现方法

　　当程序执行一个很耗时的处理工作时，由于消耗时间长，因此程序界面就会处于锁定状态，用户无法进行其他操作。对于这种情况，在程序开发中，通常通过创建一个单独的线程来处理该工作，让它和其他线程并发进行，此时在处理该工作的同时也进行其他操作。这种执行特定任务的线程也常常被称为子线程或工作线程。

　　C#中一般是用System.Threading命名空间的Thread类来实现子线程。声明线程的语法与如下：

Thread ChildThread = new Thread(entryPoint);

　　子线程是从入口函数中的代码开始执行的，因此需要事先编写一个入口函数，而后将其传递给子线程。C#通过ThreadStart委托来完成。入口函数ThreadStart委托的原型定义如下：

public delegate void ThreedStart()

　　因此，传递给子线程的入口函数必须是没有参数和返回值的函数。

　　一般地，创建一个子线程需要经过以下3个步骤：

　　1）编写入口函数。

private void EntryPointMethod()
{ }

　　2）创建入口委托。

ThreadStart entryPoint = new ThreadStart(EntryPointMethod);

　　3）创建线程。

Thread WorkThread = new Thread(entryPoint);

　　一般地，程序可以通过匿名函数创建线程，将上述第2）个步骤和第3）个步骤合并为如下1条语句：

Thread WorkThread = new Thread(new ThreadStart(EntryPointMethod));

　　Thread类提供了丰富的属性和方法，可以方便地控制线程。Thread类的常用属性和方法见表8-1。

表8-1　Thread类的常用属性和方法

类　型	名　称	说　明
属性	Name	线程的名称
	CurrentThread	获取当前正在运行的线程
	Priority	线程的优先级
	ThreadState	当前线程的状态
方法	Start()	开始执行线程
	Suspend()	挂起线程
	Resume()	恢复被挂起的线程
	Sleep()	将当前线程暂停一段时间
	Interrupt()	中断线程（即唤醒处于休眠状态的线程）
	Join()	待旧线程结束后执行新线程
	Abort()	终止线程

【例8.2】在"Csharp_8"解决方案中，添加一个名为"Csharp_8_子线程"的WPF应用程序项目来说明如何使用线程，界面如图8-4所示。在这个程序中，为费时的界面曲线绘制工作单独创建一个子线程，这样在绘制曲线时，还可以做一些其他事情。程序中演示了如何创建线程、暂停线程、恢复线程以及如何终止子线程。

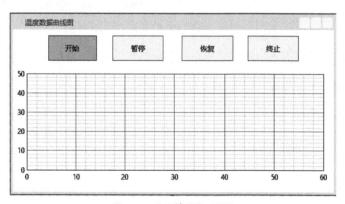

图8-4　"子线程"界面

1）向界面上添加4个按钮——"开始""暂停""恢复""终止"4个按钮分别命名为"btnStart""btnSuspend""btnResume""btnAbort"。

2）添加"dll库"目录下的曲线图控件库："OxyPlot.dll""OxyPlot.Wpf.dll"和"OxyPlot.Xps.dll"。

3）修改布局文件代码如下：

```
1  <Window x:Class="Csharp_8_子线程.MainWindow"
2          xmlns="http://schemas.microsoft.com/winfx/2006/xaml/presentation"
3          xmlns:x="http://schemas.microsoft.com/winfx/2006/xaml"
4          xmlns:oxy="http://oxyplot.org/wpf"
5          Title="温度数据曲线图" Height="303.299" Width="563.478" Loaded="Window_Loaded">
6      <Grid>
7          <Button x:Name="btnStart" Content="开始" HorizontalAlignment="Left" Height="42" Margin="6
8          <Button x:Name="btnSuspend" Content="暂停" IsEnabled="False" HorizontalAlignment="Left" H
9          <Button x:Name="btnResume" Content="恢复" IsEnabled="False" HorizontalAlignment="Left" He
10         <Button x:Name="btnAbort" Content="终止" IsEnabled="False" HorizontalAlignment="Left" Hei
11         <oxy:Plot x:Name="myPlot" Margin="0,66,10,10"   >
12             <oxy:Plot.Axes>
13                 <oxy:LinearAxis x:Name="plotY"  Position="Left" MajorGridlineStyle="Solid"
14                     MinorGridlineStyle="Dot" TickStyle="None"   Maximum="50" MajorStep="10"
15                     IsZoomEnabled = "False"    />
16                 <oxy:LinearAxis x:Name="plotX" Position="Bottom"   MajorGridlineStyle="Solid"
17                     MinorGridlineStyle="Dot"  TickStyle="None" Maximum="60"  MajorStep="10"/>
18             </oxy:Plot.Axes  >
19             <oxy:LineSeries x:Name="plotTemp" Color="Red" ItemsSource="{Binding TempData}"/>
20         </oxy:Plot>
21     </Grid>
22 </Window>
```

其中：

第4行语句定义了曲线图控件库的命名空间。

第7～10行语句分别设置了"开始"按钮的Enabled属性为true，其他3个按钮为false。

第11行语句定义了曲线图控件名称为myPlot。

第13～15行语句定义了曲线图的纵坐标名称为plotY，其最大值为50，步长为10。

第16～17行语句定义了曲线图的横坐标名称为plotX，其最大值为60，步长为10。

第19行语句定义了曲线图的数据曲线名称为plotTemp，曲线颜色为红色，绑定的数据源名称为"TempData"。

4）添加相应的事件处理程序，代码如下：

```
using OxyPlot; //曲线空间
using System.Threading; //线程
using System.Collections.Generic;
namespace Csharp_8_子线程
{
    public partial class MainWindow : Window
    {
        // <summary>
        // MainWindow.xaml 的交互逻辑
        // </summary>
        private List<DataPoint> TempData = new List<DataPoint>(); //曲线数据源
```

```csharp
double[] tempValue = new double[60];  //60个温度值
int PlotTempNo = 0;//温度曲线图计数器
Thread thread; //绘制数据曲线线程

public MainWindow()
{
    InitializeComponent();
}

// <summary>
// 读取数据（循环）
// </summary>
private void ReadData()
{
    while (true) {
        try {
            if (PlotTempNo > 59)  //满屏
            {
                for (int i = 0; i < 59; i++)
                {
                    tempValue[i] = tempValue[i + 1];
                }
                Random ro = new Random();  //模拟数据
                int iRandom = ro.Next(10);
                tempValue[59] = 30 + iRandom;
            }
            else  //数据未满屏，先生成60个数据
            {
                PlotTempNo++;
                tempValue[PlotTempNo] = 20 + PlotTempNo * 0.2;
            }

            TempData.Clear();  //数据清除
            Dispatcher.Invoke(new Action(() =>   //在子线程中实现控制UI
            {
                for (int i = 0; i < 60; i++)  //重新生成数据
                    TempData.Add(new DataPoint(i, tempValue[i]));
                myPlot.InvalidatePlot(true);  //曲线刷新
            }));
        }
```

```
        catch (Exception)
        {
        }
        finally {
            //线程休眠
            System.Threading.Thread.Sleep(500);
        }
    }
}

//加载窗体
private void Window_Loaded(object sender, RoutedEventArgs e)
{
    plotTemp.ItemsSource = TempData; //设置曲线控件的数据源为TempData
    PlotTempNo = 0; //当前数据点在第0点
    //指定要由该线程执行的方法ReadData
    thread = new Thread(new ThreadStart(ReadData));
}

//开始运行线程
private void btnStart_Click(object sender, RoutedEventArgs e)
{
        try
        {
                thread.Start();
                btnStart.IsEnabled = false;
                btnSuspend.IsEnabled = true;
                btnResume.IsEnabled = false;
                btnAbort.IsEnabled = true;
        }
        catch (ThreadStateException)
        {
                Console.WriteLine("thread试图重新启动t线程");
                Console.WriteLine("thread线程终止后不能被重启");
        }
    }

//暂停线程运行
private void btnSuspend_Click(object sender, RoutedEventArgs e)
{
        thread.Suspend();
```

```
                btnStart.IsEnabled = false;
                btnSuspend.IsEnabled = false;
                btnResume.IsEnabled = true;
                btnAbort.IsEnabled = false;
        }

        //恢复线程运行
        private void btnResume_Click(object sender, RoutedEventArgs e)
        {
                thread.Resume();
                btnStart.IsEnabled = false;
                btnSuspend.IsEnabled = true;
                btnResume.IsEnabled = false;
                btnAbort.IsEnabled = true;
        }

        //终止线程运行
        private void btnAbort_Click(object sender, RoutedEventArgs e)
        {
                thread.Abort();
                thread.Join();
                btnStart.IsEnabled = true;
                btnSuspend.IsEnabled = false;
                btnResume.IsEnabled = false;
                btnAbort.IsEnabled = false;
        }
    }
}
```

创建子线程的第1个步骤是创建ThreadStart代理，指定要由该线程执行的方法。然后将ThreadStart代理传递给Thread类的构造函数。如果仅是在主线程中通过Thread类创建一个子线程，那么是比较简单的。需要注意的是，在创建子线程时，ThreadStart()中放的是线程启动后要执行的方法的名字（如本例中的ReadData），而不是调用ReadData方法。

注意，Suspend和Abort方法并不是立刻停止线程。对于Suspend方法，.NET允许线程继续执行几个指令，以确保线程在安全的状态下挂起（在.NET 2.0中，Suspend函数和Resume函数已经过时）。在终止线程时，Abort方法会抛出一个ThreadAbortException异常，这样，如果线程终止时恰好正在执行try语句中的代码，则可以确保对应的finally块被执行，从而确保相应的资源被释放。

若要在子线程工作中的方法里实现控制UI，则可使用LINQ编写的Invoke方法，而Invoke括号里面的内容就是控制UI控件要做的事；因为在子线程中是不允许直接控制UI的，

Invoke的作用是在主线程外面的子线程中实现UI的控制。

运行程序，单击"开始"按钮后，界面如图8-5所示。单击"暂停"按钮，曲线不再刷新；单击"恢复"按钮，曲线重新开始刷新；单击"终止"按钮，子线程终止，此时若再次单击"开始"按钮，则出现如图8-6所示的运行结果。

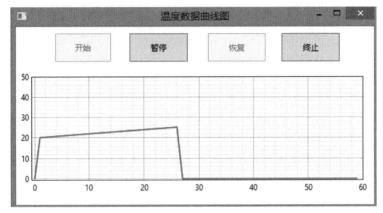

图8-5　子线程运行结果

图8-6　线程终止后不能被重启

8.2　线程的优先级

当多个任务同时运行时，通常任务需要有优先完成的顺序。例如，在数据采集时，一个是采集数据，另一个是播放动画。显然及时响应数据的采集应具有更高的优先级，因为程序不可以丢掉数据。线程的优先级可以通过Thread类的Priority属性设置。Priority属性是一个ThreadPriority型枚举，列举了"AboveNormal""BelowNormal""Highest""Lowest""Normal"5个优先等级。

线程的优先级默认为Normal，如果想有更高的优先级，可设置为AboveNormal或Highest；如果想有较低的优先级，可设置为BelowNormal或Lowest。

在【例8.1】"Csharp_8_线程应用"应用程序中，建立两个子线程，并让两个子线程的优先级与主线程相同，观察两个子线程及主线程的执行顺序。具体代码如下：

```
//添加命名空间 using System.Threading
  static void Main(string[] args)
    {
      do_ThreadNormal(); //两个线程与主线程并发执行
    }
```

```csharp
//两个线程与主线程并发执行
static void do_ThreadNormal()
{   //线程A
    Thread ThreadA = new Thread(delegate(){
        for (int i = 0; i <= 200000; i++){
            if (i % 2000 == 0)
                {   Console.Write('A');
                }
            }
    });


    //线程B
    Thread ThreadB = new Thread(delegate(){
        for (int i = 0; i <= 200000; i++){
            if (i % 2000 == 0)
                {   Console.Write('B');
                }
            }
    });
    ThreadA.Start();    //启动线程
    ThreadB.Start();
    //主线程
    for (int i = 0; i <= 200000; i++){
        if (i % 2000 == 0) {
            Console.Write('M');
        }
    }
}
```

注意，这里的delegate()是使用了匿名函数来创建线程。

运行程序，则在控制台输出窗口中运行的结果如图8-7所示。从运行结果看，两个子线程及主线程的优先级相同（均为默认值Normal），所以它们交替进行，被执行的概率大致相等。

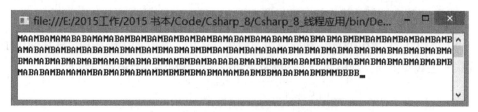

图8-7　两个子线程和主线程的优先级相同

那么改变线程的优先级，其执行结果是什么呢？为了使结果更明显，程序把循环次数增加5倍来试一试。具体代码如下：

```csharp
static void Main(string[] args)
    {
      //do_ShowMainThread();//给当前线程命名：主线程
        //do_ThreadNormal(); //两个线程与主线程并发执行
        do_ThreadPriority(); //线程的优先执行
          Console.ReadLine();
    }
    //给当前线程命名：主线程
    static  void do_ShowMainThread()
    {
        Thread.CurrentThread.Name = "主线程";
        Console.WriteLine("正在运行的线程是：" + Thread.CurrentThread.Name
            + "，状态为：" + Thread.CurrentThread.ThreadState);
        Console.ReadLine();
    }

    //线程的优先执行
    static void do_ThreadPriority()
    {   //线程A
       Thread ThreadA = new Thread(delegate(){
          for (int i = 0; i <= 600000; i++){
              if (i %2000 == 0) {
                  Console.Write('A');
              }
            }
       });
       //线程B
       Thread ThreadB = new Thread(delegate(){
          for (int i = 0; i <= 600000; i++){
              if (i %2000 == 0)  {
                  Console.Write('B');
              }
            }
       });
       //改变线程的优先级
    ThreadA.Priority = ThreadPriority.AboveNormal;
    ThreadB.Priority = ThreadPriority.BelowNormal;
    ThreadA.Start(); //启动线程
    ThreadB.Start();
        //主线程
         for (int i = 0; i <= 600000; i++){
```

```
            if (i % 2000 == 0) {
                Console.Write('M');
            }
        }
    }
```

运行结果如图8-8所示。系统优先执行优先级较高的线程，但这只意味着优先级较高的线程占有更多的CPU时间，并不意味着一定要先执行完优先级较高的线程，才执行优先级较低的线程。这一点从运行结果中也可以看出，线程B偶尔会出现在主线程和线程A前面。

图8-8　3个线程具有不同的优先级

8.3　线程的插入

Thread类的Join方法能够将两个交替执行的线程合并为顺序执行的线程。例如，在线程B中调用了线程A的Join方法，线程A将插入线程B之前，直到线程A执行完毕后，才会继续执行线程B。

在【例8.1】"Csharp_8_线程应用"应用程序中，建立两个子线程，在线程B执行时插入线程A，观察两个子线程的执行顺序。具体代码如下：

```
//添加命名空间 using System.Threading
static void Main(string[] args)
{
    do_ThreadJoin(); //线程的插入
    Console.ReadLine();
}

//线程的插入
static void do_ThreadJoin()
{ //线程A
    Thread ThreadA =new Thread(delegate(){
    for (int i = 0; i <= 200000; i++){
        if (i % 2000 == 0){
```

```
            Console.Write('A');
        }
    }
});
//线程B
Thread ThreadB =new Thread(delegate(){
    for (int i = 0; i <= 200000; i++) {
        if (i % 2000 == 0) {
            Console.Write('B');
        }
    }
    ThreadA.Join(); //在这里插入线程A
    for (int i = 0; i <= 200000; i++) {
        if (i % 2000 == 0){
            Console.Write('B');
        }
    }
});
ThreadA.Start(); //启动线程
ThreadB.Start();
}
```

运行结果如图8-9所示，从图8-9中可以看出，开始时两个线程交替进行，当线程B执行到语句"ThreadA. Join()"时，线程A被插入到线程B之前，两个线程合并到一起，变为顺序执行，直到执行完线程A中的所有语句，才去执行线程B中剩余的语句。

也就是说，当在线程B中调用"ThreadA. Join()"时，该方法只有在线程ThreadA执行完毕后才会返回。Join方法还可以接收一个表示毫秒数的参数，当达到指定时间后，如果线程A还没有运行完毕，那么Join方法将返回，这时线程A和线程B再次处于交替运行状态中。

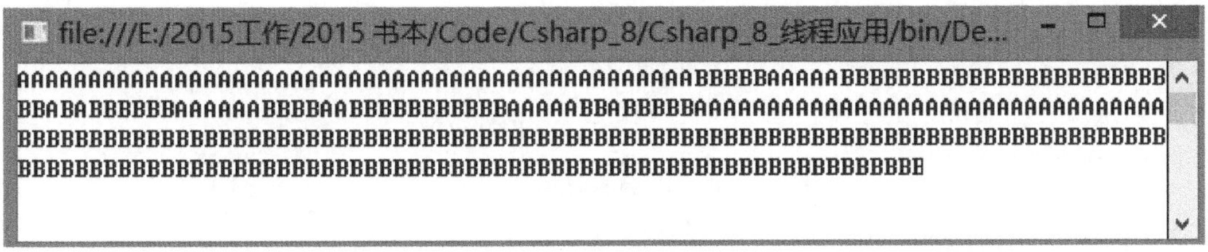

图8-9　运行结果

8.4　线程的状态

在线程的生命周期中，线程的状态并非是一成不变的，它可能经历多种状态。线程的状态由Thread类的ThreadState属性表示。.NET中线程的状态见表8-2。

表8-2　.NET中线程的状态

名　　称	说　　明
Unstarted	线程尚未开始运行
Running	线程在正常运行
Suspended	线程已经被挂起
SuspendRequested	正在请求挂起线程，但还未来得及响应
WaitSleepJoin	由于调用方法Wait()、Sleep()或Join()而使线程处于阻塞状态
Stopped	线程已经停止
StopRequested	请求停止线程
AbortRequested	已调用了方法Abort()，但还未收到ThreadAbortException异常
Aborted	线程处于停止状态中
Background	线程在后台执行

　　线程在创建之后就处于某一个状态中，且可以同时处于多个状态中。例如，当线程处于WaitSleepJoin状态时收到了Aborted()请求，则将同时处于WaitSleepJoin状态和AbortRequested状态。图8-10说明了线程状态间的转换规律。

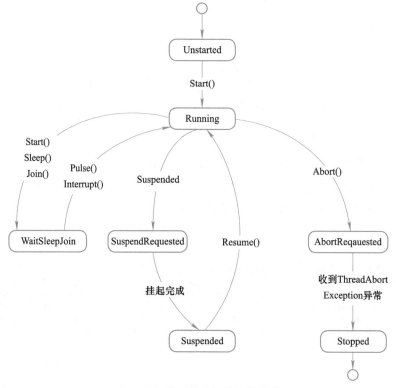

图8-10　线程状态间的转换规律

　　当一个线程被创建后，它就处于Unstarted状态，直到调用了Start方法为止。但处于Running状态的线程也不是一定正在被CPU执行，可能该线程的时间片刚刚用完，CPU正在处理其他线程，过一段时间后才会处理它。

有3种方法使线程由Running状态变为WakSleepJoin状态。第一种情况是为了保持线程间的同步而使之处于等待状态。第二种情况是线程调用了Sleep法而处于睡眠状态，当达到指定的睡眠时间后，线程会回到Running状态。第三种情况是调用了Join方法，如在线程A的代码中调用了线程B的Join方法，线程A将处于WaitSleepJoin状态，直到线程B结束，开始继续执行线程A时为止。

如果当线程处于Running状态时调用线程的Suspend函数，则线程将由Running状态变为SuspendedRequested状态（请求挂起状态），线程一般会再继续执行几个指令，当确保线程在安全的状态下时挂起线程，这时线程变为Suspended状态（挂起状态）。调用线程的Resume方法，可使线程回到Running状态。

线程的状态是由操作系统的调度程序决定的，所以除了在一些调试方案中，程序一般不使用线程的状态。但线程的Background状态除外，可以通过Thread类的IsBackground属性把线程设置为Background状态。那么后台运行的线程有什么特别的地方呢？其实后台线程跟前台线程只有一个区别，那就是后台线程不妨碍程序的终止。一旦一个应用程序的所有前台线程都终止，则CLR就通过调用任意一个存活中的后台线程的Abort方法来彻底终止应用程序。

另外，Thread类还有一个IsAlive属性，这是一个只读属性，用来说明线程已经启动，还没有结束。

8.5 线程类

建立线程类有两种形式，一种是将Thread类封装在一个虚类中，使任何继承该类的子类都具有多线程的能力；另一种是定义专门的线程类，并利用该线程类为新启动的线程传递参数。

【例8.3】在本章"Csharp_8"解决方案中，添加一个名为"Csharp_8_线程类"的应用程序项目，实现如下两个功能：

1）通过封装Thread类，建立继承该类的子线程类。

2）定义专门的线程类，并利用该线程类为新启动的线程传递参数。

通过封装Thread类，建立继承该类的子线程类的实现代码如下：

```
using System.Threading; //线程类命名空间
namespace Csharp_8_线程类{
abstract class MyThread //封装Thread类在MyThread中
{
    Thread thread = null;
    abstract public void run();
        public void start()
```

```
        {
            if (thread == null)
                thread = new Thread(run);
            thread.Start();
        }
    }


//新类继承MyThread
class NewThread : MyThread{
    //重载run
    override public void run(){
        Console.WriteLine("使用MyThread建立并运行线程");
    }
}
class Program {
    static void Main(string[] args) {
        //新产生的类具有多线程的能力，可以启动新线程
        NewThread newthread = new NewThread();
        newthread.start();
        Console.ReadLine();
    }
  }
}
```

程序运行结果如图8-11所示。

需要注意的是，执行完语句"thread. Start ()"
以后，执行run方法，但是run方法只执行1遍，而不   图8-11　继承了封装Thread类的子线程类
是循环执行，如果要循环执行run方法中的语句，则必须在run方法中用循环语句来实现。

下面创建专门的线程类，并利用该类为启动的新线程传递参数，实现代码如下：

```
using System.Threading; //线程类命名空间
namespace Csharp_8_线程类{
public class MyThread2//线程类
{
    public int Parame { set; get; }//参数
    public int Result { set; get; }//返回值
    //构造函数
    public MyThread2(int parame)
    {
        this.Parame = parame;
     }
```

```
    //线程执行方法
    public void Calculate()
    {
        Thread.Sleep(200);//线程休眠200ms
        Console.WriteLine("线程类中接收的参数="+this.Parame);
        this.Result = this.Parame * this.Parame;
    }
}
class Program {
    /**********新产生的类具有多线程的能力，可以启动新线程**********
    static void Main(string[] args) {
        NewThread newthread = new NewThread();
        newthread.start();
        Console.ReadLine();
    }
    //********************************************************************/
    static void Main(string[] args){
        //*******创建专门的线程类，并利用该类为启动的新线程传递参数100*********
        MyThread2 mt = new MyThread2(100);
        //为新启动的线程加载方法
        ThreadStart threadStart = new ThreadStart(mt.Calculate);
        Thread thread = new Thread(threadStart);
        thread.Start();
        //等待线程结束
        while (thread.ThreadState != ThreadState.Stopped) {
            Thread.Sleep(10);
        }
        Console.WriteLine("线程类对象计算的结果=" + mt.Result);//打印参数100的平方值
        Console.ReadLine();
    }
}
}
```

程序运行结果如图8-12所示。

图8-12　利用线程类传递参数

8.6　定时器DispatcherTimer

在第7章中已经用DispatcherTimer实现过一些定时重复的操作。那DispatcherTimer

是什么呢？其实DispatcherTimer是一个十分有用的计时器，其使用较为简单，只需要为DispatcherTimer设置一个间隔时间，然后创建Tick的事件处理，当使用Start方法开始计时后，Tick事件就会根据设置的间隔时间来执行事件处理中的代码。

【例8.4】在"Csharp_8"解决方案中，添加一个名为"Csharp_8_定时器"的WPF应用程序项目，实现使用DispatcherTimer对象实现一个简单的时钟功能，根据DispatcherTimer的间隔时间来显示当前的时间。程序运行界面如图8-13所示。

图8-13 DispatcherTimer示例-显示当前时间

界面布局代码如下：

```
<Window x:Class="Csharp_8_定时器.MainWindow"
    xmlns="http://schemas.microsoft.com/winfx/2006/xaml/presentation"
    xmlns:x="http://schemas.microsoft.com/winfx/2006/xaml"
    Title="DispatcherTimer示例-显示当前时间" Height="184.646" Width="413.386">
<Grid>
    <!--背景-->
    <Rectangle Stroke="Blue" StrokeThickness="2" RadiusX="5" RadiusY="5"/>
    <!--显示时间-->
    <TextBlock x:Name="tbkTimer" Width="300" Height="50" FontSize="30" Foreground="Red" Text="当前时间"/>
</Grid>
</Window>
```

程序代码如下：

```
using System.Windows.Threading; //DispatcherTimer类所在的命名空间
namespace Csharp_8_定时器 {
    // <summary>
    // MainWindow.xaml 的交互逻辑
    // </summary>
    public partial class MainWindow : Window {
        public MainWindow()
        {
            InitializeComponent();
        }

        private void timer_Tick(object sender, EventArgs e)
        {    //输出时间
            tbkTimer.Text = "当前时间:" + DateTime.Now.ToLongTimeString();
        }

        private void Window_Loaded(object sender, RoutedEventArgs e)
```

```
            {
                DispatcherTimer timer = new DispatcherTimer();
                //设置间隔为1s，其中TimeSpan的构造函数为TimeSpan(int hours, int minutes,int
seconds)
                timer.Interval = new TimeSpan(0, 0, 1);
                //创建事件处理，每隔1s处理一次timer_Tick事件
                timer.Tick += new EventHandler(timer_Tick);
                  //开始计时
                timer.Start();
            }
        }
    }
```

【例8.5】修改"Csharp_8_定时器"WPF应用程序项目。使用DispatcherTimer对象来实现实时感应实验室是否有人（感应人体红外），有人则自动打开楼道灯，亮5s后，如果感应到无人，则自动关闭楼道灯，并在界面右下角实时显示时间，界面如图8-14所示。

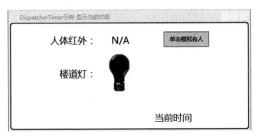

图8-14　DispatcherTimer示例–显示当前时间（修改后）

操作步骤

1）在原程序中添加"dll库"目录下的设备操作类库文件："NewlandLibrary.dll" "Comm.Bus.dll" "Comm.Sys.dll" "Comm.Utils.dll" "Newland.DeviceProviderImpl.dll" "Newland.DeviceProviderIntf.dll" "NewlandLibrary.dll"。

2）参照实训平台使用手册，连接好ADAM-4150模块的线路。

3）修改界面布局文件代码如下：

```
<Window x:Class="Csharp_8_定时器.MainWindow"
        xmlns="http://schemas.microsoft.com/winfx/2006/xaml/presentation"
        xmlns:x="http://schemas.microsoft.com/winfx/2006/xaml"
        Title="DispatcherTimer示例–显示当前时间" Height="255.835" Width="523.732"
Loaded="Window_Loaded">
    <Grid>
        <!--背景-->
```

```
        <Rectangle Stroke="Blue" StrokeThickness="2" RadiusX="5" RadiusY="5"/>
        <!--显示时间-->
        <TextBlock x:Name="tbkTimer" FontSize="20" Foreground="Red" Text="当前时间"
Margin="312,188,22,10"/>
        <Label Content="人体红外：" Foreground="Blue" HorizontalAlignment="Left"
Height="32" Margin="82,20,0,0" VerticalAlignment="Top" Width="128" FontSize="20"/>
        <Label x:Name="lblHumanBody" Content="N/A" Foreground="Blue"
HorizontalAlignment="Left" Height="32" Margin="215,20,0,0" VerticalAlignment="Top" Width="62"
FontSize="20"/>
        <Label Content=" 楼道灯：" Foreground="Blue" HorizontalAlignment="Left" Height="32"
Margin="82,90,0,0" VerticalAlignment="Top" Width="128" FontSize="20"/>
        <Image x:Name="imgLamp" Source="Images/LampOff.png" HorizontalAlignment="Left"
Height="77" Margin="215,67,0,0" VerticalAlignment="Top" Width="47"/>
        <Button x:Name="btnHuman" Content="单击模拟有人" HorizontalAlignment="Left"
Height="32" Margin="332,20,0,0" VerticalAlignment="Top" Width="98" Click="btnHuman_Click"/>
    </Grid>
</Window>
```

4）修改程序代码如下：

```
using System.Windows.Threading; //DispatcherTimer类所在的命名空间
using NewlandLibraryHelper; // ADAM-4150所在类库

namespace Csharp_8_定时器 {
    // <summary>
    // MainWindow.xaml 的交互逻辑
    // </summary>
    public partial class MainWindow : Window    {
        bool HuamnState = true ; //模拟是否有人的状态，true表示无人，false表示有人
        DispatcherTimer LampTimer; //楼道灯定时器
        //楼道灯定时事件是否启动
        bool timerIsStart=false;
        Adam4150 adam4150; 声明ADAM-4150设备
        DispatcherTimer ReadDataTimer; //声明 "数据采集" 的定时器
        public MainWindow(){
            InitializeComponent();
        }

        //定时器定时事件，显示当前时间
        private void timer_Tick(object sender, EventArgs e) {      //输出时间
            tbkTimer.Text = "当前时间:" + DateTime.Now.ToLongTimeString();
        }

        //窗体加载事件
        private void Window_Loaded(object sender, RoutedEventArgs e) {
```

```
            DispatcherTimer timer = new DispatcherTimer();
            //设置间隔为1s，其中TimeSpan的构造函数为TimeSpan(int hours, int minutes,int
seconds)

            timer.Interval = new TimeSpan(0, 0, 1);
            //创建事件处理，每隔1s处理一次timer_Tick事件
            timer.Tick += new EventHandler(timer_Tick);
            //开始计时
            timer.Start(); //启动定时器，显示当前时间


            /***************采集是否有人，若有人，则启动延时关灯定时器***************
*****/
            LampTimer = new DispatcherTimer(); //楼道灯定时器
            //设置定时器定时间隔
            LampTimer.Interval = TimeSpan.FromMilliseconds(5000); //事件间隔5s
            LampTimer.Tick += LampTimer_Tick; //楼道灯定时器定时事件
            timerIsStart = false; //不启动楼道灯定时器

            adam4150 = new Adam4150(); //声明Adam4150模块
            //将Adam4150模块接入串口服务器COM2,设备地址为1，不进行DO口的初始化
            adam4150.Open("COM2", 1, false);

            //实例化 "数据采集" 定时器
            ReadDataTimer = new DispatcherTimer();
            //定期间隔
            ReadDataTimer.Interval = TimeSpan.FromMilliseconds(500); //事件间隔0.5s
            ReadDataTimer.Tick += ReadDataTimer_Tick; //Adam4150模块"数据采集"定时事件
            ReadDataTimer.Start(); //启动Adam4150模块"数据采集"定时器
        }


//楼道灯亮5s后的定时事件
private void LampTimer_Tick(object sender, EventArgs e)
{   /***********若没有设备，请注释掉如下1条操作语句,获取人体传感器值******
        bool? HumanBodyValue = adam4150.getAdam4150_HumanBodyValue();
    /***********获取人体传感器值语句结束*******************************/

    //***********若没有设备，请用如下语句替代ADAM-4150的采集值******
    bool? HumanBodyValue = HuamnState;
    //***********模拟人体数据采集语句结束*******************************/

    if (HumanBodyValue == !false)
    {   //如果无人，则关灯，并且关闭楼道灯定时器
        控制Adam4150模块的Do1口为关，以关闭楼道灯
```

```
            adam4150.ControlDO(1, false);
            //设置"楼道灯"定时器的标记状态为"关"
            timerIsStart = false;
            //停止"楼道灯"定时器
            LampTimer.Stop();
            //更改界面灯的图片，实例化BitmapImage，传入URL 路径为相对路径
            imgLamp.Source = new BitmapImage(new Uri("Images/LampOff.png", UriKind.Relative));
        }
    }

    //定时器定时事件，读取数据感应是否无人
    private void ReadDataTimer_Tick(object sender, EventArgs e)
    {
        try {
            /***********若没有设备，请注释掉如下1条操作语句,获取人体传感器值******
            bool? HumanBodyValue = adam4150.getAdam4150_HumanBodyValue();
            //***********获取人体传感器值语句结束*******************************/

            //***********若没有设备，请用如下语句替代ADAM-4150的采集值******
            bool? HumanBodyValue = HuamnState;
            //***********模拟人体数据采集语句结束*******************************/

            //感应到人体红外，则自动打开楼道灯，亮5s后，如果感应到无人，则自动关闭楼道灯
            Dispatcher.Invoke(new Action(() =>
            {
                if (HumanBodyValue == false && timerIsStart == false)
                {//如果有人并且楼道灯定时器未启动,则开灯并且启动楼道灯定时器
                    //控制Adam4150模块的Do1口为"开"，以开启楼道灯
                    adam4150.ControlDO(1, true);
                    //楼道灯定时器状态标记为开启状态
                    timerIsStart = true;
                    //启动"楼道灯"定时器
                    LampTimer.Start();
                    //更改界面灯的图片，实例化BitmapImage，传入URL路径为相对路径
                    imgLamp.Source = new BitmapImage(new Uri("Images/LampOn.png", UriKind.
Relative));
                }
                lblHumanBody.Content = (HumanBodyValue == false) ? "有人" :
                    (HumanBodyValue == true) ? "无人" : lblHumanBody.Content;
            }));
        }
        catch (Exception)
```

```
        {
        }
    }
    /***************模拟显示有人与无人***************************/
    private void btnHuman_Click(object sender, RoutedEventArgs e)
    {
        HuamnState = !HuamnState;
        btnHuman.Content = (HuamnState == true) ? "单击模拟有人" : "单击模拟无人";
    }
    }
}
```

在这个程序中，运用了3个定时器：timer定时器每隔1s更新一次界面的时间；ReadDataTimer定时器间隔0.5s读取人体红外的状态以判断是否有人；LampTimer定时器用来延时5s后读取是否有人，若无人则关闭楼道灯。

案例实现   温度自动控制——线程处理

学习了本章的知识后，读者可以实现本章最开始给出的案例功能了，下面先来完成该案例的界面布局文件。

界面布局文件 ◀

参照图8-1设计好界面布局文件"MainWindow.xaml"，设计好的界面布局文件完整代码如下：

```
<Window x:Class="Csharp_8.MainWindow"
        xmlns="http://schemas.microsoft.com/winfx/2006/xaml/presentation"
        xmlns:x="http://schemas.microsoft.com/winfx/2006/xaml"
        xmlns:wfc="clr-namespace:WinFormControl;assembly=WinFormControl"
        Title="环境监控" Height="248" Width="431" Loaded="Window_Loaded" Closing="Window_
Closing">
    <Grid>
        <GroupBox Header="环境参数" Height="135" Margin="22,11,236,0"
VerticalAlignment="Top">
            <Grid >
                <Label    Content="温度：" HorizontalAlignment="Left" Height="23"
Margin="19,12,0,0" VerticalAlignment="Top" Width="46" />
                <TextBox x:Name="txtTemp" HorizontalAlignment="Left" Height="23"
Margin="62,15,0,0"  VerticalAlignment="Top" Width="64" />
```

```xml
            <Label  Content="湿度：" HorizontalAlignment="Left" Margin="17,45,0,0"
VerticalAlignment="Top"/>
                <TextBox x:Name="txtHumity" Text="50%" HorizontalAlignment="Left" Height="23"
Margin="62,46,0,0" TextWrapping="Wrap" VerticalAlignment="Top" Width="64"/>
                <Label Content="光照：" HorizontalAlignment="Left" Margin="17,78,0,0"
VerticalAlignment="Top"/>
                <TextBox x:Name="txtIllumination" Text="200lx" HorizontalAlignment="Left"
Height="23" Margin="62,80,0,0" TextWrapping="Wrap" VerticalAlignment= "Top"
Width="64"/>
            </Grid>
        </GroupBox>
        <Button x:Name="btnStopOrStart" Content="采集停止中..." Click="btnStopOrStart_Click"
HorizontalAlignment="Left" Height="33" Margin="22,153,0,0" VerticalAlignment="Top" Width="165"
Background="LightGray" />
        <Label Content="温度界限值：" HorizontalAlignment="Left" Height="25"
Margin="192,22,0,0" VerticalAlignment="Top" Width="79"/>
        <TextBox x:Name="txtTempLimit" Text="23" HorizontalAlignment="Left" Height="27"
Margin="276,20,0,0" TextWrapping="Wrap" VerticalAlignment="Top" Width="61"/>
        <wfc:Fan x:Name="Fan1"  HorizontalAlignment="Left" VerticalAlignment="Top"
Height="114" Margin="231,68,0,0" Width="151"/>
        <Button x:Name="btnSet" Content="设置" HorizontalAlignment="Left" Height="27"
Margin="342,20,0,0" VerticalAlignment="Top" Width="56" Click="btnSet_Click"/>
    </Grid>
</Window>
```

代码开发实现

在这个综合案例中，自动控制模式需要周期采集温度实时值，以智能控制风扇的启停功能。周期采集温度实时值采用匿名函数创建了一个线程来实现；在子线程中，当采集完环境参数时，通过"Dispatcher.BeginInoke((Action)(()=>{.... }));"匿名函数的Lambda表达式来异步执行主线程中的控件。下面就一起进行程序代码的编写。

```csharp
//框架库命名空间
using NewlandLibraryHelper;
using System.Threading;

namespace Csharp_8
{
    // <summary>
    // MainWindow.xaml 的交互逻辑
    // </summary>
    public partial class MainWindow : Window
    {
        public MainWindow(){
            InitializeComponent();
```

```
    }

    inPut_4 InPut_4;            //四输入模块
    Adam4150 adam4150;      //adam4150模块
    double TempLimitValue;  //温度界限值
    Thread ReadThread;         //读环境参数数据线程
    bool Fan1State = false;    //风扇状态

    //窗体加载
    private void Window_Loaded(object sender, RoutedEventArgs e)
    {
        txtHumity.Text = "0.00 %";
        txtIllumination.Text = "0.00 lx";
        txtTemp.Text = "0.00 ℃";
        double tempLimitValue = 0.0;
        if (double.TryParse(txtTempLimit.Text, out tempLimitValue)) {
            TempLimitValue = tempLimitValue;
        }

        InPut_4 = new inPut_4();
        //***将四输入模拟量接入串口服务器COM4***********/
        //InPut_4.Open("COM4");

        //*********将四输入模拟量接入网关，服务器端口为9000，服务器IP为
192.168.8.55*********
        //InPut_4.Open(9000,"192.168.8.55");

        adam4150 = new Adam4150();
        //***打开ADAM-4150设备，其实参说明：COM2——ADAM-4150设备连接的端口；
0x01——ADAM-4150设备地址；false——ADAM-4150设备不进行DO口的初始化
        //adam4150.Open("COM2", 0x01, false);

        //*********将四输入模拟量接入网关，服务器端口为8600*********
        //adam4150.Open(8600);
        ReadThread = new Thread(new ThreadStart(new Action(ReadData)));
    }

    //窗体关闭
    private void Window_Closing(object sender, System.ComponentModel.CancelEventArgs e)
    {
        //关闭线程
        if (ReadThread.ThreadState == ThreadState.Stopped)
```

```
        {
            ReadThread.Resume();
        }
        else if (ReadThread.ThreadState == ThreadState.Running)
        {
            ReadThread.Abort();
        }
    }


    //设置"温度界限值"按钮
    private void btnSet_Click(object sender, RoutedEventArgs e)
    {
        double tempLimitValue = 0.0;
        if (double.TryParse(txtTempLimit.Text, out tempLimitValue))
        {
            TempLimitValue = tempLimitValue;
        }
    }


    //数据采集按钮 ("采集停止中..."/"采集进行中..."按钮)
    private void btnStopOrStart_Click(object sender, RoutedEventArgs e)
    {
        //=======================
        //实现单击界面上的"采集停止中..."按钮,"采集停止中..."按钮文本提示变为"采
集进行中...",按钮背景为绿色
        //界面分别显示光照、温度、湿度的实际物理量值
        //判断温度是否大于设置的给定温度值,是则1#风扇开,否则显示1#风扇关
        //=======================

        Color color;  //按钮背景颜色
        if (btnStopOrStart.Content.ToString() == "采集停止中...")
        {
            //开始线程
            if (ReadThread.ThreadState == ThreadState.Unstarted)
            {
                ReadThread.Start();
            }
            else if (ReadThread.ThreadState == ThreadState.Suspended)
            {
                ReadThread.Resume();
            }
        }
```

```
            btnStopOrStart.Content = "采集进行中...";
            color = (Color)ColorConverter.ConvertFromString("LightGreen");


        }
        else
        {
            //挂起线程
            if (ReadThread.ThreadState == ThreadState.Running
              | ReadThread.ThreadState == ThreadState.WaitSleepJoin)
            {
              ReadThread.Suspend();
               if (Fan1State)//原先是开，现在关闭
               { Fan1.Control(false); // 风扇停止转动
                 Fan1State = false;
               }
            }
            btnStopOrStart.Content = "采集停止中...";
            color = (Color)ColorConverter.ConvertFromString("LightGray");
        }
        btnStopOrStart.Background = new SolidColorBrush(color);
    }


    // <summary>
    // 读取数据（循环）
    // </summary>
    private void ReadData()
    {
        int count = 0; //循环计数，用于没有设备时模拟数据变化
        double dblHumidity, dblTemp, dblIllumination; //分别定义湿度、温度、光照度3个变量
        while (true) {
            try{
                /***********若没有设备，请注释掉如下4条操作语句******
                string[] AllValue = InPut_4.getAllValue();
                dblHumidity = Convert.ToDouble(AllValue[InPut_4.ZigbeeInput4_HumidityID]);
                dblTemp = Convert.ToDouble(AllValue[InPut_4.ZigbeeInput4_TempID]);
                dblIllumination = Convert.ToDouble(AllValue[InPut_4.ZigbeeInput4_Illumination
ID]);
                //***********获取四输入模拟量值语句结束**************************
*******/


                //***********若没有设备，请使用如下5条操作语句模拟数据变化******
                count++; //count值变化，模拟数据变化
```

```
        if (count > 60) count = 0;
        dblHumidity = 20 + count;//湿度值
        dblTemp = 20 + count * 0.3;//温度值
        dblIllumination = 200 + count;//光照值
        //**********获取四输入模拟量值语句结束*************************/

        if (dblTemp > TempLimitValue)  //实际温度大于界限温度
        {//开风扇
            if (!Fan1State) { //原先是关，现在开启
                adam4150.setAdam4150_Fan1(true);
                Fan1.Control(true);
                Fan1State = !Fan1State;
            }
        }
        else { //实际温度低于界限温度
            if (Fan1State) { //原先是开，现在关闭
                adam4150.setAdam4150_Fan1(false);
                Fan1.Control(false);
                Fan1State = !Fan1State;
            }
        }

        Dispatcher.Invoke(new Action(() =>   //主线程调度员Dispatcher异步执行
        {
            txtHumity.Text = dblHumidity.ToString("0.00") + "%";
            txtIllumination.Text = dblIllumination.ToString("0.00") + "lx";
            txtTemp.Text = dblTemp.ToString("0.00") + "℃";
        }));
    }
    catch (Exception) {
    }
    finally {
        System.Threading.Thread.Sleep(500);  //线程休眠
    }
        }
    }
    }
}
```

编译并修改错误后，就可以运行本应用程序了。

本章小结

本章从线程与进程的概念入手，讲述了主线程、子线程的实现和线程的优先级与插入等基本操作，以及DispatcherTimer定时器的应用。本章创建了"Csharp_8""Csharp_8_线程应用""Csharp_8_子线程""Csharp_8_线程类""Csharp_8_定时器"5个WPF项目。

- "Csharp_8"项目用于实现本章开篇针对设备的案例。

- "Csharp_8_线程应用"项目用来理解应用程序创建一个主线程（Main Thread）的概念。

- "Csharp_8_子线程"项目用来演示如何创建线程、暂停线程、恢复线程以及如何终止子线程。

- "Csharp_8_线程类"项目用来演示如何建立线程类。

- "Csharp_8_定时器"项目用来演示如何利用DispatcherTimer实现一些定时的、重复的操作。

学习这一章应把注意力放在掌握线程概念以及如何使用线程类和DispatcherTimer类上。

习题

1. 理解题

1）进程和线程有什么不同？

2）Thread类有哪些主要属性和方法？

2. 实践操作题

1）在物联网实训平台上，每隔5s通过烟雾传感器采集数据，如果发现着火了，则通过报警灯报警。

2）在物联网实训平台上，实现以下功能：

① 每隔1s读取一次"温度""湿度"和"光照"的数据，并在界面上显示相关数值。

② 实现在界面上可以设定光照的边界值，当光照值高于预设光照值时，界面上弹出对话框，提示"光照太强，请关窗帘！"。

附录

附录A　标准ASCII码表

表A-1　ASCII控制字符

十进制	十六进制	缩写	名称/意义	十进制	十六进制	缩写	名称/意义
0	00	NUL	空字符（Null）	17	11	DC1	设备控制一（XON启用软件速度控制）
1	01	SOH	标题开始	18	12	DC2	设备控制二
2	02	STX	本文开始	19	13	DC3	设备控制三（XOFF停用软件速度控制）
3	03	ETX	本文结束	20	14	DC4	设备控制四
4	04	EOT	传输结束	21	15	NAK	确认失败回应
5	05	ENQ	请求	22	16	SYN	同步空闲
6	06	ACK	确认回应	23	17	ETB	传输块结束
7	07	BEL	响铃	24	18	CAN	取消
8	08	BS	退格	25	19	EM	连接介质中断
9	09	HT	水平定位符号	26	1A	SUB	替换
10	0A	LF	换行键	27	1B	ESC	跳出
11	0B	VT	垂直定位符号	28	1C	FS	文件分割符
12	0C	FF	换页键	29	1D	GS	组群分隔符
13	0D	CR	归位键	30	1E	RS	记录分隔符
14	0E	SO	取消变换（Shift out）	31	1F	US	单元分隔符
15	0F	SI	启用变换（Shift in）	127	7F	DEL	删除
16	10	DLE	跳出数据通信				

表A-2　ASCII可显示字符

十进制	十六进制	图形	十进制	十六进制	图形	十进制	十六进制	图形
32	20	（空格）	64	40	@	96	60	`
33	21	!	65	41	A	97	61	a
34	22	"	66	42	B	98	62	b
35	23	#	67	43	C	99	63	c
36	24	$	68	44	D	100	64	d
37	25	%	69	45	E	101	65	e
38	26	&	70	46	F	102	66	f
39	27	'	71	47	G	103	67	g
40	28	(	72	48	H	104	68	h
41	29	)	73	49	I	105	69	i
42	2A	*	74	4A	J	106	6A	j
43	2B	+	75	4B	K	107	6B	k
44	2C	,	76	4C	L	108	6C	l
45	2D	−	77	4D	M	109	6D	m
46	2E	.	78	4E	N	110	6E	n
47	2F	/	79	4F	O	111	6F	o
48	30	0	80	50	P	112	70	p
49	31	1	81	51	Q	113	71	q
50	32	2	82	52	R	114	72	r
51	33	3	83	53	S	115	73	s
52	34	4	84	54	T	116	74	t
53	35	5	85	55	U	117	75	u
54	36	6	86	56	V	118	76	v
55	37	7	87	57	W	119	77	w
56	38	8	88	58	X	120	78	x
57	39	9	89	59	Y	121	79	y
58	3A	:	90	5A	Z	122	7A	z
59	3B	;	91	5B	[	123	7B	{
60	3C	<	92	5C	\	124	7C	|
61	3D	=	93	5D	]	125	7D	}
62	3E	>	94	5E	^	126	7E	~
63	3F	?	95	5F	_			

附录B　ADAM-4150协议指令集

1. 上位机向ADAM-4150模块请求数据

当上位机向ADAM-4150模块请求数据时，由计算机上位机向ADAM-4150模块发送如下格式的请求数据。

请求格式分析：

01	03	00	00	00	08	45	ee
地址码	功能码	起始地址	起始地址	读取数量	读取数量	CRC低位	CRC高位

响应格式分析：

01	01	01	0c（代表7个通道值）		51	8d
地址码	功能码	位数	转化成二进制值（不够补0）		CRC低位	CRC高位

举例：

计算机上位机请求数据发送：01 01 00 00 00 07 7D C8

ADAM-4150模块响应返回：01 01 01 0C 51 8D

2. 上位机控制ADAM-4150模块输出通道开关

当上位机要控制ADAM-4150模块的输出通道开关数据时，由计算机上位机向ADAM-4150模块发送如下格式的请求数据。

开启：01 05 00 13 FF 00 7D FF

01	05	00	13	FF	00	7D	FF
地址码	功能码	起始地址	起始地址	开	读取数量	CRC低位	CRC高位

关闭：01 05 00 13 00 00 3C 0F

01	05	00	13	00	00	3C	0F
地址码	功能码	起始地址	起始地址	关	读取数量	CRC低位	CRC高位

注：这里的13指的是通道DO3。对应于ADAM-4150模块，10对应ADAM-4150的DO0、11对应ADAM-4150的DO1……